Packt>

Python贝叶斯分析 第2版

[阿根廷] 奥斯瓦尔多 · 马丁（Osvaldo Martin）著

张天旭 黄雪菊 译

人 民 邮 电 出 版 社

北 京

图书在版编目（CIP）数据

Python贝叶斯分析 : 第2版 / (阿根廷) 奥斯瓦尔多·马丁 (Osvaldo Martin) 著 ; 张天旭, 黄雪菊译. -- 2版. -- 北京 : 人民邮电出版社, 2023.4
ISBN 978-7-115-60089-9

Ⅰ. ①P… Ⅱ. ①奥… ②张… ③黄… Ⅲ. ①软件工具—程序设计②贝叶斯决策 Ⅳ. ①TP311.561②O225

中国版本图书馆CIP数据核字(2022)第178035号

◆ 著　　　[阿根廷] 奥斯瓦尔多·马丁（Osvaldo Martin）
　译　　　张天旭　黄雪菊
　责任编辑　胡俊英
　责任印制　王　郁　焦志炜

◆ 人民邮电出版社出版发行　　北京市丰台区成寿寺路 11 号
　邮编　100164　　电子邮件　315@ptpress.com.cn
　网址　https://www.ptpress.com.cn
　廊坊市印艺阁数字科技有限公司印刷

◆ 开本：720×960　1/16
　印张：18.75　　　　2023 年 4 月第 2 版
　字数：304 千字　　　2025 年 1 月河北第 4 次印刷

著作权合同登记号　图字：01-2018-8909 号

定价：119.80 元

读者服务热线：(010)81055410　印装质量热线：(010)81055316
反盗版热线：(010)81055315
广告经营许可证：京东市监广登字 20170147 号

内容提要

本书是一本概率编程的入门书。本书使用概率编程库 PyMC3 以及可视化库 ArviZ 对贝叶斯统计分析的相关知识进行讲解，包括概率思维、概率编程、线性回归建模、广义线性模型、模型比较、混合模型、高斯过程以及推断引擎等知识。全书图文并茂，通俗易懂，适合具备一定 Python 基础的读者学习使用。学完本书，读者可以利用概率思维建立贝叶斯模型并解决自己的数据分析问题。

序言

概率编程是一类计算机编程框架，用于灵活地构建贝叶斯模型，一旦构建好模型，强大的推断算法便可以独立于特定的模型而工作，并通过模型拟合数据。把灵活的模型定义与自动推断结合在一起便得到了一个强大的工具，方便研究者们快速地构建、分析和迭代新的统计模型。这个迭代过程与以往用贝叶斯模型拟合数据的方式有很大的不同：以往的推断算法仅对某一特定的模型有效。这不仅导致人们在构建模型和设计推断算法的时候，需要具备很强的数据技巧，还降低了迭代速度：需要先修改模型，然后重新设计推断算法。而概率编程则将统计建模的过程大众化，大大降低了对使用者的数学水平的要求，缩短了构建新模型时所需花费的时间，同时还能增强使用者对数据内涵的洞察。

概率编程背后的思想并不新鲜。BUGS 是最早的概率编程实践之一，于 1989 年首次发布。由于能够成功应用的模型非常有限，而且推断过程很慢，因此这些第一代语言不太实用。如今，人们已经开发出了许多概率编程语言，并在学术界和各大公司（如谷歌、微软、亚马逊）广泛地用于解决各种复杂问题。那现代的概率编程语言有哪些变化呢？最大的变化来自哈密顿蒙特卡洛采样算法，它相较以往的采样算法要高出若干个数量级，以往的算法只能用来解决一些玩具问题，而如今的算法可以用于解决非常复杂的大规模问题。尽管这些采样器起源于 1987 年，但得益于最近的一些概率编程系统，如 Stan 和 PyMC3，它们才被广泛地使用起来。

本书将从务实的角度介绍概率编程这一强大而灵活的工具，它将影响你如何思考和解决复杂的分析问题。作为 PyMC3 的核心开发者之一，没有人比 Osvaldo Martin 更适合来写这本书了。Osvaldo 非常擅长将复杂的问题拆解成容易理解和吸收的部分，他宝贵的实战经验将带领读者穿过这片复杂的领域。书中的图表和代码是非常有用的资源，这些都将增进读者对背后理论知识的直观理解。

此外，我还要称赞此刻拿起本书的亲爱的读者。如今这个时代，各大新闻头条都在鼓吹深度学习才是解决所有当前和未来分析问题的技术，为某个具体目的而特地构建一个定制化的模型似乎显得不那么吸引人。不过，通过概率编程，你将能够解决其他方法很难解决的复杂问题。

这并不是说深度学习不是那么令人兴奋的技术。事实上，概率编程并不局限于经典的统计模型。阅读最近一些机器学习文献，你就会发现，贝叶斯统计正作为一个强大的框架被用来表示和理解下一代深度神经网络。本书不仅会让你具备分析和解决复杂问题的技能，还会带你走进可能是人类智慧的最前沿：开发人工智能。尽情享受吧！

Tomas Wiecki 博士

Quantopian 首席研究员

前言

贝叶斯统计距今已经有超过 250 年的历史，其间该方法既饱受赞誉又备受轻视。直到近几十年，得益于理论进步和计算能力的提升，贝叶斯统计才越来越多地受到来自统计学以及其他学科乃至学术圈以外工业界的重视。现代的贝叶斯统计主要是计算统计学，人们对模型的灵活性、透明性以及统计分析结果的可解释性的追求最终造就了该趋势。

本书将从实用的角度来介绍贝叶斯统计，不会太在意其他统计范式及其与贝叶斯统计的关系。本书的目的是介绍如何做贝叶斯数据分析，尽管与之相关的哲学讨论也很有趣，不过受限于篇幅，这部分内容并不在本书的讨论范围之内，有兴趣的读者可以通过其他方式深入了解。

这里我们采用建模的方式介绍统计学，介绍如何从概率模型的角度思考问题，并应用贝叶斯定理来推导模型和数据的逻辑结果。这种建模方式是可编程的，其中，模型部分会用 PyMC3 和 ArviZ 编写。PyMC3 是用于贝叶斯统计的 Python 库，它为用户封装了大量的数学细节和计算过程。ArviZ 是一个用于贝叶斯模型探索式分析的 Python 库。

贝叶斯方法在理论上以概率论为基础，很多介绍贝叶斯方法的书都充斥着复杂的数学公式。学习统计学方面的数学知识显然有利于构建更好的模型，同时还能让你对问题、模型和结果有更好的把握。不过类似 PyMC3 的库能够帮助你在有限的数学知识水平下学习并掌握贝叶斯统计。在阅读本书的过程中，你将亲自见证这一过程。

读者对象

如果你是一名学生、数据科学家、自然科学或者社会科学的研究人员或者开发人员，想要着手贝叶斯数据分析和概率编程，那么本书就是为你准备的。本书是入门级的，因此并不需要你提前掌握统计知识，当然，有一点儿 Python 和

NumPy 的使用经验就更好了。

本书结构

第 1 章，**概率思维**。本章介绍贝叶斯统计的基本概念及其在数据分析中的意义。本章包含本书其余章节中用到的基本思想。

第 2 章，**概率编程**。本章从编程的角度重新回顾第 1 章提到的概念，并介绍 PyMC3 和 ArviZ。PyMC3 是一个概率编程库，ArviZ 是一个用于贝叶斯模型探索性分析的 Python 库。此外，本章还将用几个例子解释分层模型。

第 3 章，**线性回归建模**。线性回归是构建更复杂模型的基石，有着广泛的应用，本章将涵盖线性模型的基础部分。

第 4 章，**广义线性模型**。本章介绍如何将线性模型扩展到高斯分布之外的其他分布，为解决许多数据分析问题“打开大门”。

第 5 章，**模型比较**。本章讨论如何使用 WAIC、LOO 和贝叶斯因子来比较、选择和平均模型，同时讨论这些方法的一般注意事项。

第 6 章，**混合模型**。本章讨论如何通过混合简单的分布来构建更复杂的分布以增加模型的灵活性。本章还会介绍本书的第一个非参模型——狄利克雷过程。

第 7 章，**高斯过程**。本章涵盖高斯过程背后的基本思想，以及如何使用它们在函数上构建非参数模型，从而解决一系列的问题。

第 8 章，**推断引擎**。本章介绍数值逼近后验分布的方法，同时讨论一个从使用者的角度来说非常重要的主题——如何诊断后验估计的可靠度。

第 9 章，**拓展学习**。最后一章列出一系列继续深入学习的资料以及一段简短的演讲。

准备工作

本书的代码采用 Python 3.6 编写，要安装 Python 及各种 Python 库，我建议用 Anaconda，这是一个用于科学计算的软件，可以从 Anaconda 官网下载。

Anaconda 会在你的系统上安装很多非常有用的 Python 库。此外，你还需要安装两个库。首先，用 conda 命令安装 PyMC3：

```
conda install -c conda-forge pymc3
```

然后用下面的命令安装 ArviZ：

```
pip install arviz
```

另一种方式是你可以安装本书所有必需的 Python 库：安装 Anaconda 之后可以从本书配套源码文件中找到一个 bap.yml 文件，然后用下面的命令安装所有必需的库：

```
conda env create -f bap.yml
```

本书用到的 Python 库列举如下。

- IPython 7.0。
- Jupyter 1.0 （或 Jupyter-lab 0.35）。
- NumPy 1.14.2。
- SciPy 1.1。
- pandas 0.23.4。
- Matplotlib 3.0.2。
- Seaborn 0.9.0。
- ArviZ 0.3.1。
- PyMC3 3.6。

对于每章的代码部分，如果你安装了上面的这些库，那么与其从本书复制并粘贴代码运行，不如直接从异步社区网站的本书页面下载代码，然后用 Jupyter Notebook 或者 Jupyter Lab 运行。我会为 PyMC3 或 ArviZ 的新版本更新 GitHub 上面的代码。如果你在运行本书相关代码的过程中发现任何技术问题、语法错误或者任何其他错误，可以直接在上面的链接里提问，我会尽快解答。

本书的大多数图或表格都是用代码生成的，你会发现，一般一段代码后面都会跟着这段代码生成的图或表格，希望这种方式能够让熟悉 Jupyter Notebook 或者 Jupyter Lab 的读者感到亲切，但愿这样做不会让读者感到困惑。

格式约定

本书遵照一些文本编排的惯例。

代码中的单词、文件名或函数名在正文段落中仍以代码体呈现。

代码片段的格式一般如下：

```
μ = 0.
σ = 1.
X = stats.norm(μ, σ)
x = X.rvs(3)
```

粗体：标明一个新的词汇，或者重要的词。

作者简介

奥斯瓦尔多·马丁（Osvaldo Martin）是阿根廷国家科学与技术研究理事会（CONICET）的一名研究员。他曾从事蛋白质、多糖及 RNA 分子等结构生物信息学方面的研究，此外，在应用马尔可夫链蒙特卡洛方法模拟分子动力学方向上有着丰富的经验，他喜欢用 Python 解决数据分析中的问题。

他曾讲授结构生物信息学、数据科学以及贝叶斯数据分析相关的课程，在 2017 年带头组建了阿根廷圣路易斯 PyData 委员会。同时，他也是 PyMC3 以及 ArviZ 两个项目的核心开发者之一。

英文版审校者简介

Eric J. Ma 是诺华生物医学研究所的数据科学家，他负责生物医药方面的数据科学研究，关注使用贝叶斯方法为患者制药。他于 2017 年春天获得博士学位，并在 2017 年夏天成为 Insight Health Data 的研究员。

Eric J. Ma 还是一名开源软件开发者，他曾主导开发了 NetworkX 的可视化包 nxviz，以及简化 Python 清理数据的 pyjanitor。此外他还参与并贡献了一系列开源工具，包括 PyMC3、Matplotlib、brokeh 以及 CuPy。

Austin Rochford 是 Monetate Labs 的首席数据科学家，他开发的产品用于帮助众多零售商进行个性化销售。他是一位训练有素的数学家，并且是贝叶斯方法的积极倡导者。

致谢

作者的话

我要感谢 Romina 长久以来的支持，还要感谢 Walter Lapadula、Bill Engels、Eric J. Ma 以及 Austin Rochford 给本书提出的宝贵意见和建议。此外，还要感谢 PyMC3 和 ArviZ 社区的核心开发者和贡献者，正是因为他们对这些库以及整个社区的热爱和付出才有了本书的问世。

译者的话

本书的第 1 版由田俊翻译，在此对田俊老师的工作表示感谢！第 2 版的翻译和校对由我在业余时间进行，断断续续持续了很长时间，期间烦琐的校对大都有赖于我的妻子黄雪菊的帮助才能完成，在此深表感谢！

在中译本初稿完成之后，我和妻子又对全书进行了多次勘核：对书中出现的英文术语多番查阅资料，挑选合适的中文用词；对书中生涩的隐喻、典故等，查询其出处，并加上了必要的注释。另外，我们还修正了原书中的一些错误。希望此番努力能减少读者朋友的阅读障碍，能对读者的实际工作和学习有所帮助。当然，由于我们水平有限，疏漏之处在所难免，希望读者批评指正。欢迎大家通过电子邮件（zhang_tianxu@sina.com）与我交流探讨。

服务与支持

本书由异步社区出品，社区（https://www.epubit.com）为您提供后续服务。

配套资源

本书提供配套资源，请在异步社区本书页面中点击 配套资源 ，跳转到下载界面，按提示进行操作即可。

提交勘误信息息信息

作者、译者和编辑尽最大努力来确保书中内容的准确性，但难免会存在疏漏。欢迎您将发现的问题反馈给我们，帮助我们提升图书的质量。

当您发现错误时，请登录异步社区，按书名搜索，进入本书页面，单击“发表勘误”，输入错误信息，单击“提交勘误”按钮即可，如下图所示。本书的作者和编辑会对您提交的错误信息进行审核，确认并接受后，您将获赠异步社区的100积分。积分可用于在异步社区兑换优惠券、样书或奖品。

图书勘误　　发表勘误

页码：1　　页内位置（行数）：1　　勘误印次：1

图书类型：纸书　电子书

添加勘误图片（最多可上传4张图片）

提交勘误

与我们联系

我们的联系邮箱是 contact@epubit.com.cn。

如果您对本书有任何疑问或建议，请您发邮件给我们，并请在邮件标题中注明本书书名，以便我们更高效地做出反馈。

如果您有兴趣出版图书、录制教学视频，或者参与图书翻译、技术审校等工作，可以发邮件给我们；有意出版图书的作者也可以到异步社区投稿（直接访问 www.epubit.com/contribute 即可）。

如果您所在的学校、培训机构或企业想批量购买本书或异步社区出版的其他图书，也可以发邮件给我们。

如果您在网上发现有针对异步社区出品图书的各种形式的盗版行为，包括对图书全部或部分内容的非授权传播，请您将怀疑有侵权行为的链接通过邮件发送给我们。您的这一举动是对作者权益的保护，也是我们持续为您提供有价值的内容的动力之源。

关于异步社区和异步图书

"异步社区"是人民邮电出版社旗下 IT 专业图书社区，致力于出版精品 IT 图书和相关学习产品，为作译者提供优质出版服务。异步社区创办于 2015 年 8 月，提供大量精品 IT 图书和电子书，以及高品质技术文章和视频课程。更多详情请访问异步社区官网 https://www.epubit.com。

"异步图书"是由异步社区编辑团队策划出版的精品 IT 专业图书的品牌，依托于人民邮电出版社的计算机图书出版积累和专业编辑团队，相关图书在封面上印有异步图书的 LOGO。异步图书的出版领域包括软件开发、大数据、人工智能、测试、前端、网络技术等。

异步社区

微信服务号

目 录

第 1 章 概率思维 1

1.1 统计学、模型以及本书采用的方法 1

1.1.1 与数据打交道 2

1.1.2 贝叶斯建模 3

1.2 概率论 4

1.2.1 解释概率 4

1.2.2 定义概率 6

1.3 单参数推断 14

1.4 报告贝叶斯分析结果 23

1.4.1 模型表示和可视化 23

1.4.2 总结后验 24

1.5 后验预测检查 26

1.6 总结 27

1.7 练习 28

第 2 章 概率编程 30

2.1 简介 31

2.2 PyMC3 指南 32

2.3 总结后验 34

2.4 随处可见的高斯分布 41

2.4.1 高斯推断 41

2.4.2 鲁棒推断 46

2.5 组间比较 50

2.5.1 Cohen's d 52

2.5.2 概率优势 53

2.5.3 “小费”数据集 53

2.6 分层模型 57

2.6.1 收缩 60

2.6.2 额外的例子 63

2.7 总结 66

2.8 练习 67

第 3 章 线性回归建模 69

3.1 一元线性回归 69

3.1.1 与机器学习的联系 70

3.1.2 线性回归模型的核心 71

3.1.3 线性模型与高自相关性 75

3.1.4 对后验进行解释和可视化 77

3.1.5 皮尔逊相关系数 80

3.2 鲁棒线性回归 84

3.3 分层线性回归 87

3.4 多项式回归 94

3.4.1 解释多项式回归的系数 96

3.4.2 多项式回归——终极模型 97

3.5 多元线性回归 97

3.5.1 混淆变量和多余变量 101

3.5.2 多重共线性或相关性太高 104

3.5.3 隐藏效果变量 107

3.5.4 增加相互作用 109

3.5.5 变量的方差 110

3.6 总结 113

3.7 练习 114

第 4 章 广义线性模型 117

4.1 简介 117

4.2 逻辑回归 118

4.2.1 逻辑回归模型 119

4.2.2 鸢尾花数据集 120

4.3 多元逻辑回归 125

4.3.1 决策边界 125

4.3.2 模型实现 126

4.3.3 解释逻辑回归的系数 127

4.3.4 处理相关变量 130

4.3.5 处理不平衡分类 131

4.3.6 softmax 回归 133
4.3.7 判别式模型和生成式模式 135
4.4 泊松回归 137
4.4.1 泊松分布 137
4.4.2 零膨胀泊松模型 139
4.4.3 泊松回归和 ZIP 回归 141
4.5 鲁棒逻辑回归 143
4.6 GLM 模型 144
4.7 总结 145
4.8 练习 146

第 5 章 模型比较 148

5.1 后验预测检查 148
5.2 奥卡姆剃刀原理——简单性和准确性 153
5.2.1 参数过多会导致过拟合 155
5.2.2 参数太少会导致欠拟合 156
5.2.3 简单性与准确性之间的平衡 157
5.2.4 预测精度度量 157
5.3 信息准则 159
5.3.1 对数似然和偏差 159
5.3.2 赤池信息量准则 160
5.3.3 广泛适用的信息准则 161
5.3.4 帕累托平滑重要性采样留一法交叉验证 161
5.3.5 其他信息准则 161
5.3.6 使用 PyMC3 比较模型 162
5.3.7 模型平均 165
5.4 贝叶斯因子 168
5.4.1 一些讨论 169
5.4.2 贝叶斯因子与信息准则 173
5.5 正则化先验 176
5.6 深入 WAIC 177
5.6.1 熵 178
5.6.2 KL 散度 180
5.7 总结 182

5.8 练习 183

第 6 章 混合模型 185

6.1 简介 185

6.2 有限混合模型 187

6.2.1 分类分布 188

6.2.2 狄利克雷分布 189

6.2.3 混合模型的不可辨识性 192

6.2.4 怎样选择 K 194

6.2.5 混合模型与聚类 198

6.3 非有限混合模型 199

6.4 连续混合模型 206

6.4.1 贝塔-二项分布和负二项分布 207

6.4.2 t 分布 207

6.5 总结 208

6.6 练习 209

第 7 章 高斯过程 210

7.1 线性模型和非线性数据 210

7.2 建模函数 211

7.2.1 多元高斯函数 213

7.2.2 协方差函数与核函数 213

7.3 高斯过程回归 217

7.4 空间自相关回归 222

7.5 高斯过程分类 229

7.6 Cox 过程 235

7.6.1 煤矿灾害 236

7.6.2 红杉数据集 238

7.7 总结 241

7.8 练习 241

第 8 章 推断引擎 243

8.1 简介 243

8.2 非马尔可夫方法 245

8.2.1 网格计算 245

8.2.2 二次近似法 247
8.2.3 变分法 249
8.3 马尔可夫方法 252
8.3.1 蒙特卡洛 253
8.3.2 马尔可夫链 255
8.3.3 梅特罗波利斯－黑斯廷斯算法 255
8.3.4 哈密顿蒙特卡洛 259
8.3.5 序贯蒙特卡洛 261
8.4 样本诊断 263
8.4.1 收敛 264
8.4.2 蒙特卡洛误差 268
8.4.3 自相关 268
8.4.4 有效样本量 269
8.4.5 分歧 270
8.5 总结 273
8.6 练习 273
第 9 章 拓展学习 274

第 1 章 概率思维

"归根结底，概率论只不过是把常识简化为计算。"

——西蒙·拉普拉斯（Simon Laplace）[①]

本章将介绍贝叶斯统计中的核心概念，以及一些用于贝叶斯分析的基本工具。大部分是一些理论介绍，其中也会涉及一些 Python 代码。本章中提及的大多数概念会在本书后文中反复提到。本章内容有点儿偏理论，对习惯代码的你来说可能会感到焦虑，不过学习这些理论知识，会让你在后面应用贝叶斯统计方法解决问题时更容易一些。本章包含以下主题。

- 统计建模。
- 概率与不确定性。
- 贝叶斯定理及统计推断。
- 单参数推断以及经典的抛硬币问题。
- 先验选择。
- 报告贝叶斯分析结果。

1.1 统计学、模型以及本书采用的方法

统计学主要是关于收集、组织、分析并解释数据的科学，统计学的基础知识对数据分析来说至关重要。在数据分析中，主要有以下两种统计学方法。

- **探索性数据分析（Exploratory Data Analysis，EDA）**：数值统计，比如均值、众数、标准差以及四分位距等，这部分内容也称作描述性统计。此外 EDA 还涉及用一些你可能已经熟悉的工具（如直方图或散点图）对

① 西蒙·拉普拉斯是天体力学的主要奠基人，是天体演化学的创立者之一，是分析概率论的创始人，是应用数学的先驱。——译者注

数据做可视化分析。

- **统计推断**：主要是指在已有数据基础上做陈述。我们可能希望了解一些特定的现象，也可能是想对未来（或尚未观测到）的数据进行预测，又或者是希望从对观测值的多个解释中找出最合理的一个。统计推断为解决这类问题提供了一系列方法和工具。

提示：本书重点关注如何做贝叶斯统计推断，然后用EDA对贝叶斯推断的结果做总结、解释、检查和交流。

大多数统计学入门课程，至少对非统计学专业的人而言就像一份菜谱，这些菜谱或多或少是这样的：首先，到统计学的后厨拿一瓶罐头并打开，加点儿数据上去尝尝，然后不停搅拌直到得出一个稳定的值，该值最好低于0.05。这类课程的目的是教会你如何选择一瓶合适的罐头。我从来不喜欢这种方法，主要是因为最常见的结果是人们会很困惑，甚至连概念都无法掌握。本书采用的是另外一种方式：首先我们也需要点儿原料，不过这次是自己亲自做的而不是买来的罐头，然后学习如何把新鲜的食材混合在一起以适应不同的烹饪场景，更重要的是教会你如何把这些概念应用到本书例子之外的地方。

采用这种方式有两方面原因。

- **本体论**：统计学是建立在概率论数学框架之下的一种统一的建模方式。概率论的方法能为一些看起来非常不一样的方法提供统一的视角，比如统计学和**机器学习（Machine Learning，ML）**从概率论的角度来看就非常相似。
- **技术**：如PyMC3这样的现代软件允许实践者以相对简单的方式定义和解决问题。在几年前，这类问题可能是无法解决或者需要很高的数学水平和技术复杂度。

1.1.1 与数据打交道

数据是统计学十分基本的组成部分。数据有多种来源，比如实验、计算机模拟、调查以及实地观测等。假如我们是负责数据生成或收集的人，首先考虑的是要解决什么问题以及打算采用什么方法，然后再着手准备数据。事实上，统计学有一个叫作实验设计的分支，专门研究如何获取数据。在这个数据泛滥的年代，我们有时候会忘了获取数据并非总是很方便的。比如，一个**大型强子对撞机（Large Hadron Collider，LHC）**一天能产生上百 TB 的数据，但建造这个装置却要花费数年的人力和智力。

通常，可以认为生成数据的过程是随机的，这可能是事物本身、技术性因素又或者是认知的不确定性导致的。也就是说，系统本身具有不确定性，一些技术性问题会增加噪声或限制我们无法以任意精度观测数据。此外还有一些概念层面的理解局限导致我们难以揭示系统的细节。以上这些原因，使得我们需要在模型的背景之下来解释数据，包括心理模型和形式模型。数据不会说话，但能通过建模来表达。

本书假设我们已经收集到了数据，并且这些数据都是干净、整洁的（通常这在现实世界中很少见），这个假设能让我们把注意力放到本书的主题上来。我想强调的是，尽管本书并没有涵盖数据清洗这部分内容，但想要成功地与数据打交道，这些是你应该学习和实践的重要技能。

在数据分析中，掌握一门编程语言（比如 Python）是非常实用的。考虑到我们生活在一个复杂的世界中，数据也是杂乱无章的，操作数据通常是必要的，而编程有助于我们完成这类任务。就算你的数据非常干净、整洁，编程仍然非常有用，因为现代贝叶斯统计主要是通过 Python 或 R 等编程语言完成的。

如果你想学习如何用 Python 清洗和操作数据，我推荐 Jake VanderPlas 写的 *Python Data Science Handbook* 一书。

1.1.2 贝叶斯建模

模型是对给定系统或过程的一种简化描述。这些描述只关注系统中某些重要的部分，因此，大多数模型的目的并不是解释整个系统。这也是为什么更复杂的模型并非总是更好的模型。

模型分为很多种，本书主要关注贝叶斯模型。贝叶斯建模过程可以总结为以下 3 步。

（1）给定一些数据以及这些数据是如何生成的假设，然后通过组合一些概率分布来设计模型。大多数情况下，这些模型是粗略的近似，不过正是我们所需要的。

（2）根据贝叶斯定理将数据添加到模型里，然后把数据和假设结合起来推导出逻辑结果，这就是根据数据调整模型。

（3）检查模型是否有意义可以依据不同的标准，包括数据、我们在这方面的专业知识，有时还通过比较几个模型来评价模型。

通常，实际的建模过程并非是严格按照这 3 个步骤的顺序进行的。我们会在一些特定点重复这些步骤：可能是犯了一个愚蠢的编程错误，也可能是找到了某种改进模型的方法，又或者是需要增加更多的数据或收集不同的数据集。

贝叶斯模型是基于概率构建的，因此也称作**概率模型**。为什么基于概率呢？因为概率这个数学工具能够很好地模拟不确定性，接下来让我们进一步了解概率这个工具。

1.2 概率论

本节的标题似乎有些“自命不凡”，不过这里我并不打算通过短短几页就把概率论讲清楚，而且这也不是我的目的。本节主要介绍概率论中一些普通而重要的概念，这些概念能让读者更好地理解贝叶斯方法，同时也为阅读本书后面的内容打下基础。如果有必要，我们会根据需要再展开或介绍一些与概率论相关的新概念。如果你想深入学习概率论，可以参考阅读 Joseph K. Blitzstein 和 Jessica Hwang 写的 *Introduction to Probability*。另外一本非常有用的书是 Sumio Watanabe 写的 *Mathematical Theory of Bayesian Statistics*，该书比第一本更偏向贝叶斯统计，也更侧重数学。

1.2.1 解释概率

尽管概率论是一个相当成熟和完善的数学分支，但关于概率的诠释不止一种。从贝叶斯的角度看，概率是衡量某一命题不确定性水平的方法。按照这种定义，提出以下问题都是自然且合理的：火星上有生命的概率，电子质量大约为 9.1×10^{-31} 千克，或者布宜诺斯艾利斯在 1816 年 7 月 9 日是晴天的概率。值得注意的是，类似于火星上是否有生命这种问题的答案是二值化的：要么有，要么没有。不过鉴于我们并不知道真实情况，更明智的做法是试图找出火星上存在生命的可能性有多大。该命题取决于我们当前所掌握的信息，而非客观的自然属性。由于这种概率的定义与我们大脑的认知有关，因此人们也常称之为概率的主观定义。不过需要注意的是，具备科学素养的人并不会用其个人信念来回答这类问题。相反，他们会用所有与火星相关的地理数据，以及相应条件下是否适合生命生存的生物知识等来回答这类问题。因此，贝叶斯概率，或扩展到贝叶斯统计，与我们已有的其他成熟的科学方法一样主观（或者客观）。

对于一个问题，如果我们没有相关信息，那么可以说每个可能的事件都有同等的可能性，从形式上讲，这相当于给每个可能的事件分配相同的概率。在没有任何信息的时候，事件的不确定性是最大的。假如某些事件的可能性更高，那么就可以给这些事件赋予更高的概率，相应的其他事件的概率就低一些。请注意，当我们在统计学中谈论事件时，并不局限于可能发生的事情，比如，小行星撞击地球或者我姨妈的 60 岁生日宴。事件只是变量可以采用的任何可能值（或值的子集），比如，你的年龄大于 30 岁，或者某品牌巧克力蛋糕的价钱，又或者是 2017 年全世界卖出的自行车的数量。

概率的概念也常常与逻辑相关。在亚里士多德学派，或者传统的逻辑学派看来，一个命题只能是真或者是假。而在贝叶斯学派所定义的概率中，这些不过是一个特例，一个真的命题所对应的概率是 1，而一个假的命题对应的概率是 0。当有足够数据表明，火星上存在能够生长、繁殖以及其他符合生命体征描述的生物时，我们才将有火星生命这一命题的概率赋值为 1。另外，将一个命题的概率置为 0 要更为困难一些，因为我们可以猜测：或许某些火星人的足迹还未被勘测到，或者是我们所做的实验有些错误，又或者是某些其他原因导致我们错误地认为火星上不存在生命而实际上是存在的。与此相关的是克伦威尔准则（Cromwell's Rule），其含义是在对逻辑上正确或错误的命题赋予概率值时，应当避免使用 0 或者 1。有意思的是，Richard Cox 在数学上证明了如果想在逻辑推理中加入不确定性，就必须使用概率论的知识。我们很快就会看到，贝叶斯定理只是概率规则的逻辑结果。从另一个角度来看，贝叶斯统计是对逻辑学处理不确定性问题的一种延伸，当然这里没有任何对主观推理的轻蔑。

总的来说，用概率来对不确定性建模，并不一定与自然界在本质上是确定性还是随机性的争论有关，也不一定与主观的自我认知有关。相反，这只是一种对不确定性建模的方法而已。我们认识到，大多数现象很难理解，因为我们面对的是不完整而且充满着干扰的数据，而且还受到由进化塑造的灵长类大脑的限制，以及一些其他原因。因此，我们要采用一种明确考虑了不确定性的建模方法。

提示：从实用的角度来看，本节主要想说明，贝叶斯学派使用概率作为量化不确定性的工具。

我们已经讨论了概率的贝叶斯解释，接下来让我们学习概率的一些数学性质。

1.2.2　定义概率

概率值介于 0 ～ 1（包括 0 和 1），其计算遵循一些法则，其中之一是乘法法则：

$$p(A,B) = p(A \mid B)\, p(B) \tag{1.1}$$

上述表达式中，A 和 B 同时发生的概率值等于在 B 发生的条件下 A 也发生的概率值乘 B 发生的概率值，其中 $p(A,B)$ 表示 A 和 B 的**联合概率**，$p(A|B)$ 表示**条件概率**，二者的现实意义是不同的。例如，路面是湿滑的概率跟下雨时路面湿滑的概率是不同的。条件概率可以大于、小于或等于无条件概率。如果 B 并不能提供任何关于 A 的信息，那么 $p(A|B) = p(A)$，也就是说，只有当 A 和 B 是相互独立的时候，这个等式才成立。如果事件 B 能够给出关于事件 A 的一些信息，那么根据事件 B 提供的信息不同，事件 A 可能发生的概率会变得更高或是更低。让我们来看一个简单的例子，掷一个六面骰子的时候，3 朝上的概率（$p(\text{die}=3)$）是多少呢？答案是 1/6，因为每个数字朝上的概率都是相同的。假设已知掷出的骰子是个奇数，那么它是 3 的概率（$p(\text{die} = 3|\text{die} = \text{odd})$）是多少呢？答案是 1/3，因为我们已经知道它是奇数，那么只有可能是 {1,3,5} 中的某个数，而且每种的概率相同。最后，假设已知掷出的骰子数是个偶数，那么它是 3 的概率（$p(\text{die} = 3|\text{die} = \text{even})$）是多少呢？答案是 0，因为我们已经知道这个数是偶数，那么只可能是 {2,4,6} 中的数，因此 3 不可能出现。

从上面简单的例子可以看出，通过对观测数据进行调节，我们有效地改变了事件原有的概率，也改变了事件的不确定性。条件概率是统计学的核心，不论你要解决的问题是掷骰子还是自动驾驶。

1. 概率分布

概率分布是数学中的一个概念，用来描述不同事件发生的可能性，通常这些事件限定在一个集合内，比如 {1,2,3,4,5,6}，代表了所有可能发生的事件。在统计学里可以这么理解：数据是从某种参数未知的概率分布中生成的。推断，就是根据从这些真实分布中得到的样本（也称作**数据集**）找出那些参数。通常我们没法直接获取真实的概率分布，只能退而求其次，设计出一个模型来逼近真实的分布。概率模型就是通过恰当地组合概率分布得到的。

提示：注意，通常我们并不知道模型是否正确，因此需要对模型做评估以便获得信心并说服他人我们的模型是适合所要探索或解决的问题的。

如果一个变量 X 可以用一个概率分布来描述，那么我们把 X 称为一个**随机变量**。通常，人们用大写的字母来表示随机变量（比如 X），用小写的字母来表示随机变量的一个实例（比如 $\boldsymbol{x}$）。$\boldsymbol{x}$ 可以是一个向量，因此可以包含很多独立的值，比如 $\boldsymbol{x} = (x_1,x_2,\cdots,x_n)$。下面用 Python 来看一个例子，我们的真实分布是一个正态分布（或者也叫高斯分布），均值为 $\mu = 0$，标准差为 $\sigma = 1$。这两个参数准确无误地刻画了一个正态分布。使用 SciPy，可以通过 `stats.norm(μ,σ)` 定义一个符合正态分布的随机变量 X，然后可以通过 `rvs` 方法得到一个实例 $\boldsymbol{x}$，下面的例子中，得到了 3 个值。

```
μ = 0.
σ = 1.
X = stats.norm(μ, σ)
x = X.rvs(3)
```

你会发现，每次执行上面的代码，你都会得到不同的随机结果。一旦一个分布的参数确定了，那么 x 的取值概率也就确定了，唯一随机的是每次实验所得到的 x 是随机的。关于随机性的定义有一个常见的误解，即可以从一个随机变量中得到任意可能的值，或者所有的值都是等概率的。实际上，一个随机变量可以取到的值以及对应的概率是严格受到概率分布控制的，而随机性只是因为我们无法准确预测每一次试验的结果值。每次执行上面的代码，都会得到 3 个不同的值，但如果重复执行上千次之后，根据经验可以检查样本的均值会在 0 附近，并且 95% 的样本会落在 [−1.96,+1.96] 内。这里请不要这么果断地相信我的结论，用你的 Python 技巧实际验证一下。如果你学过与正态分布有关的数学知识，这里就会获得一致的结论。

统计学中，用来描述一个变量服从参数为 μ 和 σ 的正态分布的写法如下：

$$x \sim \mathcal{N}(\mu,\sigma) \tag{1.2}$$

这里的波浪线～表示服从于某种分布。

> 提示：在大多数书中，正态分布用方差而不是标准差来表示，因此人们会写成 $\mathcal{N}(\mu,\sigma^2)$。本书将使用标准差，首先是因为这样更容易解释，其次是因为 PyMC3 中也是这样表示的。

本书会涉及多个概率分布，每次介绍一个新的分布时，都会先花点时间介绍它。我们从正态分布开始介绍是因为它几乎是概率分布之源。一个变量如果服从正态分布，那么它的概率值可以用下面的表达式来描述：

$$p(x|\mu,\sigma) = \frac{1}{\sigma\sqrt{2\pi}} \mathrm{e}^{-\frac{(x-\mu)^2}{2\sigma^2}} \tag{1.3}$$

这就是正态分布的概率密度函数，你不用记住这个表达式，给你看这个表达式只是想让你知道这些数字是从哪里来的。前面已经提到过，μ 和 σ 是正态分布的两个参数，这两个参数的值一旦确定就完全定义了一个正态分布，可以看到，式（1.3）中的其他值都是常量。μ 可以是任意实数，即 $\mu \in \mathbb{R}$，其决定了正态分布的均值（同时还有中位数和众数，它们都相等）。σ 是标准差，其取值只能为正，描述了正态分布的分散程度，取值越大，分布越分散。由于 μ 和 σ 有无限种组合，因此高斯分布的实例也就有无限多种，所有这些分布属于同一个**高斯分布族**。

虽然数学公式这种表达形式简洁明了，甚至有人说它很美，不过得承认第一眼看到公式的时候还是不够直观，尤其是数学不太好的人。我们可以尝试用 Python 代码将公式的含义重新表示出来。先来看看高斯分布都长什么样。

```
mu_params = [-1, 0, 1]
sd_params = [0.5, 1, 1.5]
x = np.linspace(-7, 7, 200)
_, ax = plt.subplots(len(mu_params), len(sd_params), sharex=True,
                     sharey=True,
                     figsize=(9, 7), constrained_layout=True)
```

```
for i in range(3):
    for j in range(3):
        mu = mu_params[i]
        sd = sd_params[j]
        y = stats.norm(mu, sd).pdf(x)
        ax[i,j].plot(x, y)
        ax[i,j].plot([], label="μ = {:3.2f}\nσ = {:3.2f}".format(mu, sd),
                     alpha=0)
        ax[i,j].legend(loc=1)
ax[2,1].set_xlabel('x')
ax[1,0].set_ylabel('p(x)', rotation=0, labelpad=20)
ax[1,0].set_yticks([])
```

上面的代码主要是为了画图，其中与概率相关的部分是 `y = stats.norm(mu, sd).pdf(x)`，x 服从参数为 mu 和 sd 的正态分布，这行代码的作用是为一组 x 值计算其对应的概率密度。上面的代码会生成图 1.1，每个子图中，用蓝色的线表示不同 μ 和 σ 值对应的正态分布。

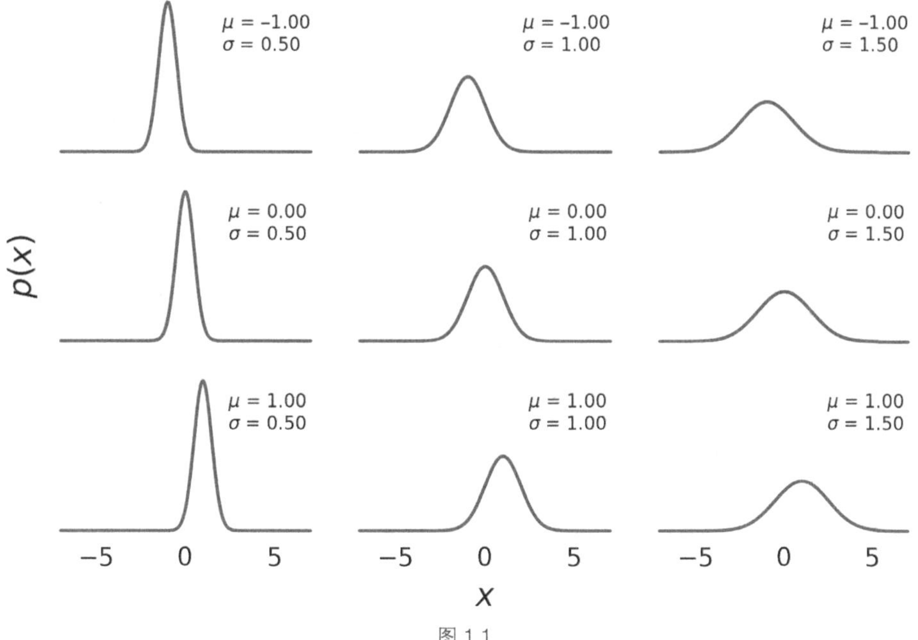

图 1.1

提示：本书大部分图是通过图前面的代码直接生成的，尽管有些时候并没有直接说明。对熟悉 Jupyter Notebook 或者 Jupyter Lab 的读者来说应该会很熟悉。

随机变量分为两种，**连续变量**和**离散变量**。连续随机变量可以从某个区间内取任意值（可以用 Python 中的浮点型数据来表示），而离散随机变量则只能取某些特定的值（可以用 Python 中的整型数据来描述）。正态分布属于连续分布。

需要注意的是，生成图 1.1 的代码中省略了 `yticks`，这是一个功能而非 Bug。省略的原因是，这些值并没有提供太多有用的信息，反而有可能使某些人产生困惑。让我来解释下，y 轴的数据其实不太重要，重要的是它们的相对值。假设从变量 x 中取两个值，比方说 x_i 和 x_j，然后发现 $p(x_i) = 2p(x_j)$（在图中两倍高），我就可以放心地说，x_i 的概率值是 x_j 的两倍，这就是大多数人直观的理解（幸运的是，这也是正确的理解）。唯一棘手的地方在于，对于连续分布，y 轴上的值并非表示概率值，而是**概率密度**。想要得到概率值，需要在给定区间内做积分，也就是说，需要计算（针对该区间的）曲线下方的面积。虽然概率不能大于 1，但是概率密度却可以大于 1，只不过其密度曲线下方的总面积限制为 1。从数学的角度来看，理解概率和概率密度之间的差别非常重要。不过本书采用的是偏实践的方法，可以稍微简单些，毕竟只要你能根据相对值解释图表，这种差别就没有那么重要了。

2. 独立同分布

很多模型假设随机变量的连续值都是从同一分布中采样的，并且这些值相互独立。在这种情况下，我们称这些变量为**独立同分布**变量。用数学符号来描述的话就是：如果两个随机变量 x 和 y 对于所有可能的取值都满足 $p(x,y) = p(x)\,p(y)$，那么称这两个变量相互独立。

非独立同分布变量的一个常见示例是时间序列，其中随机变量中的时间相关性是一个应该考虑的关键特性。下面例子中的数据记录了从 1959 年到 1997 年大气中二氧化碳的含量。可以用代码把图画出来。

```
data = np.genfromtxt('../data/mauna_loa_CO2.csv', delimiter=',')
plt.plot(data[:,0], data[:,1])
```

```
plt.xlabel('year')
plt.ylabel('$CO_2$ (ppmv)')
plt.savefig('B11197_01_02.png', dpi=300)
```

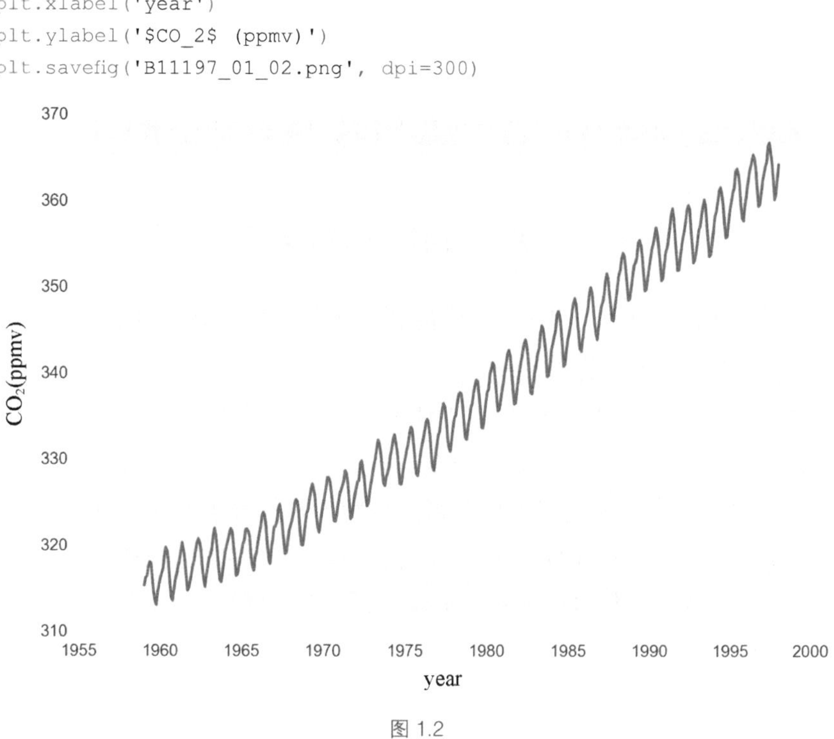

图 1.2

图 1.2 中的数据对应每个月测得的大气中二氧化碳的含量，可以很明显地看出数据的时间相关性。实际上，这里有两种趋势：一种是季节性的，这与植物周期性生长和衰败有关；另一种是整体性的，这表明大气中二氧化碳浓度在不断增加。

3. 贝叶斯定理

现在我们已经学习了概率论中的一些基本概念和术语，接下来就是激动人心的时刻了。话不多说，让我们以庄严的姿态思考贝叶斯定理：

$$p(\theta|y)=\frac{p(y|\theta)p(\theta)}{p(y)} \tag{1.4}$$

这看起来稀松平常，似乎跟小学课本里的公式差不多？用 Richard Feynman 的话来说："这就是关于贝叶斯统计的所有知识。"

学习贝叶斯定理的来源将有助于我们理解它的含义。根据式（1.1）有：

$$p(\theta,y)=p(\theta|y)p(y) \tag{1.5}$$

也可以写成：

$$p(\theta,y)=p(y|\theta)\,p(\theta) \tag{1.6}$$

假设式（1.5）和式（1.6）的左边是相等的，那么可以合并起来得到下面的式子：

$$p(\theta|y)p(y)=p(y|\theta)\,p(\theta) \tag{1.7}$$

重新把式（1.7）组织一下，就得到了式（1.4），即贝叶斯定理。

现在让我们看看式（1.4）的含义，理解它为什么重要。首先，它表明 $p(\theta|y)$ 不一定和 $p(y|\theta)$ 是一样的。这一点非常重要，在日常分析中，即使是系统学习过统计学和概率论的人也很容易忽略这点。我们举个简单例子来说明为什么二者不一定相同：一个阿根廷人成为教皇的概率和一个教皇是阿根廷人的概率并不相同。因为假设有 44 000 000 个阿根廷人，而只有一个是教皇，所以有 p(教皇 | 阿根廷人)≈1/44 000 000 而 p(阿根廷人 | 教皇)=1。

如果用假设代替 θ，用数据代替 y，那么贝叶斯定理告诉我们的是，给定数据 y，如何计算一个假设 θ 的概率。你会在很多地方见到这种关于贝叶斯定理的解释，但是我们怎么把一个假设转换成可以放入贝叶斯定理中的东西呢？可以通过概率分布来实现。通常来讲，我们所说的假设是一个非常狭隘的假设。如果我们讨论为模型中的参数找到一个合适的值，即概率分布的参数，这会更精确。顺便说一点，不要试图把 θ 设定为诸如“独角兽真的存在”等这类命题，除非你真的愿意构建一个关于独角兽真实存在的概率模型！

贝叶斯定理是贝叶斯统计的核心，我们将在第 2 章中看到，使用 PyMC3 等工具可以让我们在每次构建贝叶斯模型的时候都不必显式地编写贝叶斯定理。尽管如此，了解贝叶斯定理各个部分的名字还是非常重要的，因为后面它们会被反复提及。此外，理解各个部分的含义也有助于对模型进行概念化。

- $p(\theta)$：先验。
- $p(y|\theta)$：可能性、似然。
- $p(\theta|y)$：后验。
- $p(y)$：边缘似然、证据。

先验分布反映的是在观测到数据 y 之前对参数 θ 的了解。如果我们对参数一无所知，那么可以用扁平先验（它不会传递太多信息）。读完本书后你会发现，通常我们能做到的要比扁平先验更好。为什么有些人会认为贝叶斯统计是主观的，原因就是使用了先验，先验不过是构建模型时的另一个假设，与任何其他假设是一样的主观（或客观）。

似然是指如何在分析中引入数据，它表达的是给定参数的数据合理性。在一些文章中，你会发现有些人也称之为**采样模型**、**统计模型**或者就叫**模型**。本书坚持使用似然这一名称。

后验分布是贝叶斯分析的结果，反映的是（在给定数据和模型的条件下）我们对问题的全部了解。后验指的是模型中参数 θ 的概率分布而不是单个值，这种分布是先验与似然之间的平衡。有这么个有名的笑话："'贝叶斯人'是这样的：他模糊地期待着一匹马（先验），并瞥见了一头驴（边缘似然），结果他坚信看到的是一头骡子（后验）。"对这个笑话的解释是如果似然和先验都是模糊的，那么也会得到一个模糊的后验。不管怎么说，我喜欢这个笑话，因为它讲出了这样一个道理，后验其实是对先验和似然的某种折中。从概念上讲，后验可以看作在观测到数据之后对先验的更新。事实上，一次分析中的后验，在收集到新的数据之后，也可以看作下一次分析中的先验。这使得贝叶斯分析特别适用于序列化的数据分析，比如实时处理来自气象站和卫星的数据以进行灾害预警，要了解更详细的内容，可以阅读机器学习方面的算法。

最后一个概念是**边缘似然**，也称作证据。正式地讲，边缘分布是在模型的参数取遍所有可能值的条件下得到指定观测值的概率的平均。不过，本书的大部分内容并不关心这个概念，我们可以简单地把它当作归一化系数。这么做没什么大问题，因为我们只关心参数的相对值而非绝对值。你可能还记得我们在 1.2.2 节讨论如何解释概率分布图时提到过这一点。把证据这一项忽略掉之后，贝叶斯定理可以表示成如下正比例形式：

$$p(\theta \mid y) \propto p(y \mid \theta)\, p(\theta) \tag{1.8}$$

理解贝叶斯定理中的每个概念可能需要点儿时间和更多的例子，本书剩余部分也将围绕这些内容展开。

1.3 单参数推断

在前面两节中，我们学习了几个重要的概念，其中有两个是贝叶斯统计的核心概念，这里我们用一句话再重新强调一遍。

提示：概率是用来衡量参数的不确定性的，而贝叶斯定理是用来在观测到新的数据时正确更新这些概率以期降低我们的不确定性。

现在我们已经知道什么是贝叶斯统计了，接下来就从一个简单的例子入手，通过推断单个未知参数来学习如何做贝叶斯统计。

抛硬币问题

抛硬币问题是统计学中的一个经典问题，描述如下：随机抛一枚硬币，重复一定次数，记录其正面朝上和反面朝上的次数，根据这些数据，回答诸如“这枚硬币是否”，以及“这枚硬币有多不公平”等问题。这些问题看起来似乎有点儿无聊，不过可别低估了它。抛硬币问题是一个学习贝叶斯统计非常好的例子，一方面是因为几乎人人都熟悉抛硬币这一过程，另一方面是因为这个模型很简单，我们可以很容易计算并解决这个问题。此外，很多真实问题都包含两个互斥的结果，例如 0 或者 1、正或者负、奇数或者偶数、垃圾邮件或者正常邮件、安全或者不安全、健康或者不健康等。因此，即便我们讨论的是硬币，这个模型也同样适用于前面那些问题。

为了估计硬币的偏差，或者更广泛地说，想要用贝叶斯定理解决问题，我们需要数据和一个概率模型。对于抛硬币这个问题，假设我们已经验了一定次数并且记录了正面朝上的次数，也就是说数据部分已经准备好了，剩下的就是模型部分了。考虑到这是第一个模型，我们会列出所有必要的数学公式（别怕，我保证这部分不难），并且一步一步推导。第 2 章中，我们会回顾这个问题，并借用 PyMC3 和计算机来完成数学计算部分。

1. 通用模型

首先，要抽象出偏差的概念。如果一枚硬币总是正面朝上，那么我们说它的偏差就是 1；如果总是反面朝上，那么它的偏差就是 0；如果正面朝上和反面朝上的次数各占一半，那么它的偏差就是 0.5。这里用参数 θ 来表示偏差，用 y 表示 N 次抛硬币实验中正面朝上的次数。根据贝叶斯定理，即式（1.4），首先需要指定先验 $p(\theta)$ 和似然 $p(y \mid \theta)$。让我们先从似然开始。

2. 选择似然

假设多次抛硬币的结果相互之间都没有影响，也就是说每次抛硬币都是相互独立的，同时还假设结果只有两种可能，正面朝上或者反面朝上。更进一步，我们假设所有硬币都服从相同的分布，因此，抛硬币过程中的随机变量是一个典型的独立同分布变量。但愿你能认同我们对这个问题做出的合理假设。基于这些假设，一个不错的似然候选是二项分布：

$$p(y \mid \theta, N) = \frac{N!}{y!(N-y)!}\theta^{y}(1-\theta)^{N-y} \tag{1.9}$$

这是一个离散分布，表示的是 N 次抛硬币实验中 y 次正面朝上的概率（或者更一般的描述是，N 次实验中，y 次成功的概率）。

```
n_params = [1, 2, 4]  # 实验次数
p_params = [0.25, 0.5, 0.75]  # 成功概率

x = np.arange(0, max(n_params)+1)
f,ax = plt.subplots(len(n_params), len(p_params), sharex=True,
                    sharey=True,
                    figsize=(8, 7), constrained_layout=True)

for i in range(len(n_params)):
    for j in range(len(p_params)):
        n = n_params[i]
        p = p_params[j]

        y = stats.binom(n=n, p=p).pmf(x)

        ax[i,j].vlines(x, 0, y, colors='C0', lw=5)
        ax[i,j].set_ylim(0, 1)
        ax[i,j].plot(0, 0, label="N = {:3.2f}\nθ =
                     {:3.2f}".format(n,p), alpha=0)
        ax[i,j].legend()
        ax[2,1].set_xlabel('y')
        ax[1,0].set_ylabel('p(y | θ, N)')
        ax[0,0].set_xticks(x)
        plt.savefig('B11197_01_03.png', dpi=300)
```

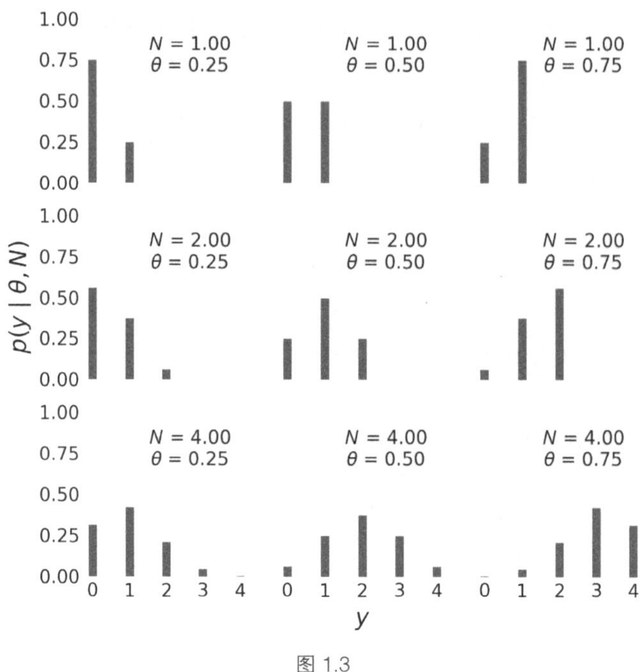

图 1.3

图 1.3 展示了 9 个二项分布，每个子图中的标签显示了对应的参数。注意，在这个图中，我并没有省略 y 轴的值，这么做的目的是，读者能够自己动手确认每个子图的 y 值之和为 1。也就是说，对离散分布而言，对应的 y 值就是概率值。

似然使用二项分布是一个合理选择，直观上讲，θ 可以看作抛一次硬币时正面朝上的可能性（对于 N=1，这很直观，不过对于任意的 N 值都适用），你可以将 θ 与图中 y =1 的柱状图对比。

假如知道了 θ，那么就可以从二项分布得出硬币正面朝上的分布。关键是我们不知道 θ！不过别灰心，在贝叶斯统计中，每当我们不知道某个参数的时候，就对它赋予一个先验，接下来继续选择先验。

3. 选择先验

这里我们选用贝叶斯统计中最常见的一个分布——贝塔分布，作为先验，其数学形式如下：

$$p(\theta)=\frac{\Gamma(\alpha+\beta)}{\Gamma(\alpha)\Gamma(\beta)}\theta^{\alpha-1}(1-\theta)^{\beta-1} \tag{1.10}$$

仔细观察式（1.10）可以看出，除了 Γ 部分之外，贝塔分布和二项分布看起来很像。Γ 是希腊字母中大写的伽马，用来表示伽马函数。现在我们只需要知道，用分数表示的第一项是一个正则化常量，用来保证该分布的积分为 1，此外 α 和 β 两个参数用来控制具体的分布形态。贝塔分布是我们到目前为止见到的第三个分布，利用下面的代码，可以深入了解其形态。

```
params = [0.5, 1, 2, 3]
x = np.linspace(0, 1, 100)
f, ax = plt.subplots(len(params), len(params), sharex=True,
                     sharey=True,
                     figsize=(8, 7), constrained_layout=True)
for i in range(4):
    for j in range(4):
        a = params[i]
        b = params[j]
        y = stats.beta(a, b).pdf(x)
        ax[i,j].plot(x, y)
        ax[i,j].plot(0, 0, label="α = {:2.1f}\nβ = {:2.1f}".format(a,
                     b), alpha=0)
        ax[i,j].legend()
ax[1,0].set_yticks([])
ax[1,0].set_xticks([0, 0.5, 1])
f.text(0.5, 0.05, 'θ', ha='center')
f.text(0.07, 0.5, 'p(θ)', va='center', rotation=0)
```

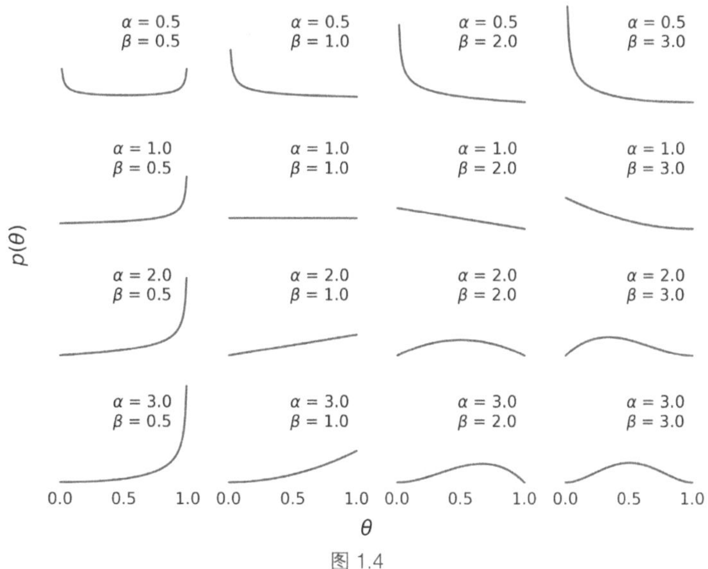

图 1.4

我很喜欢贝塔分布以及图 1.4 中的各种形状，但是我们为什么要在模型中用它呢？在抛硬币这个问题以及一些其他问题中使用贝塔分布的原因有很多，其中第一个原因是，贝塔分布的范围限制在 0 到 1，这跟参数 θ 一样。通常，在需要对二值变量建模时，就会选用贝塔分布。第二个原因是其通用性，从图 1.4 可以看出，该分布可以有多种形状，包括均匀分布、类高斯分布、标准正态分布等。第三个原因是，贝塔分布是二项分布（之前我们用它描述似然）的共轭先验。似然的共轭先验是指，将这个先验分布与似然组合在一起之后，得到的后验分布与先验分布的表达式形式仍然是一样的。简单点儿说，就是每次用贝塔分布作为先验、二项分布作为似然时，会得到一个贝塔分布的后验。除贝塔分布之外还有很多其他共轭先验，例如高斯分布，它的共轭先验就是它自己。很多年来，贝叶斯分析都限定在共轭先验范围内，这主要是因为共轭能让后验在数学上变得更容易处理，要知道贝叶斯统计中一个常见问题的后验都很难从分析的角度去解决。在建立合适的计算方法来解决任意后验之前，这只是个折中的办法。从第 2 章开始，我们将学习使用现代的计算方法来解决贝叶斯问题而不必考虑是否使用共轭先验。

4. 推导后验

首先回忆一下，如贝叶斯定理，即式（1.4）所述，后验正比于似然乘先验。对于我们的问题，需要将二项分布乘贝塔分布：

$$p(\theta \mid y) \propto \frac{N!}{y!(N-y)!}\theta^{y}(1-\theta)^{N-y}\frac{\Gamma(\alpha+\beta)}{\Gamma(\alpha)\Gamma(\beta)}\theta^{\alpha-1}(1-\theta)^{\beta-1} \tag{1.11}$$

现在，将上式简化。针对我们的实际问题，可以先把与 θ 不相关的项去掉而不影响结果，于是得到下式：

$$p(\theta \mid y) \propto \theta^{y}(1-\theta)^{N-y}\theta^{\alpha-1}(1-\theta)^{\beta-1} \tag{1.12}$$

重新整理之后得到：

$$p(\theta \mid y) \propto \theta^{y+\alpha-1}(1-\theta)^{N-y+\beta-1} \tag{1.13}$$

细心的读者可以看出式（1.13）和贝塔分布的形式很像（除了归一化部分），其对应的参数分别为 $\alpha_{后验}=\alpha_{先验}+y$ 和 $\beta_{后验}=\beta_{先验}+N-y$。也就是说，在抛硬币这个问题中，后验分布是如下贝塔分布：

$$p(\theta \mid y) \propto \text{Beta}(\alpha_{先验} + y, \beta_{先验} + N - y) \tag{1.14}$$

5. 计算后验并画图

现在已经有了后验的表达式，可以用 Python 对其计算并画出结果。下面的代码中，其实只有一行是用来计算后验结果的，其余的代码都是用来画图的。

```
plt.figure(figsize=(10, 8))

n_trials = [0, 1, 2, 3, 4, 8, 16, 32, 50, 150]
data = [0, 1, 1, 1, 1, 4, 6, 9, 13, 48]
theta_real = 0.35

beta_params = [(1, 1), (20, 20), (1, 4)]
dist = stats.beta
x = np.linspace(0, 1, 200)

for idx, N in enumerate(n_trials):
    if idx == 0:
        plt.subplot(4, 3, 2)
        plt.xlabel('θ')
    else:
        plt.subplot(4, 3, idx+3)
        plt.xticks([])
    y = data[idx]
    for (a_prior, b_prior) in beta_params:
        p_theta_given_y = dist.pdf(x, a_prior + y, b_prior + N - y)
        plt.fill_between(x, 0, p_theta_given_y, alpha=0.7)

    plt.axvline(theta_real, ymax=0.3, color='k')
    plt.plot(0, 0, label=f'{N:4d} trials\n{y:4d} heads', alpha=0)
    plt.xlim(0, 1)
    plt.ylim(0, 12)
    plt.legend()
    plt.yticks([])
plt.tight_layout()
```

在图 1.5 的第一个子图中，还没做任何试验，对应的 3 条曲线分别表示 3 种先验。

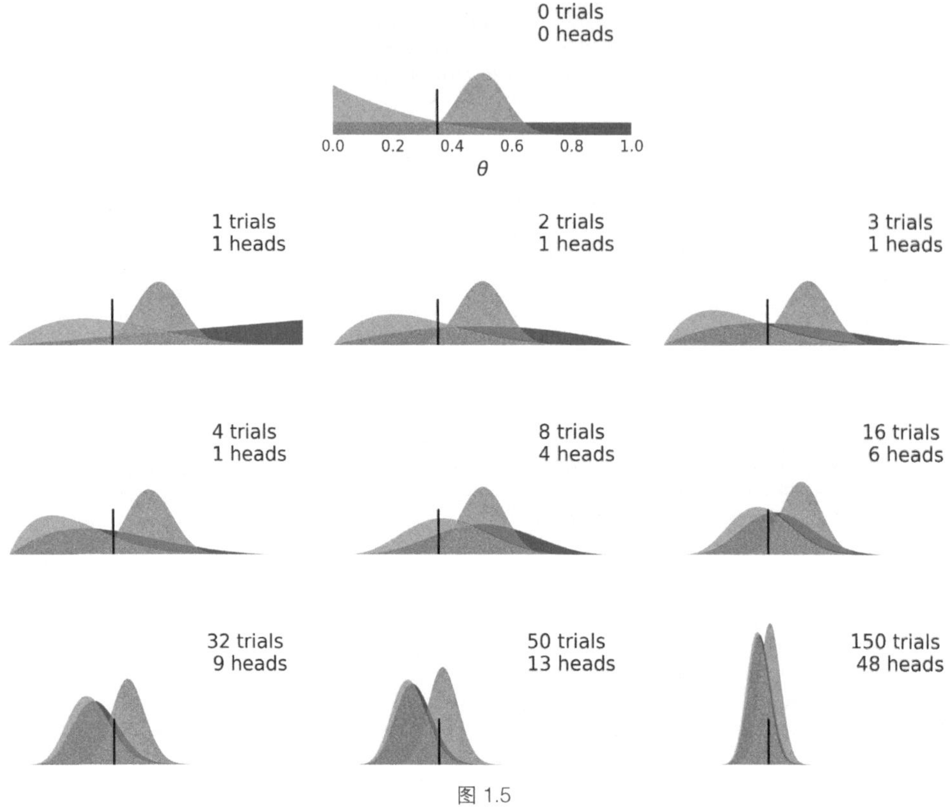

图 1.5

- 蓝色表示均匀分布的先验，其含义是，偏差的所有可能取值都是等概率的。
- 橙色表示类高斯分布的先验，集中在值 0.5 附近，该先验反映了这样一种信息：通常硬币正面朝上和反面朝上的概率大致是差不多的。我们也可以说，该先验与“大多数硬币是公平的”这一信念是相符合的。虽然信念这个词在贝叶斯相关的讨论经常用到，但我们最好是讨论受数据影响的模型和参数。
- 绿色表示左偏的先验，更倾向于反面朝上。

其余子图描绘了后续实验的后验分布，每个子图都标注了实验（抛硬币）的次数和正面朝上的次数。此外每个子图中在横轴 0.35 附近还有一条黑色的竖线，表示的是 θ 的真实值。显然，在实际情况下，我们并不知道这个值，在这里标识出来只是方便理解。从图 1.5 中可以学到很多贝叶斯分析方面的知识，我们花点时间理解。

- 贝叶斯分析的结果是后验分布而不是某个值，该分布描述了不同数值的可能性，是根据给定数据和模型得到的。

- 后验最可能的值是由后验分布的众数决定的（也就是后验分布的峰值）。
- 后验分布的展开度与我们对参数的不确定性成正比例；分布越离散，不确定性越大。
- 直观上讲，观测到的数据越多，那么我们对某一结果就更有信心，尽管1/2=4/8=0.5，但是相比在 4 次试验中观测到 2 次正面朝上，在 8 次试验中观测到 4 次正面朝上，会让我们对偏差等于 0.5 这一描述更有信心。该直觉也同时反映在了后验分布上。你可以从图 1.5 中确认这一点，尤其注意第 6 个子图中的蓝色后验，尽管众数是一样的，但是第 3 个子图中曲线的离散程度（不确定性）相比第 6 个子图要更大。
- 在给定足够多的数据时，两个或多个不同先验的贝叶斯模型会趋近于收敛到相同的结果。在极限情况下，如果有无限多的数据，不论我们使用的是怎样的先验，最终都会得到相同的后验。注意这里说的无限多是指一个极限状态而非某个具体的数量，也就是说，从实际的角度来讲，通过有限且数量较少的数据点就可以得到近似的后验。
- 不同后验收敛到相同分布的速度取决于数据和模型。从图 1.5 中可以看出，蓝色的先验（均匀分布）和绿色的先验（左偏分布）在经过 8 次实验之后就很难看出区别了，而橙色的后验（类似高斯分布）即使进行了 150 次实验之后还能很容易地看出与另外两个后验的区别。
- 有一点从图 1.5 中不太容易看出来，如果我们一步一步地更新后验，最后得到的结果其实跟一次性计算得到的结果是一样的。换句话说，我们可以对后验进行 150 次计算，每次增加一个新的观测数据并将得到的后验作为下一次计算的先验，也可以在得到 150 次抛硬币的结果之后一次性计算出后验，而这两种计算方式得到的结果是完全一样的。这个特点非常有意义，当我们得到新的数据时，就可以很自然地更新估计值。这在很多数据分析问题中都很常见。

6. 先验的影响以及如何选择合适的先验

从前面的例子可以明显看出，先验对推理会有影响，这很正常，先验就是这样。一些贝叶斯分析的新手（以及一些诋毁该方法的人）会对如何选择先验感到茫然，因为他们不希望先验起到决定性作用，而是更希望数据本身替自己说话！

有这样的想法很正常，不过我们得牢记，数据并不会真地“说话”，最多也只是发出“嗡嗡”声。数据只有在模型中才会有意义，包括数学模型和心理模型。面对同一主题下的同一份数据，不同人会有不同的看法，这类例子在科学史上有很多，即使你基于的是正式的模型，这种情况也还是会发生。

有些人青睐于使用**无信息先验**（也称作**扁平先验**[①]、**模糊先验或扩散先验**），这类先验对分析过程的影响最小。尽管这么做是可行的，不过通常我们能做得比这更好。本书将遵循 Gelman、McElreath 和 Kruschke[②] 这 3 位的建议，更倾向于使用弱信息先验（weakly-information prior）。在很多问题中，我们对参数可以取的值一般都会有些了解。比如，我们可能知道参数只能是正数，或者是知道参数近似的取值范围，又或者是希望该值接近 0 或大于 / 小于某值。这种情况下，我们可以给模型加入一些微弱的先验信息而不必担心它会掩盖数据本身的信息。由于这类先验会让后验近似位于某一合理的边界内，因此也被称作**正则化先验**。当然，如果已经有一些高质量的信息用于定义先验，那么使用带有较多信息量的强先验也是可行的。视具体的问题不同，有可能很容易或者很难找到这类先验，例如在我工作的领域（结构生物信息学），人们会尽可能地利用先验信息，通过贝叶斯或者非贝叶斯的方式来了解和预测蛋白质的结构。这样做是合理的，原因是我们在数十年间已经从上千次精心设计的实验中收集了数据，因而有大量可信的先验信息可供使用，如果不用的话也太荒唐了！所以，如果你有可信的先验信息，完全没有理由不去使用。试想一下，如果一个汽车工程师每次设计新车的时候，他都要重新发明内燃机、轮子乃至整个汽车！这显然不是正确的方式。

现在我们知道了先验有很多种，不过这并不能缓解我们选择先验时的焦虑。或许，最好是没有先验，这样事情就简单了。不过，不论是否基于贝叶斯，模型都在某种程度上拥有先验，即使这里的先验并没有明确表示出来。事实上，很多**频率统计学**方面的结果在某些情况下可以看作贝叶斯模型的特例，比如扁平先验。在**频率学派**中，一种常见的参数估计方法是最大似然法，该方法避免了设置

① 扁平先验（flat prior）用均匀分布来表示某个参数的先验分布，我们对参数的取值没有稳定的趋向，会认为参数取任何值的概率都相同，因此扁平先验也是无信息先验（non-information prior），即不提供任何信息的先验。

② 这 3 位分别是 *Bayesian Data Analysis*、*Statistical Rethinking: A Bayesian Course with Examples in R and Stan* 和 *Doing Bayesian Data Analysis* 的主要作者。——译者注

先验，其原理就是找到合适的 θ 让似然最大化，该值通常用一个带尖的符号来表示，比如$\hat{\theta}$或者 θ_{mle}。$\hat{\theta}$ 是一个点估计（一个数值），而不是一个分布，对于前面抛硬币的问题，可以表示为：

$$\hat{\theta} = \frac{y}{N} \tag{1.15}$$

如果你重新看图 1.5，你可以亲自确认，蓝色后验（对应均匀 / 扁平先验）的众数是否与每个子图计算的$\hat{\theta}$值相同。因此，至少对这个例子而言，尽管最大似然的方法并没有显式地引入任何先验，但仍然可以看作贝叶斯模型的一种（带均匀先验的）特例。

我们无法真正避免先验，不过如果你在分析中引入先验，得到的是合理值的分布而不只是最可能的一个值。明确引入先验的另一个好处是，我们会得到更透明的模型，这意味着这些模型更容易评判、调试（广义上）以及优化。构建模型是一个迭代的过程，有时候可能只需要几分钟，有时候则可能需要数年；有时候整个过程可能只涉及你本人，有时候则可能涉及你不认识的人。另外，模型复现很重要，而模型中透明的假设能有助于复现。在特定分析任务中，如果我们对某个先验或者似然不确定，可以使用多个先验或者似然进行尝试。模型构建过程中的一个环节就是质疑假设，而先验就是质疑的对象之一。不同的假设会得到不同的模型，根据数据和与问题相关的领域知识，我们可以对这些模型进行比较，本书第 5 章会深入讨论该部分内容。由于先验是贝叶斯统计中的一个核心内容，在接下来遇到新的问题时我们还会反复讨论它，因此如果你对前面讨论的内容感到有些疑惑，别太担心，先冷静冷静，要知道人们在这个问题上已经困惑了数十年并且相关的讨论一直在继续。

1.4 报告贝叶斯分析结果

创建报告并交流分析结果是统计学和数据科学中的核心环节。本节将简要介绍对采用贝叶斯模型得到的分析结果进行报告和交流的特别之处。在接下来的几章中，还会使用更多例子来介绍这部分内容。

1.4.1 模型表示和可视化

如果你想与人交流分析结果，那么同时你还需要与人交流你所使用的模型。

以下是一种常用的概率模型表示法：

$$\theta \sim \text{Beta}(\alpha,\beta) \tag{1.16}$$

$$y \sim \text{Bin}(n=1, p=\theta)$$

这是我们抛硬币例子里用到的模型。回忆一下，符号～表示左边随机变量的分布服从右边的分布形式，也就是说，这里 θ 服从于参数为 α 和 β 的贝塔（beta）分布，而 y 服从于参数为 $n = 1$ 和 $p = \theta$ 的二项（binomial）分布。该模型还可以用 Kruschke 图表示，如图 1.6 所示。

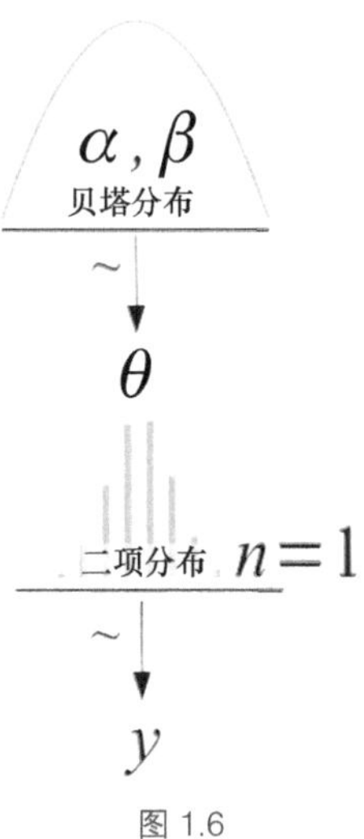

图 1.6

在第一层，根据先验生成了 θ，然后通过似然生成最下面的数据。图中的箭头表示变量之间的依赖关系，符号～表示变量的随机性。本书中用到的 Kruschke 图都是由 Rasmus Bååth 提供的模板生成的，在这里我非常感谢他提供的这些模板。

1.4.2　总结后验

贝叶斯分析的结果是后验分布，关于给定数据集和模型的参数的所有信息都包含在后验分布中。因此，通过总结后验数据，可以总结模型和数据的逻辑结果。通常的做法是，报告每个参数的均值（或者众数、中位数），以了解分布的位置，以及一些度量值，如标准差，可以了解分布的离散程度从而了解我们估计中的不确定性。标准偏差适用于正态分布，不过对于其他类型的分布（如偏态分布）却可能得出误导性结论，因此，还可以采用以下度量方式。

最大后验密度

最大后验密度（Highest-Posterior Density，HPD）区间常用于描述后验分布的分散程度。HPD 区间是指包含一定比例概率密度的最小区间，最常见的比例是 95%HPD 或 98%HPD，通常还伴随着一个 50%HPD。如果我们说某个分析的 HPD 区间是 [2, 5]，其含义是指，根据我们的模型和数据，参数位于 2 到 5 的概率是 95%。

提示：选择95%还是50%或者其他值作为HPD区间的概率密度比例并没有特殊的地方，这些不过是常用的值罢了。如果愿意，我们完全可以选用比例为91.37%的HPD区间。如果你选的是95%，这完全没问题，只是要记住这只是个默认值，究竟选择多大比例仍然需要具体问题具体分析。

ArviZ是一个用于对贝叶斯模型做探索性数据分析的Python库，提供了很多方便的函数用于对后验做总结，比如，az.plot_posterior可以用来生成一个带有均值和HPD区间的分布图。下面用一个从贝塔分布中生成（并非实际分析中的后验分布）的随机样本为例来说明。

```
np.random.seed(1)
az.plot_posterior({'θ':stats.beta.rvs(5, 11, size=1000)})
```

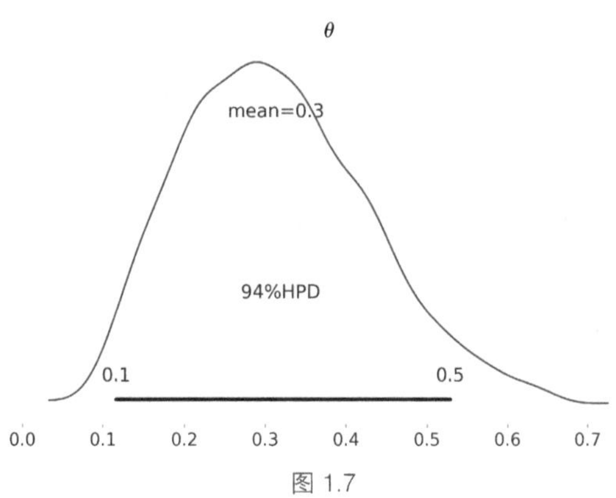

图1.7

注意，图1.7中报告的区间是94% HPD，这是为了善意地提醒你，HPD可以是除了95%之外的任意值。每当ArviZ计算并报告HPD时，默认都会使用0.94(对应94%区间)，你可以修改参数credible_interval的值来改变这一默认行为。

提示：如果你了解频率学派，那么需要注意，HPD区间和置信区间并不一样。HPD区间理解起来很直观，以至于人们往往容易将置信区间与HPD区间弄混。贝叶斯分析能让我们考虑参数取不同值的概率，而这对于频率学派是不可能的，因为参数在设计的时候就是固定的，频率学派的置信区间的含义是，某一区间是否包含参数的值的概率。

1.5 后验预测检查

贝叶斯方法的一个优势是，一旦得到了后验分布，就可以基于数据集 y 和估计到的参数 θ，使用后验分布 $p(\theta \mid y)$ 生成待预测的数据 $\tilde{y}$。后验预测分布如下：

$$p(\hat{y} \mid y) = \int p(\hat{y} \mid \theta) p(\theta \mid y) \mathrm{d}\theta \tag{1.17}$$

可以看到，后验预测分布就是对 θ 的后验分布进行条件预测的平均。从概念上（以及计算的角度）讲，可以通过以下两步来估计式（1.17）中的积分。

（1）从后验分布 $p(\theta \mid y)$ 中采样出 θ。

（2）将 θ“喂”给似然（或者叫采样分布），然后得到一个数据点 $\tilde{y}$。

> 提示：注意，这个过程组合了两种不确定性：一种是参数的不确定性，即通过后验来刻画的；另一种是采样的不确定性，即通过似然来刻画的。

生成的数据 $\tilde{y}$ 可以在需要预测数据的时候使用。此外还可以用预测数据和观测数据 y 做对比，找出两组数据之间的差异，从而对模型进行评价，这就是所谓的**后验预测检查**，其目的是检查自动一致性。生成的数据应该与观测数据看起来差不多，否则就说明建模的过程中出了问题，或者是向模型提供数据时出了问题。不过即使没有出错，二者也有可能不同。尝试理解其中的偏差有助于我们改进模型，或者至少能知道模型的极限。即使我们并不知道如何改进模型，也可以知道模型捕捉到了问题或数据的哪些方面以及没能捕捉到哪些方面，也许模型能够很好地捕捉到数据中的均值但没法预测出罕见值，这可能是个问题，不过如果我们只关心均值，那这个模型也还是可用的。通常我们的目的不是去断言一个模型是错误的，我们只想知道模型的哪个部分是值得信任的，并测试它是否在特定方面符合我们的预期。不同学科对模型的信任程度显然是不同的，物理学中研究的系统是在高可控条件下依据高级理论运行的，因而模型可以看作对现实的良好描述，而在一些其他学科（如社会学和生物学）中，研究的是错综复杂的孤立系统，因而模型对系统的认知较弱。尽管如此，不论你研究的是哪一门学科，都需要对模型做检查，利用后验预测和本章学到的探索性数据分析中的方法去检查模型是个不错的习惯。

1.6 总结

本章围绕统计建模、概率论和贝叶斯定理开启了我们的贝叶斯之旅，然后用抛硬币的例子介绍了贝叶斯建模和数据分析，借用这个经典例子传达了贝叶斯统计中的一些最重要的思想，比如通过概率分布构建模型并用它来表示不确定性。我们试图揭开先验的神秘面纱，并将其与建模过程中的其他元素（如可能性）或更多**元问题**（如我们为什么要首先解决某个特定问题）放在同等的地位。本章的最后讨论了如何解释和报告贝叶斯分析的结果。

图 1.8 来自 Sumio Watanabe，很好地总结了本章描述的贝叶斯建模过程。

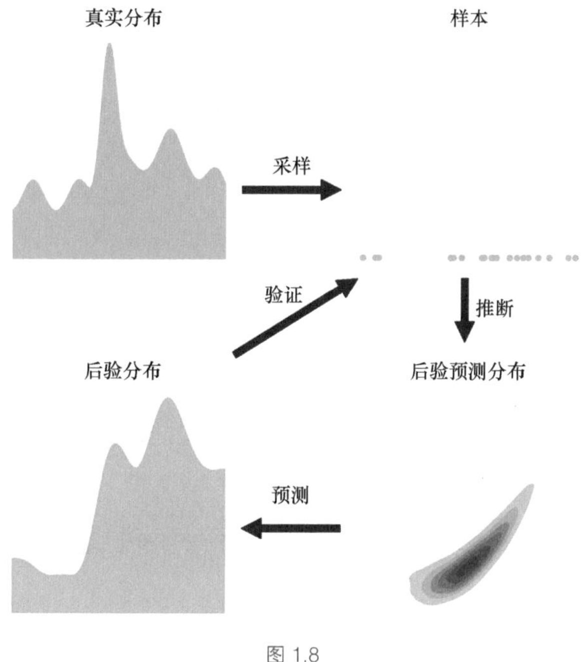

图 1.8

我们假设存在一个**真实分布**，该分布通常是未知的（原则上也是不可知的），我们可以通过实验、调查、观察或模拟从中获得有限样本。为了从真实分布中学到些东西，假设我们只观测到了一个样本，并构建了一个概率模型。一个概率模型通常由先验和似然两部分构成。用模型和样本做贝叶斯推断并得到一个**后验分布**；在给定的模型和数据下，该分布囊括有关某个具体问题的全部信息。从贝叶斯的角度来看，后验分布及其衍生的其他信息（包括后验预测分布）是我们主要感兴趣的部分。由于后验分布（及其衍生值）是由模型和数据产生的，因此贝叶斯推断的作用受限于模型和数据的质量。一种评价模型的方法是，将**后验预测分布**与有限的观测数据做对比。这里注意区分，后验分布是模型中参数的分布（以观测到的样本为条件），而后验预测分布则是预测样本的分布（在后验分布上平均）。模型验证的过程非常重要，因为我们希望确保得到的模型是**正确的**。不过我们也知道，永远没有所谓的**正确的模型**。之所以做模型检查是为了确定我们得到的模型在某个具体的场景是否足够有用，如果不是，那就深入了解如何改善它们。

本章简要总结了贝叶斯数据分析的几个主要方面，本书其余章节中，我们以它为基础去理解更高阶的概念，并反复回顾这些概念，最终达到真正掌握它们的目的。第 2 章会介绍 PyMC3 和 ArviZ 这两个库，PyMC3 是一个用于贝叶斯建模和概率机器学习的 Python 库，ArviZ 是用于探索性分析贝叶斯模型的 Python 库。

1.7 练习

我们尚且不清楚大脑是如何运作的，是按照贝叶斯方式？还是类似贝叶斯的某种方式？又或者是进化过程中形成的某种启发式的方式？不管如何，我们至少知道自己是通过数据、例子和练习来学习的。你可能对此有异议，但我仍然强烈建议你完成每章最后的练习。

（1）下面的表达式中，哪一个与“1816 年 7 月 9 日是晴天的概率”这一描述相符？

- p(晴天)
- p(晴天 | 7 月)
- p(晴天 | 1816 年 7 月 9 日)
- p(1816 年 7 月 9 日 | 晴天)
- p(晴天 ,1816 年 7 月 9 日)/p(1816 年 7 月 9 日)

（2）证明“随机选一个人是教皇”的概率与“教皇是人类”的概率不同。在《飞出个未来》这部动画片中，教皇是一个爬行动物，这会改变你之前的计算吗？

（3）指出下面定义的概率模型中的先验和似然：

$$y_i \sim \text{Normal}(\mu,\sigma)$$

$$\mu \sim \text{Normal}(0,10)$$

$$\sigma \sim \text{HalfNormal}(25)$$

（4）在上面的模型中，后验有多少个参数？把它和抛硬币问题中的模型做对比。

（5）请为练习（3）中的模型写出贝叶斯定理。

（6）假设有两枚硬币，抛第一个硬币的时候，一半概率正面朝上，另一半概率反面朝上。另外一枚硬币则总是正面朝上。如果随机抽取两枚硬币中的一个抛出并观测到其正面朝上，那么这枚硬币是第二枚硬币的概率是多少？

（7）修改生成图 1.5 的代码，给每个子图添加一条虚的竖线，用来表示观测到的正面朝上出现的比例，将其与每个子图中后验分布的众数进行比较。

（8）尝试用一些其他的先验（比如贝塔分布）和一些其他的数据重绘图 1.5。

（9）换一些参数重新绘制高斯分布、二项分布和贝塔分布（对应图 1.1、图 1.3 以及图 1.4），当然你也可以只画一个图而不必像我那样画出多个子图的网格。

（10）了解克伦威尔准则的相关内容。

（11）了解荷兰赌（Dutch Book）定理的相关内容。

第2章 概率编程

“计算机中的泥人[①]很少有物质形态，但也可以认为它们是由硅中的黏土制成的，生活在计算机里。”

——理查德·麦克尔里思（Richard McElreath），《统计反思》作者

现在我们对贝叶斯统计有了初步的了解，接下来将学习如何用一些工具构建概率模型，特别是学习用**PyMC3**进行**概率编程**。基本思想是使用代码指定模型，然后以或多或少自动化的方式求解它们。当然这并不是因为我们偷懒才没有用数学的方法，也不是因为我们特别热衷于编写代码。做这个决定主要是因为很多模型都没有一个闭式解[②]，也就是说我们只能使用数值解的方法计算。

学习概率编程的另一个原因是，现代的贝叶斯统计主要是通过编程实现的。既然我们已经熟悉Python了，干嘛还要学习其他方式呢？概率编程提供了一个有效构建复杂模型的方式，它让我们更加关注模型设计、评估和解释，而不需要过多地考虑数学或计算的细节。在本章以及本书其余内容中，我们将使用PyMC3（一个非常灵活的概率编程Python库）以及ArviZ（一个新的Python库，将帮助我们解释概率模型的结果）。学习PyMC3和ArviZ有助于我们以一种更实用的方法学习高阶的贝叶斯概念。

本章将涵盖以下主题。

- 概率编程。

---

① 这句话中的泥人起源于犹太教，是指用“巫术”灌注黏土而产生可自由行动的人偶。在《圣经·旧约》中它所代表的是未成形或没有灵魂的躯体。另外，硅是计算机芯片的核心材料，在这句话中指代计算机的物理形态。——译者注

② 求解方程式有闭式解与数值解两种方式，其中闭式解（又称“解析解”）就是一些严格的公式，给出任意的自变量就可以求出其因变量；而数值解是在特定条件下通过近似计算得出来的一个数值。——译者注

- PyMC3 指南。
- 重温抛硬币问题。
- 总结后验。
- 高斯分布和 t 分布。
- 比较不同的组以及效应量。
- 分层模型和收缩。

2.1 简介

贝叶斯统计的概念很简单，我们有一些已知的信息和未知的信息，要做的就是利用贝叶斯定理根据前者推断后者。运气好的话，这个过程可以降低对未知信息的不确定性。我们将已知称为数据并将其视为常数，将未知称为参数并将其视为概率分布。用更正式的术语来说，我们将概率分布分配给未知量，然后利用贝叶斯定理将先验分布$p(\theta)$转化成后验分布 $p(\theta \mid y)$。尽管概念很简单，但全概率模型很难得到解析解。很多年来，这确实是个问题，而且这大概也是影响贝叶斯方法被广泛应用的主要问题之一。

“计算时代”的到来和数值化方法的发展（至少在原则上可以用来解决任何推理问题）这极大地改变了贝叶斯数据分析实践。我们可以把这些数值化方法当作通用推断引擎（或者像 PyMC3 的核心开发者之一的 Thomas Wiecki 喜欢说的：推断按钮）。自动推断的可能性促进了**概率编程语言（Probabilistic Programming Language，PPL）**的发展，从而使得模型构建和推断明确分离。

在概率编程语言的框架中，用户通过编写几行代码来详细描述完整的概率模型，然后就能自动进行推断了。概率编程使得实践者能够更快速地构建复杂的概率模型并减少出错的可能，可以预见，这将给数据科学和其他学科带来极大的影响。我认为，编程语言对科学计算的影响可以拿六十多年前 Fortran 语言的问世做对比。虽然如今 Fortran 语言“风光不再”，不过它一度被认为是相当具有革命性的。科学家们第一次摆脱了计算细节，开始专注于用一种更自然的方式构建数值化方法、模型和仿真系统。类似的方式，我们现在有了概率编程语言，它把如何处理概率以及如何从用户那里执行推断的细节隐藏起来，从而使得用户能够更加关注模型构建规范和结果分析。

在本章中，我们将学习如何使用 PyMC3 定义和求解模型，并把推断引擎当作黑盒，从中可以得到后验分布的样本。我们将要使用的方法有一定的随机性，因此每次运行得到的样本都会有所不同。不过，只要推断过程能按照预期正常进行，那么得到的样本就能表征后验分布，因而得到的结论与其他样本没有任何区别。有关推断引擎背后的工作原理以及样本是否可信的内容都将在第 8 章详细讲解。

2.2 PyMC3 指南

PyMC3 是一个用于概率编程的 Python 库，本书英文原版编写时的最新版本是 3.6。PyMC3 提供了一套非常简洁、直观的语法，非常接近统计学中描述概率模型的语法，可读性很强。PyMC3 的基础代码是用 Python 写的，其中对计算要求较高的部分是基于 NumPy 和 Theano 编写的。

Theano 是一个用于深度学习的 Python 库，可以高效地定义、优化和求解多维数组的数学表达式。PyMC3 使用 Theano 的主要原因是某些采样算法（如 NUTS）需要计算梯度，而 Theano 可以很方便地进行自动求导。并且，Theano 将 Python 代码转化成了 C 代码，因而 PyMC3 的速度相当快。关于 Theano 只需要了解这些，如果你想深入学习可以阅读 Theano 官网上的教程。

提示：也许你已经听说了，Theano 将不再继续维护。不过不用担心，PyMC 团队的开发者会继续维护 Theano，以保证 Theano 能在接下来的几年里继续为 PyMC3 提供服务。与此同时，PyMC 团队正在迅速构建下一代 PyMC，有可能使用 TensorFlow 作为后端，不过其他的一些库也在考虑之中。

用 PyMC3 解决抛硬币问题

我们用 PyMC3 重新回顾抛硬币问题。首先需要获取数据，这里使用和前面一样的合成数据。由于数据是我们自己生成的，所以知道真实的参数θ，以下代码中用 `theta_real` 变量表示。显然，在真实实验中，我们并不知道参数的真实值，而是要将其估计出来。

```
np.random.seed(123)
trials = 4
theta_real = 0.35 # 在真实实验中这是个未知值
```

```
data = stats.bernoulli.rvs(p=theta_real, size=trials)
```

1. 模型描述

现在有了数据，需要指定模型。回想一下，模型可以通过概率分布指定似然和先验来完成。对于似然，可以用参数分别为 n=1 和 $p=\theta$的二项分布来描述；对于先验，可以用参数为 $\alpha=\beta=1$ 的贝塔分布来描述。这个贝塔分布与 [0,1] 内的均匀分布是一样的。我们可以用数学表达式描述模型：

$$
\begin{aligned}
\theta &\sim \text{Beta}\,(\alpha,\beta) \\
y &\sim \text{Bern}\,(n=1, p=\theta)
\end{aligned}
\tag{2.1}
$$

这个统计模型与 PyMC3 的语法几乎一一对应。

```
with pm.Model() as our_first_model:
    # 一个先验
    θ = pm.Beta('θ', alpha=1., beta=1.)
    # 似然
    y = pm.Bernoulli('y', p=θ, observed=data)
    trace = pm.sample(1000, random_seed=123)
```

第一行代码先构建了一个模型的容器，PyMC3 使用 `with` 语法将所有位于该语法块内的代码都指向同一个模型，你可以把它看作简化模型描述的语法糖，这里将模型命名为 `our_first_model`。第二行代码指定了先验，可以看到，语法与数学表示很接近。

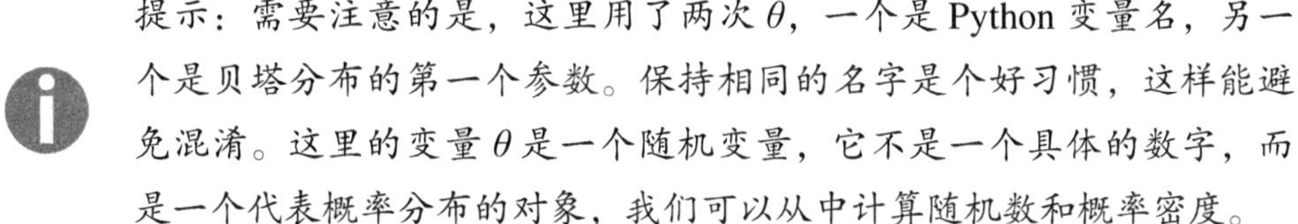
提示：需要注意的是，这里用了两次 θ，一个是 Python 变量名，另一个是贝塔分布的第一个参数。保持相同的名字是个好习惯，这样能避免混淆。这里的变量 θ 是一个随机变量，它不是一个具体的数字，而是一个代表概率分布的对象，我们可以从中计算随机数和概率密度。

第三行代码描述了似然，语法与先验相同，唯一的不同是我们用 `observed` 变量传递了数据，这样就告诉了 PyMC3 我们想要在已知（数据）上为未知设置条件。其中观测值可以用 Python 列表或者 NumPy 数组或者 pandas 的 DataFrame 传递。

这样我们就完成了模型的描述！非常简洁，对吧？

2. 按下推断按钮

上面代码中最后一行就是“推理按钮”，从后验分布中取出 1000 个样本，并存在 trace 对象中。在这行代码的背后，PyMC3 会开始“欢快”地进行推断，运行代码之后，你会看到如下输出。

```
Auto-assigning NUTS sampler...
Initializing NUTS using jitter+adapt_diag...
Multiprocess sampling (2 chains in 2 jobs)
NUTS: [θ]
100%|██████████████| 3000/3000 [00:00<00:00, 3695.42it/s]
```

第一行和第二行告诉我们，PyMC3 自动使用了 NUTS（一种对连续变量非常有效的推断引擎），并选择了一种方法初始化该采样器。第三行告诉我们，PyMC3 并行地运行了两个采样链，因此最终会从后验中一次性得到两个相互独立的样本。

采样链的数量取决于计算机的处理器数量，当然你可以修改 sample 函数的 chains 参数来修改默认值。接下来第四行告诉我们具体哪个采样器正在对哪个变量进行采样，对于这里的例子，这一行没有提供多少有用的信息，因为这里只有一个唯一的变量 θ 用到了 NUTS。不过，事实并非总是如此，因为 PyMC3 可以给不同的变量设置不同的采样器，通常，PyMC3 会根据变量的不同，自动选择最佳的采样器，当然，用户也可以给 sample 函数的 step 参数手动赋值。

最后一行是进度条以及一些相关的指标，用于显示采样器的工作速度（即每秒迭代的次数）。实际运行该代码的时候，你会发现进度条更新得相当快，这里显示的是采样器结束时提示信息，其中，3000/3000 中的第一个数字表示采样器编号（从 1 开始计数），第二个数字表示样本总数。注意，这里显示的数字是 3000。虽然我们前面设置的是每个采样器采样 1000 个，但是 NUTS 算法会先给每个采样链采样 500 个以用于自动调整，这部分样本会被丢弃掉，因此，总共有 3000 个样本生成。自动调整的过程有利于 PyMC3 从后验中得到更可靠的样本，当然，也可以通过修改 sample 函数的 tune 参数值来改变默认值。

2.3　总结后验

一般来讲，从后验中采样之后，第一件事就是检查结果是什么样子。ArviZ 中的 plot_trace 函数非常适合做这件事。

```
az.plot_trace(trace)
```

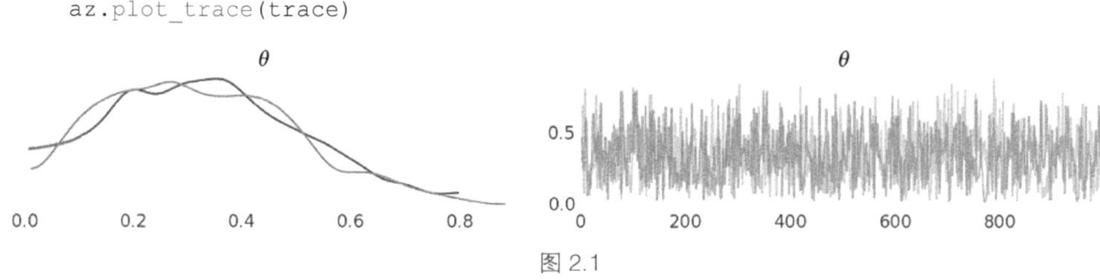

图 2.1

调用 az.plot_trace 之后，每个变量得到了两个子图。模型中唯一无法观测的变量是 θ，此外，y 表示数据，是一个已观测到的变量，因而不必对其做采样。图 2.1 包括两个子图，左图是一个**核密度估计**（**Kernel Density Estimation，KDE**）图，有点儿类似平滑后的直方图；右边是采样过程中的采样值。从轨迹图中，我们可以直观地从后验中获得合理的值。你可以将这里的图与第 1 章的分析结果对比。

ArviZ 还提供了一些其他的图来帮助解释轨迹，我们将在接下来详细解释。有时候还想得到轨迹的数值摘要，此时可以调用 az.summary 函数，其返回值是一个 pandas 中的 DataFrame 数据结构（参见表 2.1）。

```
az.summary(trace)
```

表 2.1

	mean	sd	mc error	hpd 3%	hpd 97%	eff_n	r_hat
θ	0.33	0.18	0.0	0.02	0.64	847.0	1.0

我们得到了均值、标准差和 94%HPD 区间，正如第 1 章中讨论过的，这些值可以用来解释和报告贝叶斯推断的结果，其中最后两个值与样本诊断相关，这部分内容会在第 8 章详细介绍。

另外一种对后验做总结的方式是用 ArviZ 中的 plot_posterior 函数将结果用可视化的方式表示出来。第 1 章中，已经将该函数应用于一个假的后验，这里将其应用到真正的后验上。默认情况下，plot_posterior 会分别将连续变量和离散变量展示成 KDE 图和直方图形式，同时还会在图中显示均值（修改 point_estimate 参数可以显示中位数或者众数），并在底部用一条黑色的线表示 94%HPD 区间（可以通过设置 credible_interval 参数修改区间值）。这种类型的图是 John K. Kruschke 在他的 *Doing Bayesian Data Analysis* 一书中提出的。

```
az.plot_posterior(trace)
```

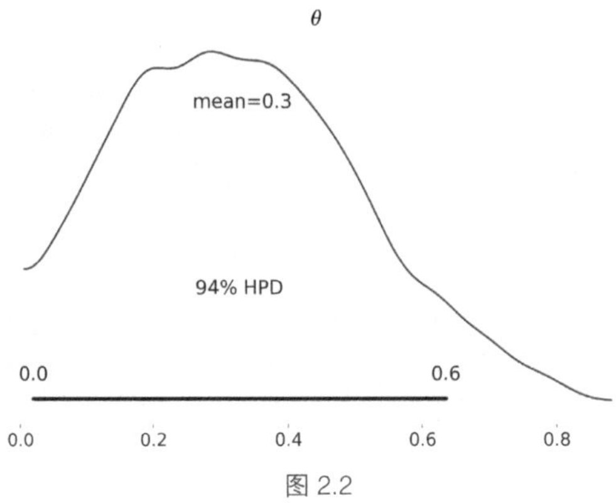

图 2.2

基于后验的决策

有时候，仅仅描述后验还不够。例如，我们还需要根据推断结果做决策。把连续的估计值收敛到一个二值化的结果上：是或不是、健康或不健康、不安全的还是安全的等。回到抛硬币问题上，我们需要回答硬币是不是公平的。一枚公平的硬币是指θ的值为0.5，这里可以将0.5与后验的HPD区间进行比较。图2.2中，HPD区间大约是0.02到0.71，因而0.5包含在HPD区间内。从后验来看，这枚硬币似乎是偏向于反面朝上，当然也不能完全说这枚硬币是不公平的。如果想得到更严格一些的结论，就需要收集更多的数据，从而降低后验分布的分散程度，或者是找到一个更有信息量的先验。

1. ROPE

严格来说，观测到θ为0.5的可能性为0（也就是说，无限趋近于0）。此外，在实践中我们通常并不关心精确的结果，而是在一定区间内的结果。因此，在实际情况中我们可以把有关公平的定义稍稍放宽一些，可以说一枚公平硬币的θ值约等于0.5。比如说[0.45,0.55]区间上的任意值就等价于0.5。通常将这个区间称为**实际等价区间**（**Region of Practical Equivalence，ROPE**）。一旦确定了ROPE，接下来就可以将其与**HPD**区间对比，结果至少会有以下3种情况。

- ROPE与HPD区间没有重叠，我们可以说硬币是不公平的。
- ROPE包含整个HPD区间，我们可以认为硬币是公平的。

■ ROPE 与 HPD 区间部分重叠，此时我们不能判断硬币是否公平。

如果选择区间 [0,1] 作为 ROPE，那么我们都不需要收集数据来执行任何类型的推断就可以说这枚硬币是公平的。请注意，我们不需要收集数据来执行任何类型的推断。当然，这是一个不重要的、不合理的、不诚实的选择，可能没有人会认同我们对这个 ROPE 的定义。这里只是想强调一个事实，ROPE 的定义是与上下文相关的，并没有什么普遍适用于每个人的标准。这个决策本质上就是主观的，我们的宗旨是根据我们的目标尽可能做出最明智的决策。

提示：ROPE 是根据我们的背景知识任意选择的一个区间，并假定该区间的每个值都具有实际等效性。

`plot_posterior` 函数可以用来画具有 ROPE 和 HPD 区间的后验。从图 2.3 中可以看到，ROPE 是一段较宽的半透明的绿色粗线。

```
az.plot_posterior(trace, rope=[0.45, .55])
```

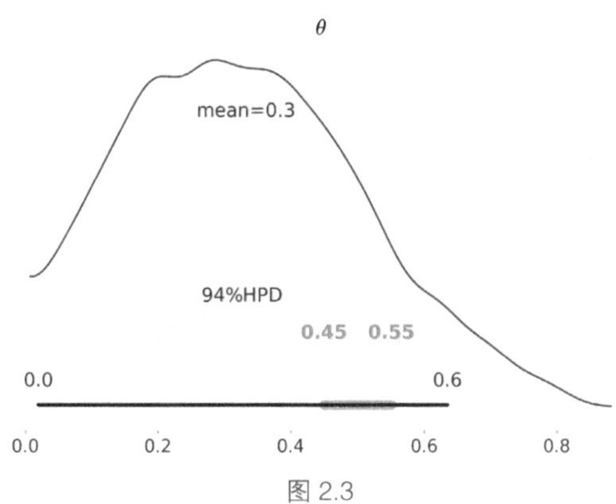

图 2.3

此外，还有一种工具可将后验与参照值做对比，从而帮助我们做决策。这里我们仍然使用 `plot_posterior` 函数。如图 2.4 所示，我们得到了一条垂直线（橙色）[①] 和参考值上下的后验比例。

```
az.plot_posterior(trace, ref_val=0.5)
```

① 如图中橙色的线为 0.5，小于 0.5 的 HPD 面积比例为 82.2%，大于 0.5 的 HPD 面积比例为 17.8%。——译者注

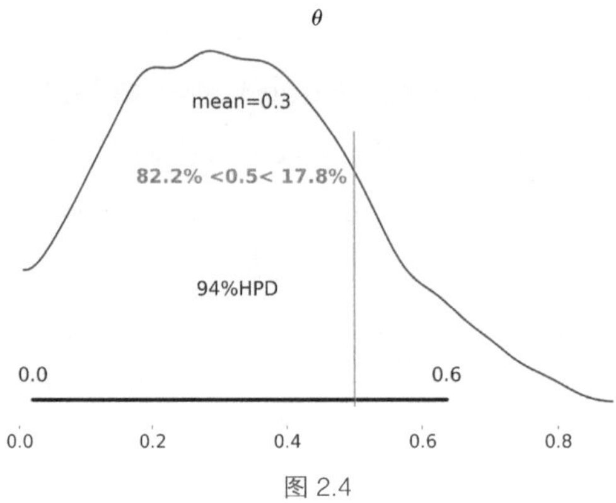

图 2.4

更多有关 ROPE 的讨论可以阅读 John K. Kruschke 写的 *Doing Bayesian Data Analysis* 中的第 12 章。第 12 章还讨论了如何在贝叶斯框架下做假设检验，以及一些假设检验方面的注意事项。

2. 损失函数

如果你觉得 ROPE 准则有些笨重，想要更正式一些，那么**损失函数**就是你需要的！做出一个好的决策很重要的一点是，相关参数的估计值要有很高的精度，但也要考虑到出错的成本。成本 / 收益的权衡在数学上可以用损失函数来表示。在不同领域下对损失函数及其逆函数的称呼不同，有时候也称为代价函数、目标函数、适应度函数或者效用函数等。不管叫什么名字，其核心思想都是，用一个函数来捕获真实值与估计值之间的差别。损失函数的值越大，则说明估计值越差，一些常见的损失函数如下。

- 二次损失 $(\theta-\hat{\theta})^2$。
- 绝对损失 $|\theta-\hat{\theta}|$。
- 0-1 损失 $I(\theta\neq\hat{\theta})$，其中 I 是指示函数（Indicator Function）。

实际中，我们通常不知道参数 θ 的真实值。相反，只知道根据后验分布得到的估计值。因此我们能做的就是找到一个 $\hat{\theta}$ 的值能够最小化期望损失函数。所谓期望损失函数，指的是整个后验分布上的平均损失函数。下面的代码中，有两个损失函数：绝对损失（`lossf_a`）和二次损失（`lossf_b`）。我们将在超过 200 个点的网格上探索 $\hat{\theta}$ 的值。然后我们会绘制这些损失函数的曲线，包括让每个损失函数最小化的 $\hat{\theta}$ 的值。

```
grid = np.linspace(0, 1, 200)
θ_pos = trace['θ']
lossf_a = [np.mean(abs(i - θ_pos)) for i in grid]
lossf_b = [np.mean((i - θ_pos)**2) for i in grid]

for lossf, c in zip([lossf_a, lossf_b], ['C0', 'C1']):
    mini = np.argmin(lossf)
    plt.plot(grid, lossf, c)
    plt.plot(grid[mini], lossf[mini], 'o', color=c)
    plt.annotate('{:.2f}'.format(grid[mini]), (grid[mini], lossf[mini] +
0.03), color=c)
    plt.yticks([])
    plt.xlabel(r'$\hat \theta$')
```

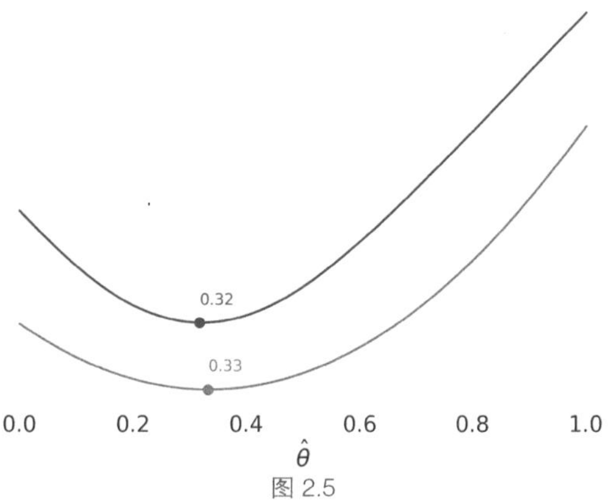

图 2.5

如图 2.5 所示，二者的结果有些相近，`lossf_a` 的 $\hat{\theta}$ =0.32，而 `lossf_b` 的 $\hat{\theta}$ =0.33。有意思的是，在这个结果中，第一个值等于后验分布的中位数，而第二个值等于后验分布的均值。你可以通过计算 `np.mean(θ_pos)` 和 `np.median(θ_pos)` 来验证。我知道这并不是正式的证据，但重要的是：不同的损失函数与不同的点估计有关。

如果我们想要正式计算单个点估计，那么必须决定要使用哪个损失函数。或者反过来，如果选择一个给定的点估计，那么相应地就隐式地决定损失函数（甚至有时候是无意识地）。显式地选择损失函数的优势是，我们可以根据问题定制函数，而不是使用一些可能不适合我们特定情况的预定义规则。比如，在很多问题中，决策的成本是不对称的。例如，在决定 5 岁以下的儿童是否应该接种某种疫苗这件事上，决定接种或者不接种可能造成完全不同的影响。一旦做出错误的决策，可能会导致上千人死亡，并产生健康危机；而假如能决定接种某种非常安全又相对便宜的疫苗，则可能避免这场健康危机。因此，如果实际问题需要，可以构建一个非对称的损失函数。此外需要注意，由于后验的形式是一系列数值样本，因此我们可以计算复杂的损失函数而不必拘泥于数学上的方便和简洁。

下面是一个简单的例子，代码运行结果如图 2.6 所示。

```
lossf = []
for i in grid:
    if i < 0.5:
        f = np.mean(np.pi * θ_pos / np.abs(i - θ_pos))
    else:
        f = np.mean(1 / (i - θ_pos))
    lossf.append(f)
mini = np.argmin(lossf)
plt.plot(grid, lossf)
plt.plot(grid[mini], lossf[mini], 'o')
plt.annotate('{:.2f}'.format(grid[mini]), (grid[mini] + 0.01,
lossf[mini] + 0.1))
plt.yticks([])
plt.xlabel(r'$\hat \theta$')
```

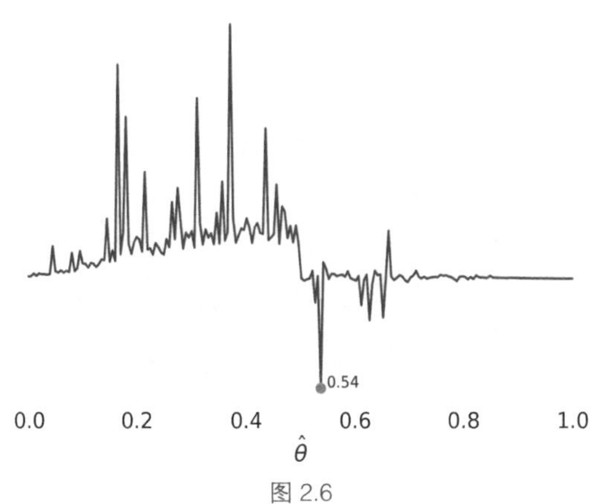

图 2.6

尽管如此，这里需要说明的一点是，并非每次人们使用点估计的时候，都要考虑损失函数。事实上，在我熟悉的一些领域中，损失函数并不常见。人们通常选择中位数，只是因为中位数对异常值的鲁棒性高于均值，或者使用均值只是因为它是一个简单而熟悉的概念，当然这也可能因为他们认为可观测值确实是用均值更好，比如分子相互运动或基因与自身和环境之间的相互作用。

我们刚刚简单介绍了损失函数，如果你想深入了解这方面，可以尝试阅读**决策理论**相关的内容，这是一个研究正式决策制定的领域。

2.4 随处可见的高斯分布

前面我们用贝塔–二项分布模型介绍了贝叶斯的思想，主要原因是它很简单。另外一个非常简单的模型是高斯分布或者叫正态分布。从数学的角度来看，高斯分布非常受欢迎的原因是高斯函数非常简单。例如，高斯分布的均值的共轭先验还是高斯分布。此外，很多现象都可以用高斯分布来近似解释，本质上来说，当我们用足够大的样本量测量某个事物的均值时，该均值会呈现高斯分布。**中心极限定理**（**Central Limit Theorem，CLT**）阐述了此现象何时为真，何时为假以及何时或多或少为真。此刻你可能想要把书放一边，去搜索这个真正核心的统计学概念。

我们发现很多现象实际上都可以用平均值描述。这里举一个老生常谈的例子，身高（或其他特征）是受到很多环境因素和遗传因素影响的，因而我们观测到成年人的身高符合高斯分布。实际上，我们得到的是两个高斯分布的混合分布，这是男女身高分布重叠在一起的结果。总的来说，高斯分布用起来很简单，而且它们在自然界中是有很多的，这也是很多统计方法都是基于正态性假设的原因。因而，学习如何构建这类模型非常重要，此外学会如何放宽正态性假设也同等重要，这一点在贝叶斯框架和现代计算工具（如 PyMC3）中很容易处理。

2.4.1 高斯推断

核磁共振（**Nuclear Magnetic Resonance，NMR**）是一种研究分子和生物的技术，如人类和酵母（毕竟人类也是由分子构成的）。核磁共振可以用来测量多种可观测量，如一些无法直接看到但又有趣的分子特性。其中一个可观测到的现象称为化学位移，当然只能得到某些原子核的化学位移。

这些都是量子化学领域的知识，具体细节与我们的讨论无关，但我要解释一下化学位移这个名词。所谓位移是由于观测到某个信号相对一个参照值发生了位移，而化学是因为位移与我们正在测量的原子核所处的化学环境相关。就我们目前所关心的而言，我们本可以测量一组人的身高、回家的平均时间、一袋橙子的重量等。但我毕竟不够权威，因而我并不确定这些近似是否合适。总之需要记住，我们的数据并不需要完全服从高斯分布（或者其他某种分布），只要高斯分布能近似表示我们的数据即可。在下面的例子中，有 48 个化学迁移的值，我们可以将其导入 NumPy 中并用代码绘制出来。

```
data = np.loadtxt('../data/chemical_shifts.csv')
az.plot_kde(data, rug=True)
plt.yticks([0], alpha=0)
```

从 KDE 图（参见图 2.7）中可以看出，该数据的分布类似高斯分布，但有两个点偏离了均值。

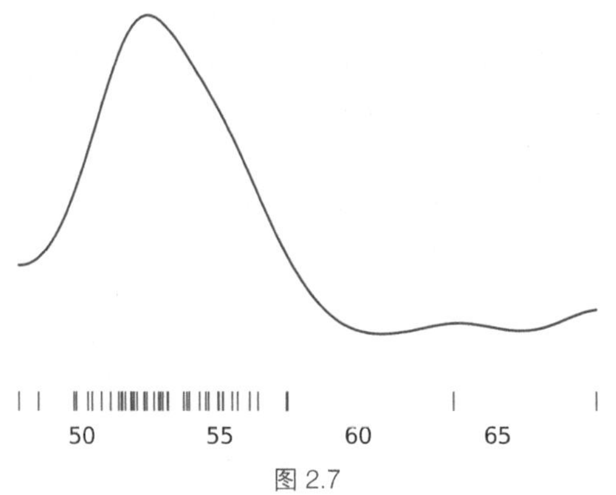

图 2.7

暂且先不考虑偏离均值的那两个点，假设以上分布就是高斯分布。由于我们不知道均值和标准差，需要先对这两个变量设置先验值。然后，顺理成章地得到如下模型：

$$
\begin{aligned}
\mu &\sim U(l,h) \\
\sigma &\sim |\mathcal{N}(0,\sigma_\sigma)| \\
y &\sim \mathcal{N}(\mu,\sigma)
\end{aligned}
\tag{2.2}
$$

其中，μ 来自上下界，分别为 l 和 h 的均匀分布，σ 来自标准差为 σ_σ 的半正态分布。半正态分布和普通的正态分布很像，不过仅限于正数（包括 0）。你可以通过从正态分布采样然后获取每个采样值的绝对值的方式来得到半正态分布的样本。最后，在我们的模型中，数据 y 来自参数分别为 μ 和 σ 的正态分布，我们可以用 Kruschke 图将其画出来（参见图 2.8）。

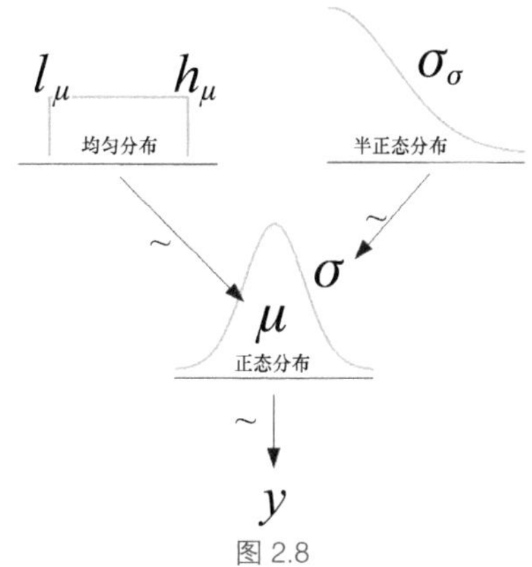

图 2.8

如果不知道 μ 和 σ 的可能值，可以通过设置先验来表示这些未知信息。例如，可以将均匀分布的上下界分别设为 (l=40, h=75)，这个范围要比数据本身的范围稍大一些。或者，可以根据我们的先验知识设置得更广一些，比如我们知道这类观测值不可能小于 0 或者大于 100，因而可以将均匀先验的参数设为 (l=0, h=100)。对于半正态分布，我们可以把 σ_σ 的值设为 10，该值相对于数据的分布算是较大的。利用 PyMC3，我们可以将模型表示成如下。

```
with pm.Model() as model_g:
    μ = pm.Uniform('μ', lower=40, upper=70)
    σ = pm.HalfNormal('σ', sd=10)
    y = pm.Normal('y', mu=μ, sd=σ, observed=data)
    trace_g = pm.sample(1000)
az.plot_trace(trace_g)
```

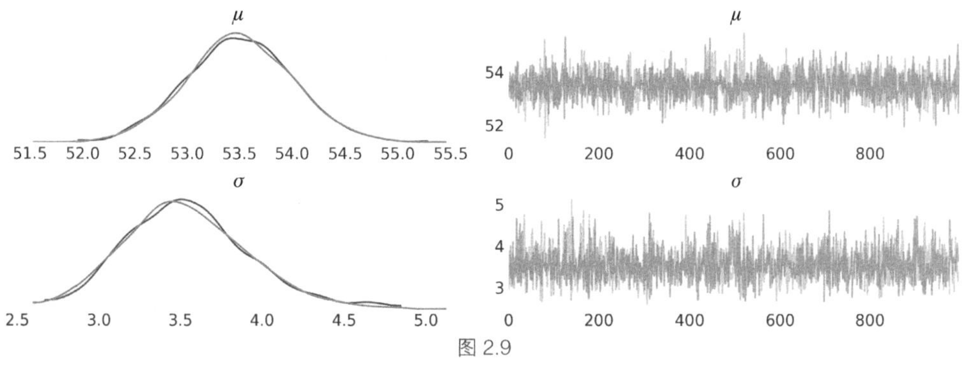

图 2.9

你可能已经注意到，图 2.9 是用 ArviZ 的 `plot_trace` 函数生成的，图中每一行对应一个参数。对该模型来说，其后验是二维的，因此图 2.9 显示了每个参数的边缘分布。我们可以用 ArviZ 中的 `plot_joint` 函数绘制二维的后验，以及和的边缘分布，如图 2.10 所示。

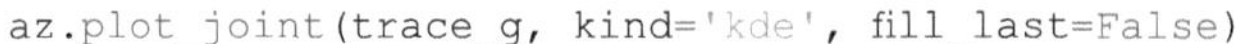

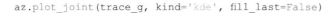

```
az.plot_joint(trace_g, kind='kde', fill_last=False)
```

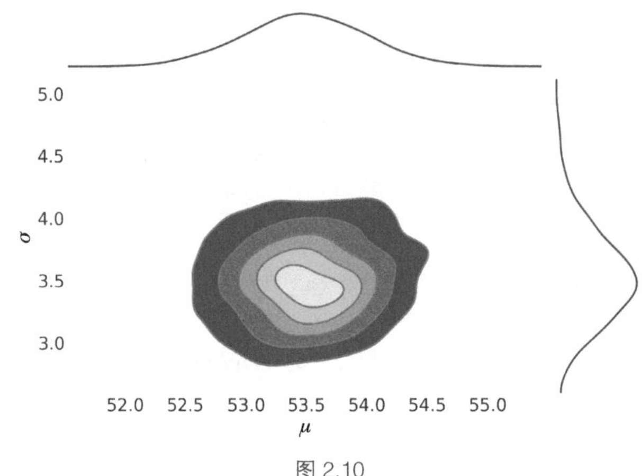

图 2.10

如果想要访问轨迹对象中的任何参数，可以直接使用对应的参数名进行索引。这样，你将得到一个 NumPy 数组，试试 `trace_g['σ']` 和 `az.plot_kde(trace_g['σ'])`。对了，在 Jupyter Notebook 或者 Jupyrer Lab 中，可以在代码块里用 `\sigma` 加 `Tab` 键输出 σ 符号。

接下来输出摘要信息以便后面使用。

```
az.summary(trace_g)
```

表 2.2

	mean	sd	mc error	hpd 3%	hpd 97%	eff_n	r_hat
μ	53.49	0.50	0.00	52.5	54.39	2081.0	1.0
σ	3.54	0.38	0.01	2.8	4.22	1823.0	1.0

现在我们已经得到了后验，可以将其用于模拟数据，并检查模拟数据与观测数据是否一致。在第 1 章中，我们将这种检查称作后验预测检查，因为我们先通过后验做出预测，然后用这些预测值来检查模型。利用 PyMC3 中的 `sample_posterior_predictive` 函数可以很容易地从后验中得到后验预测样本。在

下面的代码中，我们从后验中生成了 100 组预测值，每组预测值的大小与观测数据的大小一致。注意，在 sample_posterior_predictive 函数中，轨迹和模型参数是必填项，其他参数是可选的。

```
y_pred_g = pm. sample_posterior_predictive (trace_g, 100, model_g)
```

其中，y_pred_g 是一个字典类型的数据，它的键是观测变量的名字，它的值是一个维度为 (samples, size)，也就是 (100, len(data)) 的 Numpy 数组。这里使用字典类型是因为观测变量可能不止一个。接下来可以用 plot_ppc 函数做可视化后验预测检查。

```
data_ppc = az.from_pymc3(trace=trace_g, posterior_predictive=y_pred_g)
ax = az.plot_ppc(data_ppc, figsize=(12, 6), mean=False)
ax[0].legend(fontsize=15)
```

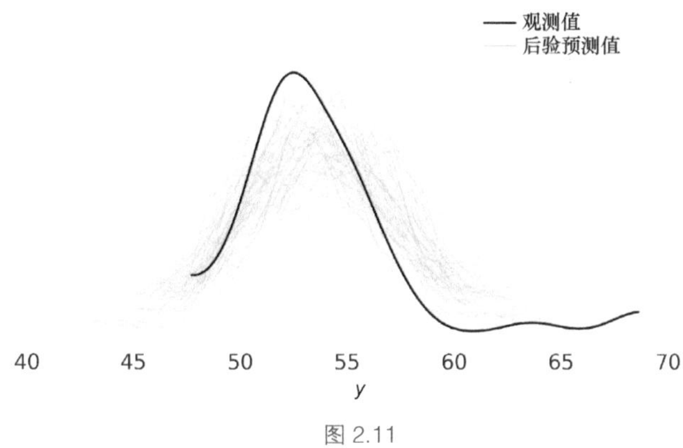

图 2.11

在图 2.11 中，黑色曲线是数据的 KDE 曲线，半透明的青色曲线是 100 个后验预测样本的 KDE 曲线，反映了我们对预测数据推断分布的不确定性。当数据点很少时，图中预测的曲线呈现“毛茸茸的”或“不稳定的”状态，这与 ArviZ 内部的 KDE 实现有关。密度是在传递给 kde 函数的数据实际范围内估计的，而在此范围外，密度假定为零。虽然有些人可能认为这是一个 Bug，但我认为这是一个特性，因为它反映了数据的属性，而没有过度平滑它。

从图 2.11 中可以看出，模拟出的数据的均值稍微偏右一些，模拟数据的方差似乎大于实际数据，这是由于观测数据中有两个观测点偏离了数据的整体。那我们可以用这幅图自信地说我们的模型有问题并且需要修改吗？通常，模型的评估与解释需要结合上下文。根据我使用这些观测方法的经验以及我通常使用这些数据的方式来看，该模型足够用来表示这些数据，且这对我的大多数分析来说是有用的。不过没关系，在2.4.2节中我们将进一步学习如何调整 `model_g`，获得与数据更接近的预测值。

2.4.2 鲁棒推断

对于前面的模型 `model_g`，你可能持反对意见。我们假设数据服从正态分布，但是在分布的局部却有两个数据点，这使得我们的假设看起来有些勉强。由于正态分布的局部会随着我们远离均值而迅速下降，因此在正态分布中看到右端的那两个点时会显得突兀。随着向这些点靠近，标准差也变大。可以想象，这两个点的权重过大，影响了正态分布的参数。那么我们可以采取什么措施改进呢？

一种做法是将这些点声明为异常值并将其从数据中剔除。在测量这两个数据点时，我们可能有充分的理由放弃这些点，可能是因为设备故障或人为错误。如果我们在清理数据时意识到它们只是错误编码的结果，我们就可以直接修复。但更多时候，我们希望能够根据一些离群值规则自动消除这些异常点，其中的两个规则如下。

- 所有超出1.5倍四分位范围的数据都是异常值。
- 所有超出观测数据两倍标准差的都是异常值。

除了利用以上规则之一改变原始数据之外，我们还可以修改模型，接下来将详细解释。

t分布

通常，贝叶斯学派倾向于通过使用不同的先验或者似然将假设编码到模型中，而不是通过特殊的启发式方法，如离群值删除规则。

在处理高斯分布和异常值时，一个非常有用的办法是，将高斯分布替换成t分布。t分布有3个参数，均值、尺度（与标准差类似）、自由度（通常用 ν 表示，取值范围为 $[0, \infty]$）。根据Kruschke的命名方式，我们将自由度称为正态参数，这是因为该参数决定了t分布与正态分布的相似程度。对于 $\nu=1$ 的情况，我们得到一个尾部很重的分布，也被称作柯西分布或者洛伦兹分布。这里重尾的意思是，相比高斯分布，我们更有可能观测到偏离均值的点，换句话说，值不像高斯分布那样聚集在均值附近。举例来说，柯西分布 95% 的点都分布在 -12.7 到 12.7 之间，而对于高斯分布，对应的区间为 -1.96 到 1.96。此外，当正态参数趋近于无穷大时，我们就会得到高斯分布（你不可能比正态分布还正态对吧？）。t 分布有一个有意思的特性是，当 $\nu \leqslant 1$ 时，该分布没有准确定义的均值。当然，实际上从 t 分布得到的采样不过是一些数字，因而总是可以算出经验性的均值来，不过理论上还没有一个准确定义的均值。直观上可以这么理解，t 分布的尾部很重，因而我们得到的采样值很可能是实轴上的任意一点，所以只要不停地采样，我们永远也无法得到一个固定值。你可以尝试多次运行下面的代码（或者将参数 `df` 换成一个更大的值，比如 `100`）。

```
np.mean(stats.t(loc=0, scale=1, df=1).rvs(100))
```

类似地，只有当 $\nu > 2$ 时，分布的方差才有明确定义，因此需要注意 t 分布的尺度与标准差不是同一个概念。对于 $\nu \leqslant 2$ 的分布，方差并没有明确定义，因而也没有明确定义的标准差。当 ν 趋向于无穷大时，尺度趋近于标准差。

```
plt.figure(figsize=(10, 6))
x_values = np.linspace(-10, 10, 500)
for df in [1, 2, 30]:
    distri = stats.t(df)
    x_pdf = distri.pdf(x_values)
    plt.plot(x_values, x_pdf, label=fr'$\nu = {df}$', lw=3)

x_pdf = stats.norm.pdf(x_values)
plt.plot(x_values, x_pdf, 'k--', label=r'$\nu = \infty$')
plt.xlabel('x')
plt.yticks([])
plt.legend()
plt.xlim(-5, 5)
```

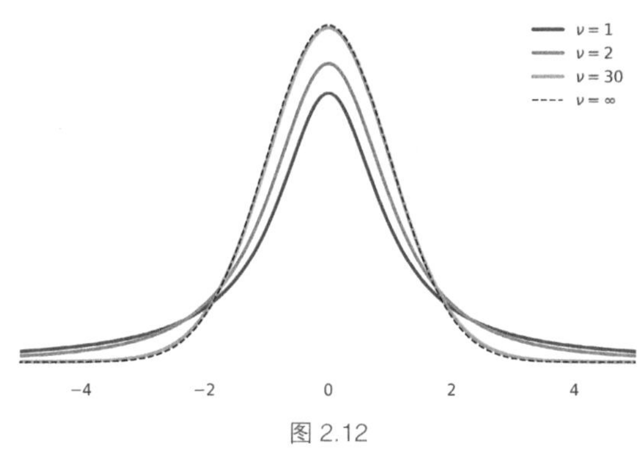

图 2.12

利用 t 分布将高斯分布模型表示如下：

$$\mu \sim U(l,h)$$

$$\sigma \sim |\mathcal{N}(0,\sigma_\sigma)|$$

$$\nu \sim \text{Exp}(\lambda) \tag{2.3}$$

$$y \sim \mathcal{T}(\mu,\sigma,\nu)$$

上面这个模型与前面的高斯模型的主要区别是，由于 t 分布比高斯分布多了一个新的参数，我们需要为其增加一个先验。这里用了一个均值为 30 的指数分布。从图 2.12 可以看出，t 分布看起来很像高斯分布（尽管其实并不一样）。从图 2.12 可以看出，ν 值较小的分布更分散。因而，均值为 30 的指数分布是一个很弱的先验，可以认为正态参数 ν 大概在 30 附近，不过也可以很容易地将其调大或调小。在许多问题中，ν 的估计不是重点。从图像上看，我们的模型表示如图 2.13 所示。

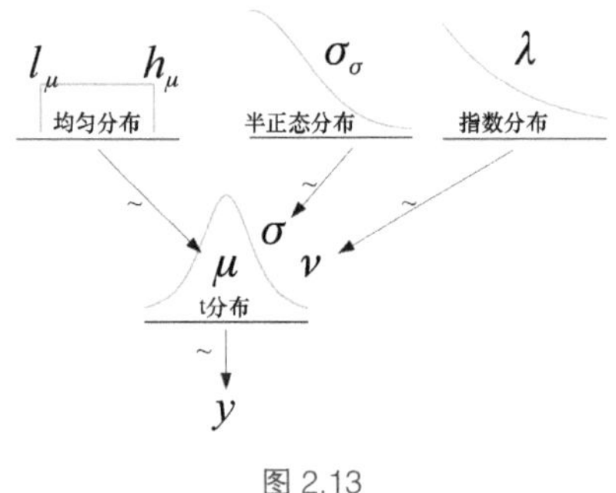

图 2.13

同样，在 PyMC3 中我们只需要几行代码便可修改模型。唯一需要注意的是，PyMC3 中的指数分布的参数用的是均值的倒数。

```
with pm.Model() as model_t:
    μ = pm.Uniform('μ', 40, 75)
    σ = pm.HalfNormal('σ', sd=10)
    ν = pm.Exponential('ν', 1/30)
    y = pm.StudentT('y', mu=μ, sd=σ, nu=ν, observed=data)
    trace_t = pm.sample(1000)
az.plot_trace(trace_t)
```

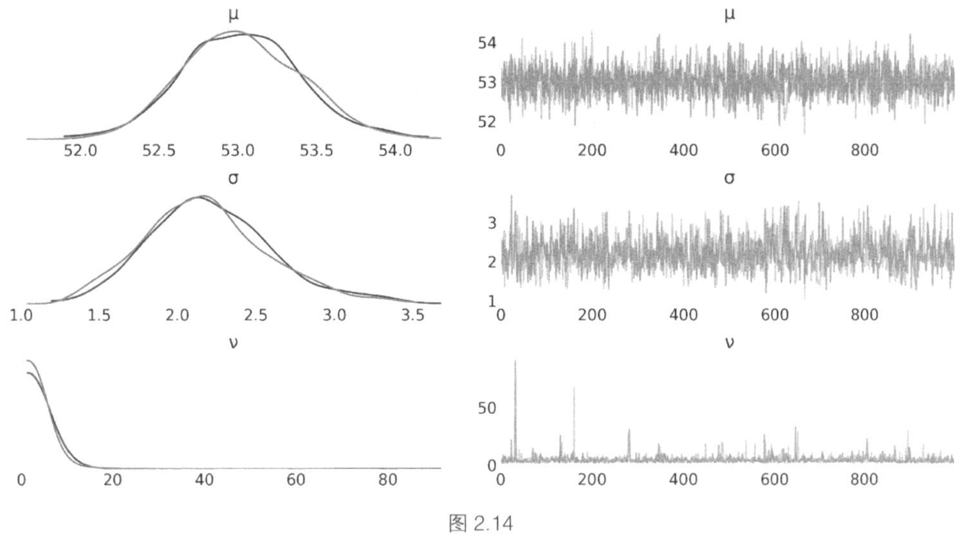

图 2.14

将图 2.14 中 `model_t` 的轨迹与图 2.9 中 `model_g` 的轨迹进行比较。然后，将 `model_t` 的总结输出（参见表 2.3），并将其与 `model_g` 的总结做对比。继续阅读之前，花点时间指出二者的不同，你能发现一些有意思的地方吗？

```
az.summary(trace_t)
```

表 2.3

	mean	sd	mc error	hpd 3%	hpd 97%	eff_n	r_hat
μ	53.00	0.39	0.01	52.28	53.76	1254.0	1.0
σ	2.20	0.39	0.01	1.47	2.94	1008.0	1.0
ν	4.51	3.35	0.11	1.10	9.27	898.0	1.0

两个模型对 μ 的估计非常接近，二者的差别约为 0.5，σ 的估计值从约等于 3.5 变成了约等于 2.1，其原因是 t 分布对远离均值的点权重更小，可以看到 $\nu \approx 4.5$，也即该分布并不太像高斯分布，更偏向重尾分布。

接下来对该 t 分布模型做后验预测检查，并与高斯分布模型做对比。

```
y_ppc_t = pm.sample_posterior_predictive(trace_t, 100, model_t, random_
seed=123)
y_pred_t = az.from_pymc3(trace=trace_t, posterior_predictive=y_ppc_t)
az.plot_ppc(y_pred_t, figsize=(12, 6), mean=False)
```

```
ax[0].legend(fontsize=15)
plt.xlim(40, 70)
```

可以看到，t 分布模型似乎得到的预测样本对数据的峰值和分散程度拟合得更好。留意远离数据中心部分的样本，其预测样本分布非常平缓。这是因为，t 分布预期会有数据远离均值，这也是为什么前面的代码里将 `xlim` 设置为 `[40,70]`（参见图 2.15）。

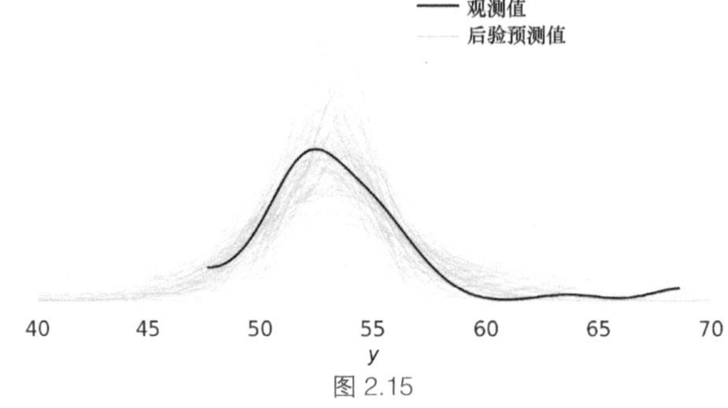

图 2.15

t 分布允许我们进行更具鲁棒性的估计，因为离群值能降低 ν，而不是将均值进行拉向它们从而增加标准差。因而均值和尺度的估计值更多地受到中心部分数据的影响，而不是那些远离中心的点。再次强调，尺度并非标准差，不过尺度与数据的离散程度有关，值越小，则分布更分散。此外，对于 $\nu \geqslant 2$ 的值，尺度倾向于接近去掉异常点之后的估计值（至少在大多数实际情况下）。因此，根据经验，对于不太小的 ν 值，可以在某种程度上把 t 分布的尺度当作去掉了异常点以后数据的标准差。

2.5　组间比较

统计分析中一个常见的任务是对不同的组进行比较，例如我们可能想知道病人对某种药的反应如何、引入某种交通法规后车祸数量是否会减少、学生对不同教学方式的表现如何等。

有时候，这类问题是在假设检验的场景下提出的，其目的是让断言分析结果具有统计显著性。仅仅依赖统计显著性可能会带来很多问题，其原因有很多：一方面，统计显著性并不等同于实际显著性；另一方面，只要收集尽可能多的数据，就能断言一个非常小的影响也具有显著性。假设检验的思想与 p 值的概念有联系，这是一种文化联系。人们习惯于这样想，主要是因为这是他们在入门统计学时学到的。已经有很多文章和研究表明，通常，p 值会被错误地使用和解释，即使是那些每天与统计打交道的科学家也会犯错。

除了做假设检验，我们还可以采取一种不同的方法。我们可以估计**效应量**，即量化两组之间的差异。从效应量的角度来思考问题的一个好处是，从一个是与否的问题过渡到一个更细微的问题上来。比如，从“有效果吗？”变成“效果如何？”以及“效果有多好 / 多差？”

提示：效应量只是量化两组之间差异大小的一种方法。

在比较不同组的数据时，人们往往会将其分为一个实验组和一个对照组（也可能超过一个实验组和对照组）。这是有道理的。例如当我们测试一种新药时，由于安慰剂效应①或者某些其他原因，我们希望将使用新药的组（实验组）和不使用新药的组（对照组）进行对比。在这个例子中，我们想知道治疗某种疾病，使用药物对比不用药物（或者是使用安慰剂）的作用有多大。另一个有趣的问题是，新药与治疗某种疾病最常用的（已经被审批的）药相比效果如何？此时，对照组不再是使用安慰剂的组，而是使用其他药物的组。从统计学上讲，使用虚假的对照组是一种不错的方式。

例如，假设你在一家乳制品公司工作，该公司想要向孩子们销售含糖过多的酸奶，并告诉家长们这种酸奶可以增强免疫力或让孩子变强壮。一种数据做假的方法是，使用牛奶或者水作为对照组，而不是用价格更便宜、糖更少、销量更小的酸奶。这么做听起来很笨，但很多研究的思路的确与之类似。不过下次再听到有人说某种东西更坚固、更好、更快、更强时，记得问一下他对比的基准是什么。

对不同的组做比较之前，需要选定使用哪些特征做比较。一个非常常见的特征是每组的均值。由于我们采用的是贝叶斯方法，因此将使用不同组之间均值差异的后验分布来做比较。为了更好地理解和解释这类后验，我们将使用以下 3 个工具。

- 带参考值的后验分布图。

① 安慰剂效应指病人虽然获得无效的治疗，但却“预料”或“相信”治疗有效，并由此得到症状的缓解。——译者注

- Cohen’s d。
- 概率优势。

第1章已经介绍了如何使用带参考值的 az.plot_posterior 函数，接下来还会有另外一个例子。**Cohen’s d** 和概率优势是用来表达效应量的两种常见方式，一起来详细了解。

2.5.1 Cohen’s d

Cohen’s d 是一种用来衡量效应量的常见方式，其定义如下：

$$\frac{\mu_2 - \mu_1}{\sqrt{\frac{\sigma_2^2 + \sigma_1^2}{2}}} \tag{2.4}$$

根据表达式，效应量是两组的均值相对于合并标准差的差值。由于可以得到后验分布的均值和标准差，从而可以算出 Cohen’s d 的后验分布。当然，如果只是想得到一个单一的值，那么可以计算后验的均值，从而得到一个单一的 Cohen’s d 的值。通常，在计算合并标准差时，会明确地考虑每组的样本量，不过前面的公式中忽略了样本量。这样做的原因是我们正在从后验中获得标准差，因此我们已经考虑了标准差的不确定性。

提示：Cohen’s d 是一种衡量效应量的方法，通过考虑两组的合并标准差，将均值差异标准化。

Cohen’s d 通过使用每个组的标准差来描述每个组的可变性。这非常重要，因为与标准差为 10 时相比，标准差为 0.1 的差异更大。一组数据比另一组数据变化了 x 个单位，可能是每个点都变化了 x 个单位，也可能是其中一半的数据没有变化而另外一半数据变化了 $2x$ 个单位，还可能是其他组合。因此，将组内的波动性考虑在内是体现该差异的一种方式。此外将差异归一化（标准化）有助于理解不同组之间的重要性，尽管目前我们还不太熟悉测量所用到的尺度。

提示：Cohen’s d 可以看作标准分数（Z-score）。标准分数是一个带符号的标准差，其衡量的是一个值偏离观测值均值的程度。因而 Cohen’s d 为 0.5 可以解释为一组数据与另一组数据点的标准差相差 0.5。

尽管均值之间的差异已经标准化了，我们仍需要根据具体的问题来说明该值是太大、太小或者是适中。当然，我们可以从实践中得到一些经验，不过更多还是依赖于具体问题。比如，我们对同一类问题做了一些分析，然后得到 Cohen's d 的值约为 1，这时如果得到另外一个 Cohen's d 的值（比如说 2），那么我们很可能有了重要发现（也可能是某个地方弄错了！）。

2.5.2 概率优势

概率优势是表示效应量的另一种方式，描述的是从一组数据中随机取出的一个点大于从另外一组中随机取出的点的概率。假设两个组中的数据都服从正态分布，我们可以通过以下表达式从 Cohen's d 中得到概率优势 *ps*：

$$ps = \Phi\left(\frac{\delta}{\sqrt{2}}\right) \tag{2.5}$$

其中，Φ 是累计正态分布，δ 是 Cohen's d。我们可以算出概率优势的点估计（通常列出的是该值），也可以计算出概率优势的分布。注意到，我们可以用该式根据 Cohen's d 来计算概率优势，或者，我们可以直接将其从后验中计算出来（参见“练习”部分）。这正是使用**马尔可夫链蒙特卡洛（Markov Chain Monte Carlo，MCMC）**方法的一个很大好处。一旦我们从后验中得到样本，我们就可以算出某些值（比如概率优势等）而不必依赖于具体的分布假设。

2.5.3 “小费”数据集

为了探索本节的主题，我们将使用“小费”（tips）数据集。该数据集最早是由 Bryant P. G. 和 Smith M(1995) 在 *Practical Data Analysis: Case Studies in Business Statistics* 中提出的。

我们想研究一周中的某一天对餐馆小费的影响。这个例子中，每一天是一组。实际上并没有明确的实验组和对照组之分。如果愿意，我们可以任选一天（例如星期四）作为实验组，或者对照组。现在，我们先用一行代码将数据导入 pandas 里的 dataFrame。如果你对 pandas 不太熟悉，这里需要说明下，tail 函数返回数据中的最后一部分（当然你也可以用 head 函数返回前面一部分数据），代码运行结果如表 2.4 所示。

```
tips = pd.read_csv('../data/tips.csv')
tips.tail()
```

表 2.4

	total_bill	tip	sex	smoker	day	time	size
239	29.03	5.92	Male	No	Sat	Dinner	3
240	27.18	2.00	Female	Yes	Sat	Dinner	2
241	22.67	2.00	Male	Yes	Sat	Dinner	2
242	17.82	1.75	Male	No	Sat	Dinner	2
243	18.78	3.00	Female	No	Thurs	Dinner	2

这里只使用 day 和 tip 这两列数据，可以用 seaborn 中的 violinplot 函数将其展示出来，结果如图 2.16 所示。

```
sns.violinplot(x=' day' , y=' tip' , data=tips)
```

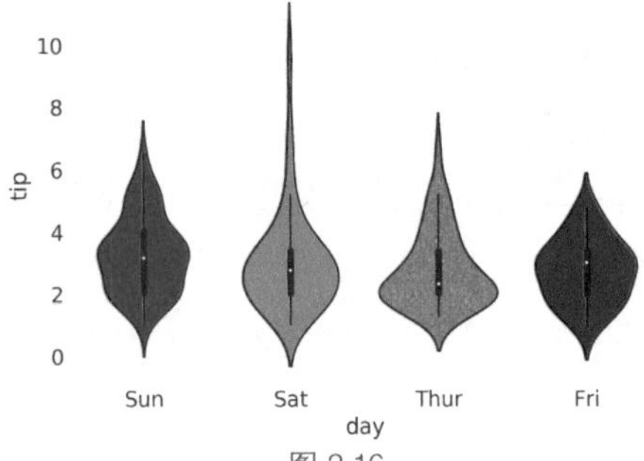

图 2.16

把问题简化，我们创建三个变量：变量 y 表示小费，变量 idx 表示分类变量的编码。也就是说，我们用数字 0、1、2、3 来表示星期四、星期五、星期六和星期天，最后的 groups 变量表示组的个数（为 4）。

```
tip = tips['tip'].values
idx = pd.Categorical(tips['day'], categories=['Thur', 'Fri', 'Sat', 'Sun' ]).codes
groups = len(np.unique(idx))
```

该问题的模型与 model_g 的几乎一样，唯一的不同之处是，现在 μ 和 σ 将会是向量而不再是标量。PyMC3 的语法能够很好地适应这个场景，我们可以直接用向量的方式表示模型，而不用使用 for 循环。对应先验，我们需要传一个维度变量 shape；对于似然，我们用 idx 变量正确索引 μ 和 σ。代码的运行结果如图 2.17 所示。

```
with pm.Model() as comparing_groups:
    μ = pm.Normal('μ', mu=0, sd=10, shape=groups)
```

```
    σ = pm.HalfNormal('σ', sd=10, shape=groups)

    y = pm.Normal('y', mu=μ[idx], sd=σ[idx], observed=tip)

    trace_cg = pm.sample(5000)
az.plot_trace(trace_cg)
```

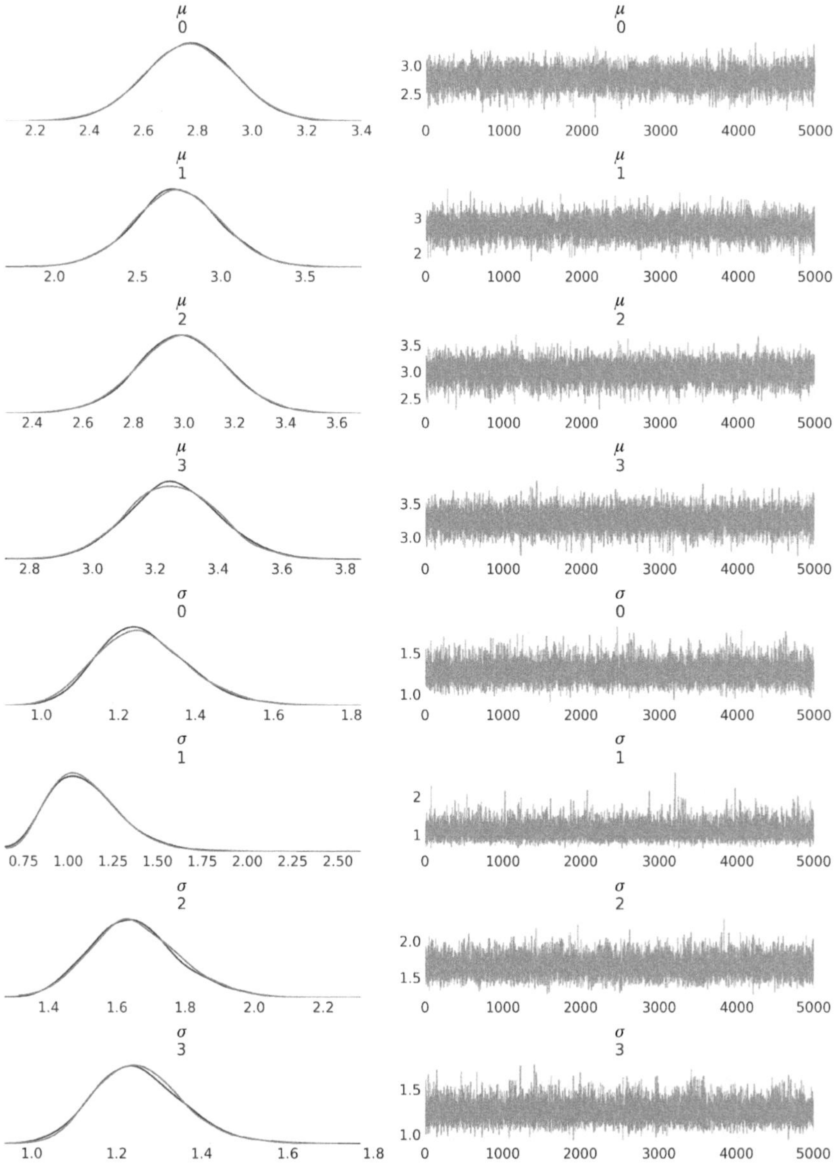

图 2.17

下面的代码是绘制差异的一种方式，这里只绘制了对应的上三角部分，代码的运行结果如图 2.18 所示。

```
dist = stats.norm()
_, ax = plt.subplots(3, 2, figsize=(14, 8), constrained_layout=True)
comparisons = [(i, j) for i in range(4) for j in range(i+1, 4)]
pos = [(k, l) for k in range(3) for l in (0, 1)]

for (i, j), (k, l) in zip(comparisons, pos):
    means_diff = trace_cg['μ'][:, i] - trace_cg['μ'][:, j]
    d_cohen = (means_diff / np.sqrt((trace_cg['σ'][:, i]**2 + trace_cg['σ'][:, j]**2) / 2)).mean()
    ps = dist.cdf(d_cohen/(2**0.5))
    az.plot_posterior(means_diff, ref_val=0, ax=ax[k, l])
    ax[k, l].set_title(f'$\mu_{i}-\mu_{j}$')
    ax[k, l].plot(0, label=f"Cohen's d = {d_cohen:.2f}\nProb sup = {ps:.2f}", alpha=0)
    ax[k, l].legend()
```

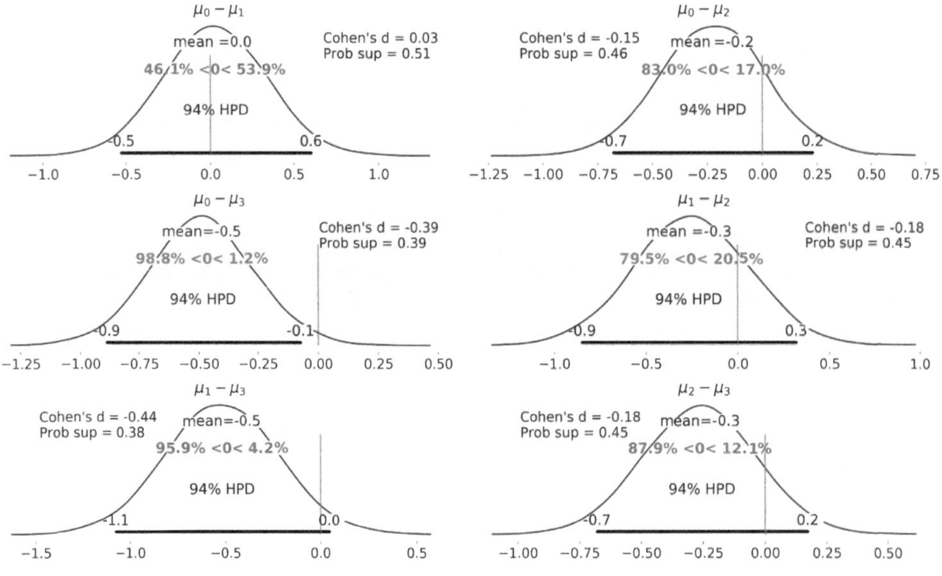

图 2.18

解释这些结果的一种方式是，将参照值与 HPD 区间做对比。从图 2.18 可以看出，只有一种情况下 94%HPD 没有包含 0（我们的参考值），即星期四与星期天的小费的对比。我们不能排除 0 的差异（根据 HPD 与参考值的重叠性准则）。但是即便如此，平均下来 0.5 美元的小费差别是否足够大了呢？这种差异是否足以让你接受在星期日工作而错过与家人或者朋友共度美好时光呢？是否大到就应该这4天都给相同的小费而且男服务员和女服务员的小费一样是合理的呢？诸如此类的问题很难用统计学来回答，只能从统计学中找到一些启发。

2.6 分层模型

假设我们想要分析一个城市的水质，然后将城市分成多个相邻（或者水文学上）的区域。我们可以有如下两种方法进行分析。

- 分别对每个区域单独进行估计。
- 将所有数据都汇集在一起，把整个城市看作一个整体进行估计。

两种方式都是合理的，具体使用哪种取决于我们想知道什么。如果我们想了解具体的细节，那么可以采用第一种方式，因为假如对数据进一步做了一些平均处理，那么一些细节就不太容易看出来了。采用第二种方式则可以将数据都聚在一起，得到一个更大的样本集，从而能得出更准确的估计。两种方式都有其合理性，不过我们还可以找到中间方案。我们可以建立一个模型来评估每个街区的水质，同时对整个城市的水质进行评估，这类模型称作**层次化模型**或者是**分层模型**，这么称呼的原因是我们对数据采用了一种层次化（或者是分层）的建模方式。

那么如何构建分层模型呢？简单说，就是在先验之上设置一个共享先验。也就是说，我们不再固定先验参数，而是直接从数据中将其估计出来。这类更高层的先验通常称为**超先验**（**Hyper-prior**），它们的参数称为超参数，“超”在希腊语中是“在某某之上”的意思。当然，还可以在超先验之上再增加先验，得到尽可能多的层级。问题是这么做会使得模型迅速变得相当复杂而难以理解。除非问题确实需要更复杂的结构，否则增加更多层级对于做推断并没有更大帮助，相反，我们会陷入超参数和超先验的混乱之中而无法对其做出任何有意义的解释，从而降低模型的可解释性。毕竟，我们建模的首要目的是理解数据。

为了更好地解释分层模型中的主要概念，我们以本节开头提到的水质模型作为例子，使用一些构造的数据来讲解。假设我们从同一个城市的3个不同水域得到了含铅量的采样值，其中高于**世界卫生组织**（**World Health Organization,**

WHO）标准的值标记为 0，低于标准的值标记为 1。这个例子只是用来教学，实际我们会使用铅含量的连续值，并且可能会分成更多组。不过，对我们来说，这个例子足够用来说明多层模型的细节了。

我们通过以下代码合成数据。

```
N_samples = [30, 30, 30]
G_samples = [18, 18, 18]

group_idx = np.repeat(np.arange(len(N_samples)), N_samples)
data = []
for i in range(0, len(N_samples)):
    data.extend(np.repeat([1, 0], [G_samples[i], N_samples[i]-
G_samples[i]]))
```

这里进行了一个仿真实验，分别对 3 个组进行了一定次数的采样。我们将每组的采样总数放在列表 `N_samples` 中，用列表 `G_samples` 记录每组中合格的采样值。剩下的代码用于生成 0、1 数据。模型本质上还是抛硬币问题中的那个模型，不同之处主要有以下两点。

- 在贝塔先验之上定义了两个超先验。
- 并非直接给 α 和 β 直接设置超先验，而是分别用贝塔分布的均值 μ 和贝塔分布的精度 κ 间接地定义它们，精度类似于标准差的倒数，κ 越大，贝塔分布越集中。

$$
\begin{aligned}
\mu &\sim \text{Beta}(\alpha_\mu, \beta_\mu) \\
\kappa &\sim |\text{Normal}(0, \sigma_\kappa)| \\
\alpha &= \mu\kappa \\
\beta &= (1-\mu)\kappa \\
\theta_i &\sim \text{Beta}(\alpha_i, \beta_i) \\
y_i &\sim \text{Bern}(\theta_i)
\end{aligned} \tag{2.6}
$$

这里使用了下标形式的 i 来区分不同组，也就是说，不同组之间的参数并非都是共享的。从图 2.19 所示的 Kruschke 图可以很容易看出，相比前面已经见过的模型，该模型多出了最上面一层。

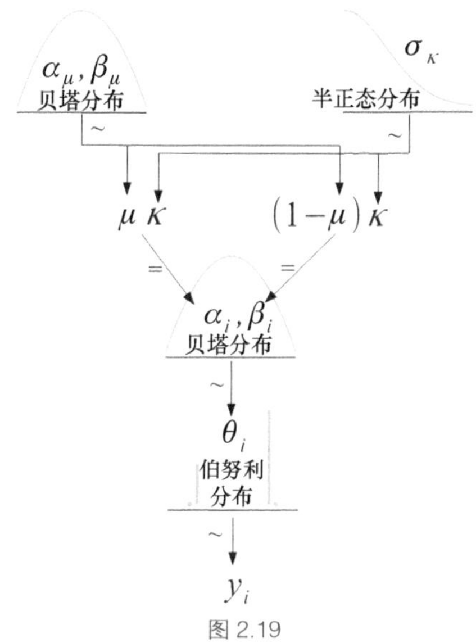

图 2.19

图中 α_i 和 β_i 的定义用的是 = 而非 ~，这是因为，一旦 μ 和 κ 确定了，那么 α_i 和 β_i 就完全确定了。因此，这两个变量称为确定变量，而 μ、κ 和 θ 则称为随机变量。

关于参数再多说一些，前面使用了均值和精度，从数学上讲等价于使用 α 和 β，也就意味着会得到相同的结果。那么，为什么不使用更直接的方式呢？有以下两方面的原因。

- 首先，尽管均值和精度在数学上是等效的，但是它们在数值上更适合采样器，因而我们对 PyMC3 返回的结果也就更有信心，在第 8 章还会深入介绍背后的原因。
- 其次，是出于教学的目的，这是为了说明表达一个模型的方式有很多种。数学上的等价性在实际使用中可能有些不同，比如采样器的效率、模型的可解释性。针对特定的问题和受众，相比 α 和 β 参数，用均值和精度可能更好一些。

接下来用 PyMC3 来实现和求解该模型，代码的运行结果如图 2.20 所示。

```
with pm.Model() as model_h:
    μ = pm.Beta('μ', 1., 1.)
    κ = pm.HalfNormal('κ', 10)
```

```
    θ = pm.Beta('θ', alpha=μ*κ, beta=(1.0-μ)*κ, shape=len(N_samples))
    y = pm.Bernoulli('y', p=θ[group_idx], observed=data)

    trace_h = pm.sample(2000)
az.plot_trace(trace_h)
```

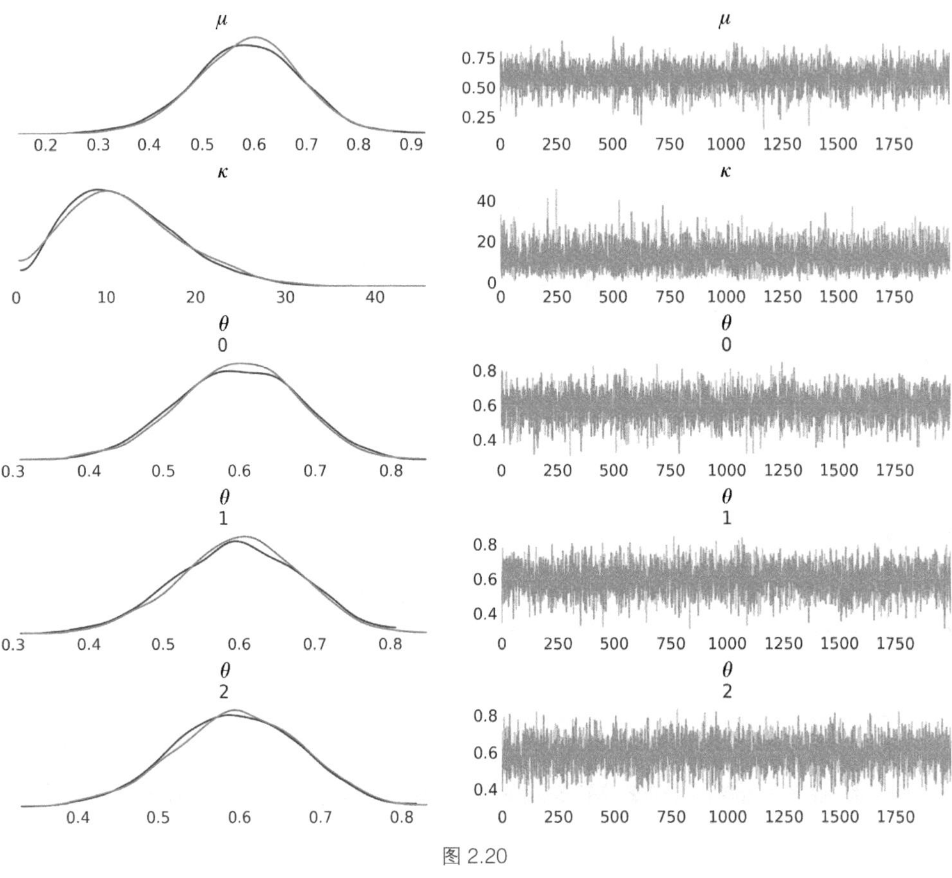

图 2.20

2.6.1　收缩

为了展示分层模型的重要结论之一，现在和我一起做个实验。我需要你执行 `az.summary(trace_h)`，输出模型总结并且将结果保存下来，然后你对参数做一些修改之后，再分别重新运行模型，并且每次都记录模型的总结。总共会运行以下 3 次。

- 将`G_samples`全设置为18之后运行一次。
- 将`G_samples`全设置为3之后运行一次。
- 将`G_samples`中的第一个设置为18，其余的全部设置为3之后运行一次。

继续阅读之前，先想想这个实验的结果会是什么。重点关注每次实验中 θ_i 的均值。根据前两次模型的运行结果，你能猜出第三种情况的结果么？

如果将结果汇总在表格中，会得到类似如下的值（注意由于NUTS采样方法的随机性结果可能会有小幅波动），如表2.5所示。

表 2.5

G_samples	θ(mean)
18,18,18	0.6,0.6,0.6
3,3,3	0.11,0.11,0.11
18,3,3	0.55,0.13,0.13

第一行中，可以看到对于30个样本中有18个正样本的情况，$\boldsymbol{\theta}$ 估计值的均值为0.6。注意现在 $\boldsymbol{\theta}$ 是一个向量，$\boldsymbol{\theta}$ 的均值是包含三个元素的向量，每组一个。第二行中，30个样本中有3个是正样本，得到的 $\boldsymbol{\theta}$ 的均值为0.11。最后一行中的结果有点儿意外，$\boldsymbol{\theta}$ 的均值并非是前面两组中均值的组合（比如0.6, 0.11, 0.11），而是0.55, 0.13, 0.13。到底发生了什么？是模型收敛的问题还是模型选型出了问题？不，都不是，而是我们的估计结果趋向了整体的均值。这一点完全没有问题，事实上，这正是我们模型预期的结果，在设置了超先验后，我们直接从数据中估计贝塔先验，每个组的估计都受到了其他组的估计值的影响，同时也影响着其他组的估计值。换句话说，所有组都通过超先验共享了部分信息，从而看到一种称为“收缩”的现象，其效果相当于对数据做了部分“池化”（Pooling），我们既不是对数据分组建模，也不是将数据看作一个大组建模，而是介于二者之间，其结果之一就是收缩效应。

为什么这么做有用呢？原因是收缩有助于更稳定的推断。这一点和前面讨论过的t分布与异常值的关系很像。使用重尾分布之后的模型相对于偏离均值的异常点表现得更具鲁棒性（更不受其影响）。引入超先验后，我们在更高的层次上进行推断，从而得到一个更“保守”的模型（这可能是我第一次将“保守”这个词当作褒义词），更少受到每个组中极限值的影响。举例来说，假设相邻区域的样本大小不同，有些大，有些小；那么采样数量越小就越容易得到虚假的结果。极限情况下，假设在给定区域只有一个采样值，你可能恰好从这片区域的某个铅管中得到采样值；或者，有可能恰好从 PVC（聚氯乙烯）管道里得到采样值，从而可能导致你对这片区域的水质高估或者低估。在多层模型中，估计出错的情况可以通过其他组提供的信息改善。当然，更大的采样值同样能达到类似的效果，不过大多数情况下这并不是个候选方案。

显然，收缩的程度取决于数据，数量更大的组会对其他数量较小的组造成更大的影响。如果大多数组比较相似，而其中某组不太一样，相似的组之间会共享这种相似性，从而强化共同的估计值，并拉近表现不太一样的那一组的估计值，前面的例子中也已经体现了这一点。

此外，超先验也对调节收缩量有影响。如果我们对所有组的整体分布有一些可靠的先验信息，那么可以将其加入模型中并将收缩程度调整到一个合理的值。我们完全可以只用两个组来构建分层模型，不过通常我们更倾向于使用多个组。直观上的原因是，收缩其实是将每个组看成一个数据点，然后我们在组级别估计标准差。通常我们不会太相信数据点数量较少的估计值，除非我们对估计值有很强的先验，这一点对分层模型也适用。

或许你对估计到的先验分布比较感兴趣，以下是将其表示出来的一种方式，代码运行结果如图 2.21 所示。

```
x = np.linspace(0, 1, 100)
for i in np.random.randint(0, len(trace_h), size=100):
    u = trace_h['μ'][i]
    k = trace_h['κ'][i]
    pdf = stats.beta(u*k, (1.0-u)*k).pdf(x)
    plt.plot(x, pdf, 'C1', alpha=0.2)

u_mean = trace_h['μ'].mean()
k_mean = trace_h['κ'].mean()
dist = stats.beta(u_mean*k_mean, (1.0-u_mean)*k_mean)
pdf = dist.pdf(x)
mode = x[np.argmax(pdf)]
mean = dist.moment(1)
plt.plot(x, pdf, lw=3, label=f'mode = {mode:.2f}\nmean = {mean:.2f}')
plt.yticks([])
```

```
plt.legend()
plt.xlabel('$θ_{prior}$')
plt.tight_layout()
```

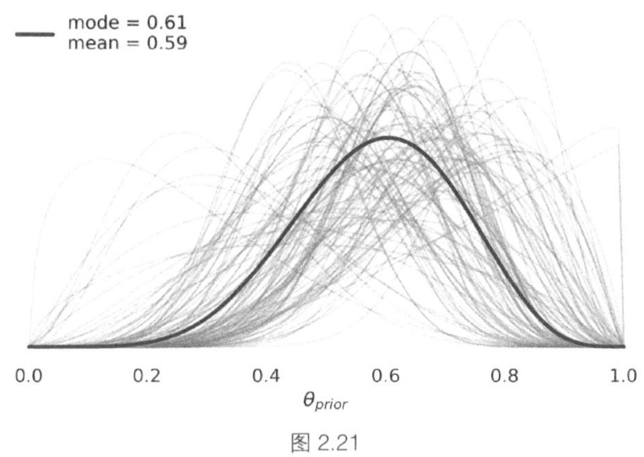

图 2.21

本来这一章到这儿就该结束了，不过为了响应广大读者的呼声，这里我就"再献一曲"，一起来吧！

2.6.2 额外的例子

这里再次使用化学位移的数据集，该数据来源于我亲自准备的一些蛋白质分子数据，更准确地说，该化学位移来源于蛋白质中的原子核部分。蛋白质由 20 种氨基酸残基组成，每种氨基酸可能在一个序列上出现 0 次或者多次，而一个序列上也可能包含几个氨基酸或者数千个氨基酸。每个氨基酸有且仅有一个 $^{13}C_{\alpha}$，因此可以很确定地将每个化学位移与某个蛋白质中特定的氨基酸联系起来。此外，这 20 种氨基酸中的每一种都构成了蛋白质中独特的生物特性，比如有些易溶于水，有些则倾向于与同类型或者近似的氨基酸组成在一起。这里的关键在于，它们仅仅是相似的而非完全一样的，因此合理而且很自然的一种做法是根据氨基酸类型将其分成 20 组。

在这个例子里，我将问题做了简化，实际中的实验都很复杂，总是无法得到完整的化学位移的记录。一个常见的问题是信号重叠，即实验无法区分两个或多个相近的信号。这里我已经将这些情况去掉了，所以这里假设数据是完整的就可以了。

下面这段代码中，会将数据加载到 DataFrame。稍微花点时间看看该数据，总共 4 列：第一列是蛋白质的 ID；第二列是氨基酸的名字，使用的是标准的 3 个字母的代码；接下来的两列分别是化学迁移的理论计算值（用量子化学计算得到的）和实验采集到的化学位移。本例子的目的是比较理论计算值和实验观测值之间的差异，因此用到了 pandas 中的比较序列的函数 diff。

```
cs_data = pd.read_csv('../data/chemical_shifts_theo_exp.csv')
diff = cs_data.theo.values - cs_data.exp.values
idx = pd.Categorical(cs_data['aa']).codes
groups = len(np.unique(idx))
```

为了比较分层模型和非分层模型，这里构建两个模型，第一个与前面的 comparing_groups 模型一样。

```
with pm.Model() as cs_nh:
    μ = pm.Normal('μ', mu=0, sd=10, shape=groups)
    σ = pm.HalfNormal('σ', sd=10, shape=groups)
    y = pm.Normal('y', mu=μ[idx], sd=σ[idx], observed=diff)
    trace_cs_nh = pm.sample(1000)
```

接下来构建分层模型的版本，首先添加两个超先验：一个是 μ 的均值，另一个是 μ 的标准差。这里 σ 没有设置超先验。这只是模型选择罢了，我这么做是出于教学目的而做了简化。也许你遇到的问题中，需设置额外的先验，直接加就是了。

```
with pm.Model() as cs_h:
    # 超先验
    μ_μ = pm.Normal('μ_μ', mu=0, sd=10)
    σ_μ = pm.HalfNormal('σ_μ', 10)
    # 先验
    μ = pm.Normal('μ', mu=μ_μ, sd=σ_μ, shape=groups)
    σ = pm.HalfNormal('σ', sd=10, shape=groups)
    y = pm.Normal('y', mu=μ[idx], sd=σ[idx], observed=diff)

    trace_cs_h = pm.sample(1000)
```

接下来将用 ArviZ 中的 plot_forest 函数比较结果，该函数可以接收多个模型作为参数，这在比较多个模型的时候非常方便。需要注意的是，这里传递了多个参数，和前面融合多个轨迹用到的参数 combined=True 一样，你可以自己探索其他参数都会有什么样的影响。

```
_, axes = az.plot_forest([trace_cs_nh, trace_cs_h], model_names=['n_h', 'h'],
                         var_names='μ', combined=False, colors='cycle')
y_lims = axes[0].get_ylim()
axes[0].vlines(trace_cs_h['μ_μ'].mean(), *y_lims)
```

我们从图 2.22 中得到了什么呢？40 个均值的估计值（20 个氨基酸乘两个模型）以及 94% 置信区间和四分位间距。竖直的黑线表示分层模型的全局均值，该值接近 0，正如预期的那样，该实验验证了我们的结论。

这幅图中最有意思的一点是，分层模型的估计值都被拉向了部分池化后的均值，或者说与未被池化的估计值相比它们被缩小了。此外可以注意到，该现象对于远离均值的组更明显（比如第 13 组），并且不确定性相比非分层模型要更小一些或者至少差不多。由于每个组中都有一个估计值，因此这些估计值是被部分池化的，但是每个组的估计值都通过超先验值而相互限制。

因此，相比只使用一个组和分别为每个组中的氨基酸单独使用一个模型，分层模型得到的是折中后的结果，而这正是分层模型的魅力所在。

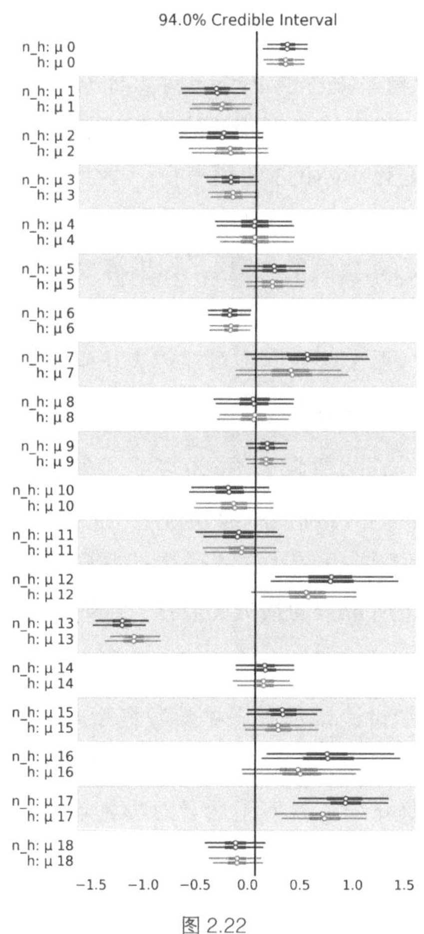

图 2.22

套用《Python 之禅》（*The Zen of Python*）的说法，“命名空间是一种绝妙的理念，我们应当多加利用！”在第 5 章，我们还会详细讨论构建模型过程中的过拟合和欠拟合问题。在接下来的第 8 章中，我们会讨论从分层模型中采样的一些问题，以及如何诊断并解决这些问题。

2.7 总结

尽管贝叶斯模型在概念上非常简单，不过全概率模型得到的表达式通常很难分析。多年以来，该问题阻碍了贝叶斯方法的广泛应用。幸运的是，数学、统计学、物理学和计算机科学汇聚在一起（至少理论上）可以用数值的方法解决任何推断问题。将推断过程自动化促进了概率编程语言的发展，从而使模型推断与模型定义相分离。

PyMC3 是一个用于概率编程的 Python 库，非常简单直观而且语法易读，其使用的语法非常接近描述概率模型所用的统计学语法。我们通过回顾第 1 章中抛硬币的模型引入了 PyMC3。PyMC3 的模型在一个上下文管理器中定义。向一个模型添加一个概率分布只需要一行代码，分布可以相互组合并作为先验（未观察到的变量）或者似然（已观察到的变量）。如果将数据“喂”给分布，那么得到的就是似然，此外采样也只需一行代码。使用 PyMC3 允许我们从后验分布中获取样本，如果一切顺利，那么这些样本可以代表正确的后验分布。因此，它们将代表我们的模型和数据的逻辑结果。

此外我们还可以用 ArviZ 来探索 PyMC3 生成的后验分布，ArviZ 能很好地配合 PyMC3 帮助我们解释和可视化后验分布，一个典型的应用是将 HPD 区间与 ROPE 进行对比。本章还简要介绍了损失函数的概念，损失函数是用来量化表示在不确定的情况下做决策所带来的损失的方法，同时介绍了损失函数与点估计之间的联系。

到目前为止，所有的讨论都局限于单参数模型。在 PyMC3 中扩展到任意多参数非常简单，在讲解高斯模型和 t 分布模型的时候对此做了解释。高斯分布是一种特殊的 t 分布，本章介绍了如何用后者对异常点做更具鲁棒性的推断。第 3 章中，将会看到如何将其作为线性回归模型的一部分。

我们还使用高斯模型对不同组做了一些常见的数据分析的比较。尽管通常人们将其归类到假设检验部分，这里我们采用另外一种方式，将其看作效应量推断问题，我们所使用的方法要更丰富而且更高效一些。此外还使用了不同的方式来解释和报告效应量。

最后，本章介绍了本书最核心的概念之一——分层模型。只要在数据中发现有子组的时候，就可以采用分层模型。这种情况下，除了可以分别对每个子组建模或者忽略子组之间的联系而独立地将其整体作为一个组之外，还可以构建一个模型来将各个子组之间的信息部分池化。部分池化的主要作用是使得每个子组的估计结果都会偏向其他子组的估计结果。这种效应称为收缩，通常来说这个技巧非常有用，得到的结果更保守，从而提升推断效果并且更具信息量。接下来几章中还会看到更多的分层模型，每个例子都会稍稍有些不同，从而帮助读者加深理解。

2.8 练习

（1）修改 `our_first_model` 中贝塔先验分布的参数，并与第 1 章中的结果对比。再将贝塔分布替换成 [0,1] 区间内的均匀分布，其结果是否与 Beta(α=1, β=1) 分布一致？采样过程是更快了、更慢了还是一样的？如果使用更广的区间，比如 [−1,2] 呢？模型是否能正常工作？你得到了什么错误信息吗？

（2）阅读 PyMC3 文档中的煤矿灾害模型，试着自己实现并运行该模型。

（3）对于本章的模型 `model_g`，将高斯分布的先验均值修改为一个经验均值，用几个对应的标准差多跑几遍，观察推断过程对这些变化的鲁棒性 / 敏感性如何。你觉得用一个没有限制上下界的高斯分布对有上下界的数据建模的效果会怎样？记住我们说过数据不可能大于 100 或者小于 0。

（4）用 `chemical_shifts.csv` 文件中的数据，分别对包含异常点和不包含异常点的数据计算经验均值和标准差，将其结果与采用高斯分布和 t 分布得到的贝叶斯估计结果对比，添加更多异常点并重复该过程。

（5）修改小费的例子中的模型，使其对于异常点更具鲁棒性。分别尝试对所有组使用一个共享的 ν 和单独为每个组设置一个 ν，最后对这 3 个模型进行后验预测检查。

（6）直接从后验中计算出概率优势（先不要计算 Cohen's d），你可以用 `sample_posterior_predictive` 函数从每个组中获取一个采样值。这样做与基于正态假设的计算相比是否不同？能对结果做出解释么？

（7）重复 `model_h` 的例子，不过这次不用分层模型，而是使用一个扁平先验（比如 Beta(α=1, β=1)）。比较两种模型的结果。

（8）创建一个关于小费的例子的分层模型，将一周的不同日期做池化分析，并将结果与不适用分层模型得到的结果做对比。

（9）PyMC3 能根据模型创建一个和 Kruschke 图非常像的有向无环图（Directed Acyclic Graphs，DAG），可以通过 `pm.model_to_graphviz` 得到，试试给本章的所有模型都生成一个有向无环图。

除了每章最后的练习之外，你还可以将已经学到的内容应用到你感兴趣的问题上。也许，你需要重新定义你的问题，或者是需要扩展或修改你已经学到的模型。试着修改模型，如果你觉得这个任务已经超出了你实际掌握的部分，那么先将问题记下来，等读完本书其余章节后再回过头来重新思考这些问题。如果最后本书仍然无法解决你的问题，那么你可以查看 PyMC3 的例子，或者在 PyMC3 的论坛上提问。

第3章 线性回归建模

“在过去三个多世纪的科学发展中，一切都发生了改变，唯一不变的是人们对简单事物的热爱。”

——乔治·瓦根斯伯格（Jorge Wagensberg）

从古典乐到雷蒙斯乐队（The Ramones）的 *Sheena is a Punk Rocker*，再到车库乐队那些默默无闻的热门歌曲，再到皮亚佐拉（Piazzolla）的 *Libertango*，这些音乐都由一些不断重复的韵律所组成。同样的音阶、和弦组合、即兴演奏、主题等等，一次又一次地出现，产生了一幅美妙的音乐景观，调节出了人类可以体验到的所有情感。以类似的方式，统计学和机器学习的世界是建立在重复模式和小主题之上的。 在本章中，我们将研究其中最流行和最有用的模型之一——**线性模型**。 线性模型是一个非常有用的模型，也是很多其他模型的基石。如果你曾经上过统计学课程（即使是非贝叶斯课程），你可能已经听说过一元线性回归和多元线性回归、逻辑回归、方差分析、协方差分析等。这些方法都是线性回归模型的不同变种，即线性回归模型。在本章中，我们将介绍以下主题。

- 一元线性回归。
- 鲁棒线性回归。
- 分层线性回归。
- 多项式回归。
- 多元线性回归。
- 交互作用。
- 变量方差。

3.1 一元线性回归

在科学界、工业界及商业界中，经常会遇到下面这类问题：我们有一个变

量 x，想要预测或者建模一个变量 y。很重要的一点是，这些变量都是成对出现的，如 $(x_1,y_1), (x_2,y_2), (x_3,y_3), \cdots, (x_n,y_n)$。在最简单的一元线性回归中，$x$ 和 y 都是一维的连续随机变量。这里连续的意思是指，变量可以用实数来表示（或者说是浮点数，如果你愿意），如果使用 NumPy，可以用一维数组来表示变量 x 或 y。由于这个模型很常见，这两个变量都有特殊的名字。我们把变量 y 称为**因变量**、**被预测的变量**或者**结果变量**，把变量 x 称作**自变量**、**预测变量**或者**输入变量**。当 $\boldsymbol{X}$ 是一个矩阵的时候（包含多个不同变量），我们称之为**多元线性回归**，在本章和第 4 章中，我们将探讨这两类模型以及其他更多的线性回归模型。

使用线性模型的一些典型场景如下。

- 对多个因素之间的关系建模，例如降雨量、土壤盐分以及农作物生长过程中是否施肥，然后回答一些问题：比如它们之间的关系是否是线性的？关系有多强？哪个因素的影响最大？
- 找出巧克力摄入量与诺贝尔奖得主数量之间的关系。理解为什么这二者之间的关系可能是假的。
- 根据当地天气预报中的太阳辐射预测你家的燃气费（用于烧水和做饭）。该预测的准确性如何？

3.1.1 与机器学习的联系

按照 Kevin P. Murphy[①] 的说法，**机器学习**是一个统称，指一系列方法，这些方法可以自动学习数据中的模式，然后以此来预测未知数据，或者在不确定的状态中做出决策。机器学习与统计学相互交织，如果从概率的角度来看，二者之间的关系就比较清晰了，正如 Kevin P. Murphy 在他书中所说的那样。尽管这两个领域在概念上和数学上都紧密联系，但二者之间的术语可能让这种联系显得不那么清晰。因此在本章中，我会介绍一些机器学习中的术语。用机器学习领域的行话来说，回归问题属于典型的**监督学习**。在机器学习的框架中，如果我们想学习从 x 到 y 的一个映射，其中 y 是连续变量，那这就是一个回归问题。

在机器学习领域，人们通常使用**特征**这个词来代替变量。这里说学习过程是有监督的意思是，由于我们已经知道成对的 x 和 y，某种意义上来说，我们知道

---

① *Machine Learning: a Probabilistic Perspective* 一书的作者。——译者注

了正确答案，剩下的问题就是如何从这些观测值（或者数据集）中抽象出一种映射关系来处理未知的观测值（也就是只知道 x 而不知道 y 的情形）。

3.1.2 线性回归模型的核心

前面已经讨论了线性回归的一些基本思想，现在我们需要在统计学和机器学习的术语之间构建一座桥梁，学习如何构建线性模型。

你可能对下面这个公式已经很熟悉了：

$$y_i=\alpha+x_i\beta \tag{3.1}$$

这个等式描述的是变量 x 与变量 y 之间的线性关系。其中参数 β 控制的是直线的**斜率**，这里斜率可以理解为变量 x 的单位变化量所对应 y 的变化量。另外一个参数 α 我们称为**截距**，可以理解为当 $x_i = 0$ 时 y_i 的值，即 α 就是直线与 y 轴交点的值。

计算线性模型参数的方法有很多。一种方法是**最小二乘法（Least Squares Method）**。该方法得到的 α 和 β，能够让观测值与预测值之间的平均二次误差值最小。这样，估计 α 和 β 就变成了最优化问题，最优化问题的目标一般是寻找函数的最小值（或最大值）。另一种方法是生成全概率模型。用概率的方式思考的优势是，我们在得到 α 和 β 的最优值（与最优化方法求解结果相同）的同时，还可以估计这些参数的不确定性。而最优化方法需要一些其他工作来提供这类信息。此外，在接下来的内容中我们将看到，基于概率的方法能灵活地将模型应用到特定问题上，尤其是在使用类似 PyMC3 这类工具的时候。

从概率的角度，线性回归模型可以表示成如下形式：

$$\boldsymbol{y} \sim \mathcal{N}(\mu=\alpha+\beta x,\varepsilon) \tag{3.2}$$

也就是说，这里假设向量 $\boldsymbol{y}$ 是服从均值为 $\alpha+\beta x$，标准差为 ε 的正态分布。

提示：线性回归模型是高斯模型的一种扩展，其均值不是直接估计得到的，而是由自变量以及其他参数所组成的线性函数计算得到的。

由于我们并不知道 α、β 或者 ε，因此我们需要对其设置先验，一组合理的先验如下：

$$
\begin{aligned}
\alpha &\sim \mathcal{N}(\mu_\alpha, \sigma_\alpha) \\
\beta &\sim \mathcal{N}(\mu_\beta, \sigma_\beta) \\
\varepsilon &\sim |N(0, \sigma_\varepsilon)|
\end{aligned}
\tag{3.3}
$$

对于 α 的先验，我们可以使用一个分布很扁平的高斯分布，通过将 σ_α 设置为相对数据的值域来说很大的值。通常我们并不知道截距是多少，具体的值根据问题不同有很大变化。对于我所研究的很多问题，α 通常在 0 附近，σ_α 一般不会大于 10，不过这也只是我个人的一点儿经验，没法直接套用到其他领域。至于斜率，相对截距来说要容易一些。对很多问题而言，我们至少根据先验知道它是否大于 0，例如，体重这一变量一般会随着身高这一变量的增加而增加。对 ε 来说，我们可以根据 y 的值域设置一个比较大的值，例如，将其设为 y 的标准差的 10 倍。这些非常模糊的先验保证了先验对后验的影响比较小，并且很容易通过数据来纠正。

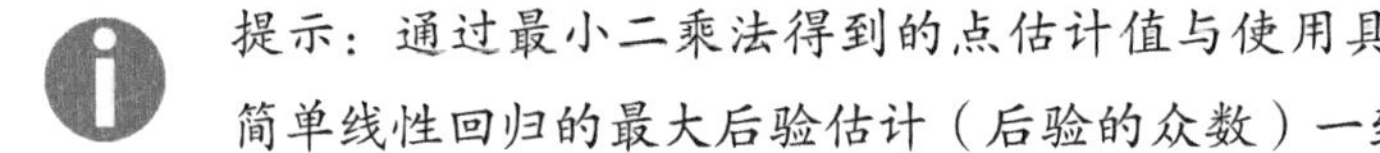

提示：通过最小二乘法得到的点估计值与使用具有扁平先验的贝叶斯简单线性回归的最大后验估计（后验的众数）一致。

能够替代这个**半高斯分布**的方案还有均匀分布或者半柯西分布。通常，半柯西分布是一个很好的正则化先验（具体见第 6 章），而均匀分布一般表现得不太好，除非你知道参数确实限制在某个范围内。如果希望在标准差的某个特定值周围使用很强的先验，那么可以使用伽马分布。在很多软件库中，伽马分布的默认参数看起来有点儿混乱，不过幸运的是 PyMC3 可以让我们同时使用形状和比例或者均值和方差（对新手来说，这也许是更直观的一种参数化方式）来定义。

如果想要查看伽马分布和其他分布到底长什么样，可以查看 PyMC3 的文档。

回到线性回归模型，我们还可以采用漂亮且易于解释的 Kruschke 图来表示它们，如图 3.1 所示。你也许还记得，在第 2 章中我们使用等号（=）符号来定义确定变量，如 μ；用～来定义随机变量，如 α、β 和 ε。

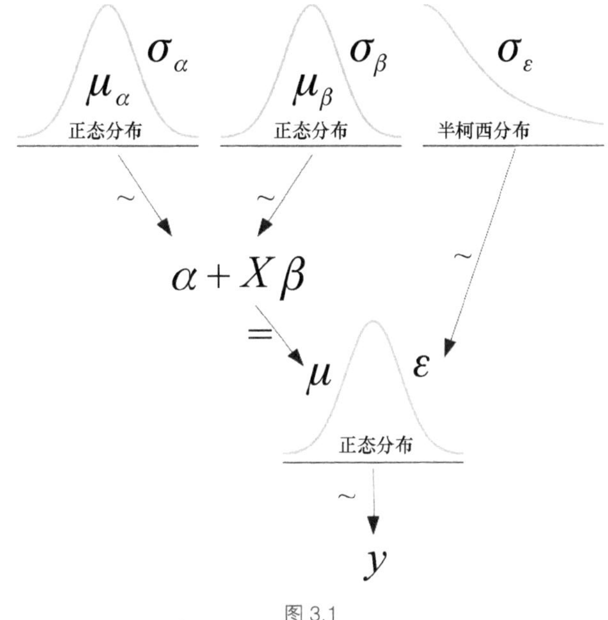

图 3.1

到这里我们的模型已经定义好了，现在需要将数据“喂”给模型。这里再次使用合成数据，用于构建对模型的直观认识。使用合成数据有一个好处是，我们已经提前知道了参数的真实值，然后可以用它们来检查我们的模型是否能够将其找出来，代码的运行结果如图 3.2 所示。

```
np.random.seed(1)
N = 100
alpha_real = 2.5
beta_real = 0.9
eps_real = np.random.normal(0, 0.5, size=N)

x = np.random.normal(10, 1, N)
y_real = alpha_real + beta_real * x
y = y_real + eps_real

_, ax = plt.subplots(1,2, figsize=(8, 4))
ax[0].plot(x, y, 'C0.')
ax[0].set_xlabel('x')
ax[0].set_ylabel('y', rotation=0)
ax[0].plot(x, y_real, 'k')
az.plot_kde(y, ax=ax[1])
ax[1].set_xlabel('y')
plt.tight_layout()
```

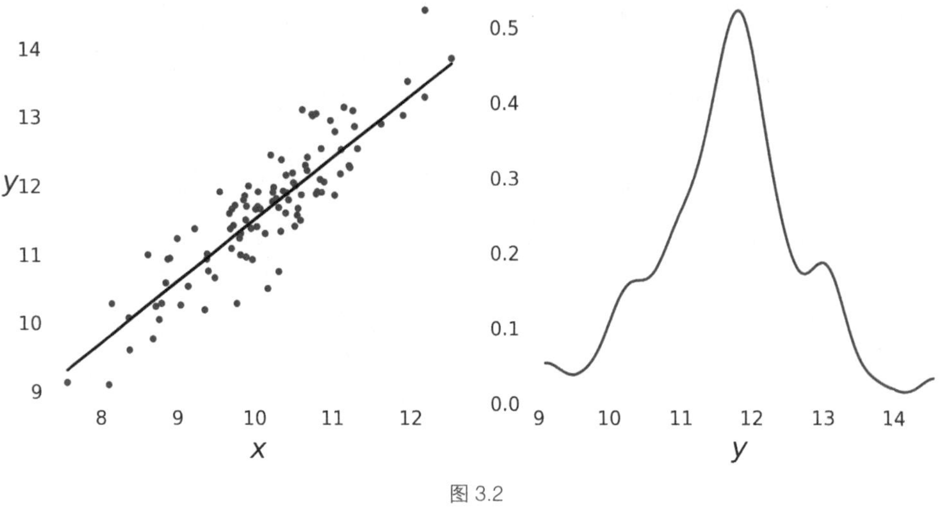

图 3.2

现在用 PyMC3 来构建模型，代码看起来和前面的模型都差不多。等等！事实上这里有些新的东西。这里 μ 是一个确定变量，如前面数学概念和 Kruschke 图所表示的一致。如果我们在 PyMC3 中声明一个变量是确定变量，那么 PyMC3 会帮我们将其保存在轨迹中。

```
with pm.Model() as model_g:
    α = pm.Normal('α', mu=0, sd=10)
    β = pm.Normal('β', mu=0, sd=1)
    ε= pm.HalfCauchy('ε', 5)

    μ = pm.Deterministic('μ', α + β * x)
    y_pred = pm.Normal('y_pred', mu=μ, sd=ε, observed=y)

    trace_g = pm.sample(2000, tune=1000)
```

此外，我们也可以省略固定变量。此时，该变量仍然会被计算，但不会保存在轨迹中。比如，可以这么写。

```
y_pred = pm.Normal('y_pred', mu= α + β * x, sd=ε, observed=y)
```

为了分析推断结果，接下来我们将生成一幅轨迹图（参见图 3.3），把想要观测的变量名通过 `var_names` 参数绘制出来（大多数 ArviZ 函数都包含这个参数），同时忽略其中的确定变量 μ。

```
az.plot_trace(trace_g, var_names=['α', 'β', 'ε'])
```

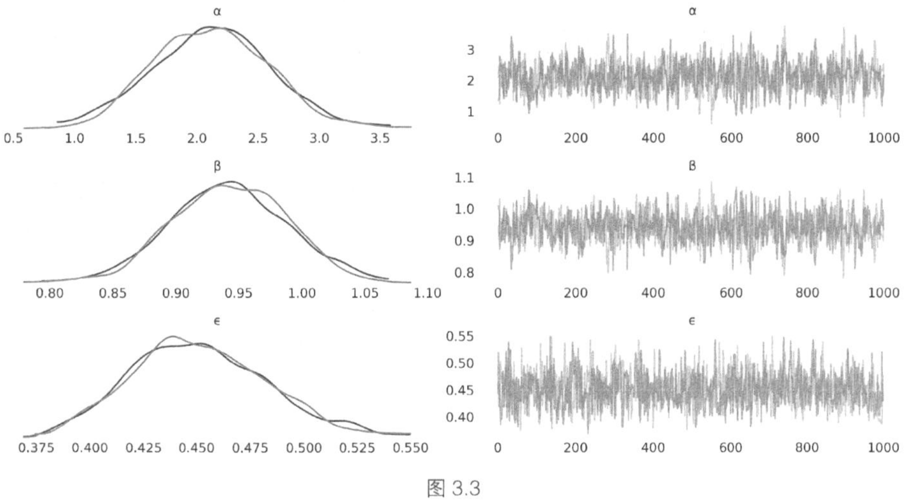

图 3.3

你可以尝试使用其他 ArviZ 绘图函数来探索后验分布。3.1.3 节中，我们将讨论线性模型的一个特性，并分析它是如何影响采样过程和模型的可解释性的，然后一起看看对后验分布进行解释和可视化的几种方式。

3.1.3 线性模型与高自相关性

从线性模型得到的后验分布中，α 和 β 具有高度相关性，具体看看下面的代码和图 3.4。

```
az.plot_pair(trace_g, var_names=['α', 'β'], plot_kwargs={'alpha': 0.1})
```

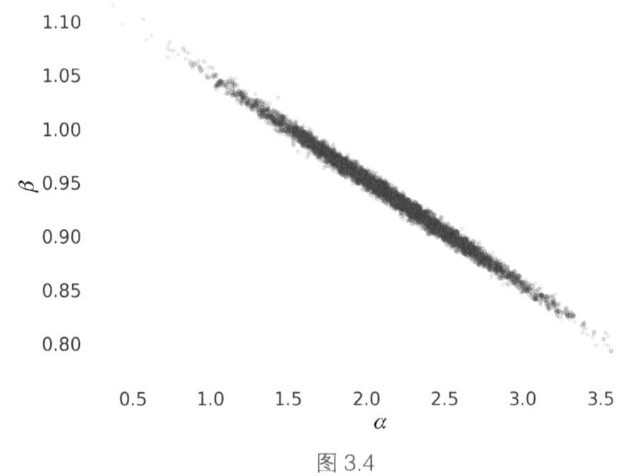

图 3.4

图 3.4 中的这种相关性主要来源于我们的假设。不论我们用哪条直线去拟合数据，它们都会穿过一点，x 的均值和 y 的均值对应的点。因此拟合直线的过程相当于将直线固定在数据的中心进行旋转，有点儿像幸运轮盘，斜率越大截距越小，反之亦然。那么根据模型的定义，两个参数之间是相关的，因此，后验分布的形状（除了 ε 以外）非常类似于一个对角空间，这对某些采样器来说是个问题，比如梅特罗波利斯 - 黑斯廷斯（Metropolis-Hastings）和 NUTS。具体原因我们会在第 8 章讲解。

在继续深入学习之前，请允许我澄清一点，前面提到的拟合直线会穿过数据的均值点只在最小二乘法的假设下成立。使用贝叶斯方法之后，这个限制被放松了。在后面的例子中我们可以看到，通常直线会在 x 和 y 的均值附近而不是正好穿过均值。此外，如果使用强先验，得到的直线会偏离 x 和 y 的均值点。不过没关系，自相关性与直线固定在某一点附近的假设仍然是成立的，关于 α 和 β 之间的自相关性我们需要了解的就这么多了。

运行之前先修改数据

解决 α 和 β 之间自相关性问题的一个简单办法是先将 x 中心化，也就是说，对于每个点 x_i，我们都减去 x 的均值（$\bar{x}$）。

$$x'=x-\bar{x} \tag{3.4}$$

这样做的结果是使得 x' 的中心在 0 附近，从而修改斜率时旋转点变成了截距点，参数空间也会变得更圆，相关性更小。记得完成本章最后的练习 6，体会中心化与不做中心化处理的区别。

中心化不仅是一种计算技巧，还有利于解释数据。截距是指当 $x_i = 0$ 时 y_i 的值，不过对很多问题而言，这个解释并没有什么实际的意义。例如，对于身高或者体重这类数值，当值为 0 时，并没有实际的意义，因而截距对于理解数据也就没有任何帮助。不过，将变量做中心化处理之后，截距就是 y_i 相对 x 均值的值。

对有些问题来说，准确地估计出截距可能很有用，因为有些时候很难从实验中衡量当 $x_i = 0$ 时的值，不过需要注意该推断可能会存在问题，因此使用的时候一定要当心！

根据问题和受众不同，我们可能需要报告中心化前后估计到的参数值。如果我们需要报告的是中心化之前的参数，那么可以像下面这样将参数转换成原来的比例：

$$\alpha = \alpha' - \beta' \bar{x} \tag{3.5}$$

上面的式子可以通过以下式子推导出来：

$$\begin{aligned} y &= \alpha' + \beta' x' + \varepsilon \\ y &= \alpha' + \beta' (x - \bar{x}) + \varepsilon \\ y &= \alpha' - \beta' \bar{x} + \beta' x + \varepsilon \end{aligned} \tag{3.6}$$

然后可以得出：

$$\beta = \beta' \tag{3.7}$$

更进一步，在运行模型之前，我们可以对数据做**标准化**处理。标准化在统计学和机器学习中是一种常见的数据处理手段，这是因为很多算法对于标准化之后的数据效果更好。标准化的过程是在中心化之后再除以标准差，其数学公式如下：

$$\begin{aligned} x' &= \frac{x - \bar{x}}{x_{sd}} \\ y' &= \frac{y - \bar{y}}{y_{sd}} \end{aligned} \tag{3.8}$$

标准化的好处之一是我们可以对数据使用相同的弱先验，而不必关心数据的具体值域有多大，因为我们已经对数据做了尺度变换。对于标准化之后的数据，截距通常在 0 附近，斜率在［-1, 1］区间内。标准化之后的数据可以使用标准分数来描述参数。如果某个参数的标准分数值为 -1.3，那么我们就知道该值在标准化之前位于均值附近 1.3 倍的标准差处。标准分数每变化一个单位，那么对应原始数据中则变化一倍的标准差。这一点在分析多个变量时很有用，因为所有的参数都在同一个尺度，从而简化了对数据的解释。

3.1.4 对后验进行解释和可视化

前面我们已经知道了如何使用 ArviZ 中的 `plot_trace` 和 `summary` 等函

数来分析后验分布。对于线性回归，一种更好的表示方式是将拟合数据的平均线与 α 和 β 的均值同时绘制在图上。为了反映后验分布的不确定性，可以用半透明的直线把从后验中采样得到的结果画出来，如图 3.5 所示。

```
plt.plot(x, y, 'C0.')
alpha_m = trace_g['α'].mean()
beta_m = trace_g['β'].mean()
draws = range(0, len(trace_g['α']), 10)

plt.plot(x, trace_g['α'][draws] + trace_g['β'][draws] * x[:, np.newaxis],
c='gray', alpha=0.5)

plt.plot(x, alpha_m + beta_m * x, c='k', label=f'y = {alpha_m:.2f} +
{beta_m:.2f} * x')

plt.xlabel('x')
plt.ylabel('y', rotation=0)
plt.legend()
```

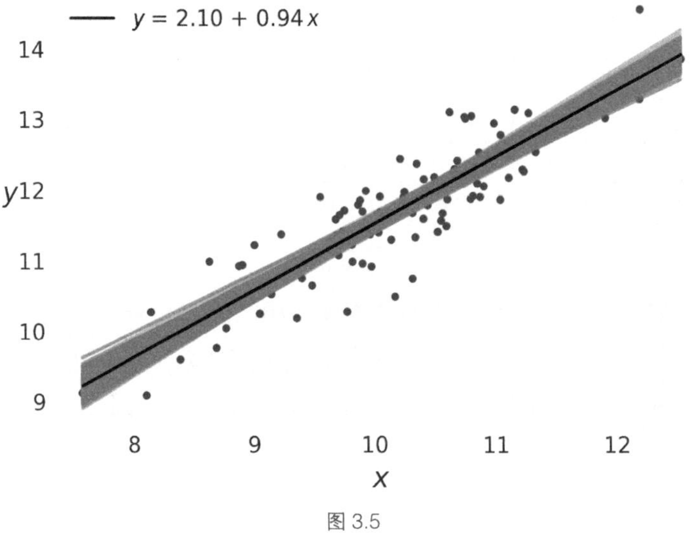

图 3.5

可以看到，在中间部分，不确定性较低，尽管它们并没有收缩到一个点（前面已经提到过，后验并不强制所有的直线都穿过均值点）。

半透明的直线看起来不错，不过我们可能想给这个图增加点更酷的东西：用半透明的区间描述 μ 的**最大后验密度（HPD）**区间（参见图 3.6）。注意这也是在模型中将变量μ定义成一个确定值的主要原因，可用来简化以下代码。

```
plt.plot(x, alpha_m + beta_m * x, c='k', label=f'y = {alpha_m:.2f} + {beta_m:.2f} * x')
sig = az.plot_hpd(x, trace_g['μ'], credible_interval=0.98, color='k')
plt.xlabel('x')
plt.ylabel('y', rotation=0)
plt.legend()
```

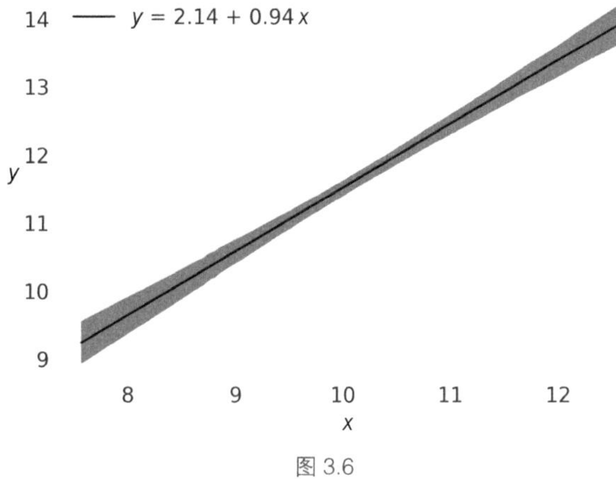

图 3.6

另外一种方式是画预测值$\hat{y}$的 HPD（例如 94% 和 50%）区间。也就是说，我们想要根据模型看到未来 94% 和 50% 的数据的分布范围。我们在图 3.7 中将 50%HPD 区间用深灰色表示，将 94%HPD 区间用浅灰色表示。

利用 PyMC3 中的 `sample_posterior_predictive` 函数可以很容易得到预测值的采样值。

```
ppc = pm.sample_posterior_predictive(trace_g, samples=2000, model=model_g))
```

然后我们可以画出结果。

```
plt.plot(x, y, 'b.')
plt.plot(x, alpha_m + beta_m * x, c='k', label=f'y = {alpha_m:.2f} +
{beta_m:.2f} * x')

az.plot_hpd(x, ppc['y_pred'], credible_interval=0.5, color='gray')
az.plot_hpd(x, ppc['y_pred'], color='gray')

plt.xlabel('x')
plt.ylabel('y', rotation=0)
```

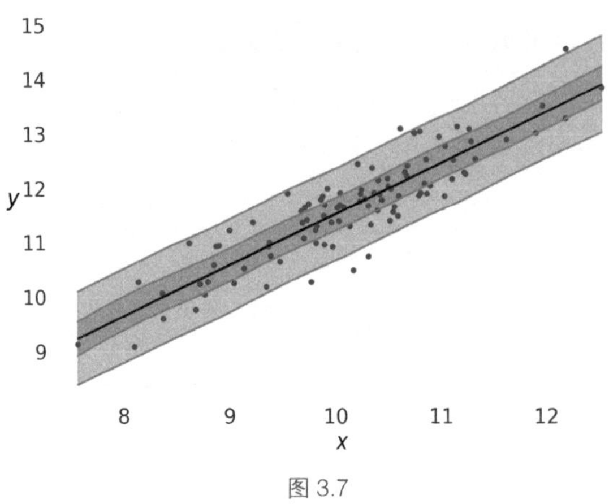

图 3.7

此外还可以借助`az.plot_hpd`函数来绘制线性回归的HPD区间。默认情况下，该函数会对区间做平滑处理，你设置参数 `smooth=False` 后就明白我所说的了。

3.1.5　皮尔逊相关系数

有的时候，我们希望衡量两个变量之间的（线性）依赖关系。衡量两个变量之间线性相关性最常见的指标是**皮尔逊相关系数**，通常用小写的 r 表示。如果 $r = +1$，我们称这两个变量完全正相关，也就是说一个变量随着另外一个变量的增加而增加；如果 $r = -1$，那么称这两个变量完全负相关，也就是说一个变量随着另一个变量的增加而减少；当时 $r = 0$，我们称两个变量之间没有线性相关性。通常我们会得到一个中间值。有两点需要牢记：皮尔逊相关系数并不涉及非线性相关性。人们很容易将皮尔逊相关系数与回归中的斜率弄混淆，下面这个有关 r 和斜率的式子可以在一定程度上减少你的疑惑：

$$r = \beta \frac{\sigma_x}{\sigma_y} \tag{3.9}$$

也就是说，只有在 x 和 y 的标准差相等时，皮尔逊相关系数才与斜率相等。当我们对数据标准化时，上式是成立的。需要注意以下两点。

- 皮尔逊相关系数衡量的是两个变量之间的相关性程度，其值位于 [−1,1] 区间内，与数据的尺度无关。
- 斜率表示的是 x 变化一个单位时 y 的变化量，可以取任意实数。

皮尔逊相关系数与**决定系数**（**Coefficient of Determination**）之间有联系。

对线性回归模型而言，决定系数就是皮尔逊相关系数的平方，即 r^2（或者 R^2），可以定义为预测值的方差除以数据的方差。因此，决定系数可以用于度量因变量的变化中可以用自变量解释的部分所占的比例。对于贝叶斯线性回归，预测值的方差可以比数据的方差大，因而导致决定系数大于 1，于是可以做如下定义：

$$R^2 = \frac{\boldsymbol{V}_{n=1}^{N} \boldsymbol{E}\left[\hat{y}^s\right]}{\boldsymbol{V}_{n=1}^{N} \boldsymbol{E}\left[\hat{y}^s\right] + \boldsymbol{V}_{n=1}^{S}\left(\hat{y}^s - y\right)} \tag{3.10}$$

上面的式子中，$\boldsymbol{E}[\hat{y}^s]$ 是指 $\hat{y}$ 针对 S 次后验采样的期望（或平均）。

这就是预测值的方差除以预测值的方差加上了残差项。该定义的一个优势是，确保 R^2 的值位于区间 [0,1] 内。

最简单的计算 R^2 的方式是使用 ArviZ 中的 `r2_score` 函数，需要用到观测值 y 和 $\hat{y}$ 预测值，其中 $\hat{y}$ 可以从 `sample_posterior_predictive` 得到：

```
az.r2_score(y, ppc['y_pred])
```

默认情况下，该函数会返回 R^2（在这个例子中会得到 0.8）以及标准差（0.03）。

根据多元高斯分布计算皮尔逊相关系数

另一种计算皮尔逊相关系数的方法是估计多元高斯分布的协方差矩阵。多元高斯分布是高斯分布在多维空间上的泛化。这里我们暂时只考虑二维的情况，因为这是我们接下来就要用的。一旦我们理解了两个变量的情况之后，推广到更高维度就会很容易了。为了充分描述二元高斯分布，我们需要两个均值（或者一个长度为 2 的向量），每个均值对应一个边缘高斯分布。此外还需要两个标准差，对吧？嗯，不完全是这样。我们需要一个像下面这样的 2×2 的**协方差矩阵**：

$$\Sigma = \begin{bmatrix} \sigma_{x_1}^2 & \rho\sigma_{x_1}\sigma_{x_2} \\ \rho\sigma_{x_1}\sigma_{x_2} & \sigma_{x_2}^2 \end{bmatrix} \tag{3.11}$$

其中 Σ 是大写的希腊字母希格玛，常用它表示协方差矩阵。在主对角线上的两个元素分别是每个变量的方差，用标准差 σ_{x_1} 和 σ_{x_2} 的平方表示。剩余的两个元素分别是协方差（变量之间的方差），用每个变量的标准差和 ρ（变量之间的皮尔逊相关系数）来表示。注意这里只有一个 ρ，原因是我们只有两个变量，如果有 3 个变量，对应的会有 3 个 ρ。

下面的代码生成了一些二元高斯分布的等值线图（参见图 3.8），均值都固定在 (0,0)。其中一个标准差 σ_{x_1}=1，另外一个标准差 σ_{x_2} 分别取 1 或者 2，皮尔逊相关系数取 [-1,1] 里的不同值。

```
sigma_x1 = 1
sigmas_x2 = [1, 2]
rhos = [-0.90, -0.5, 0, 0.5, 0.90]

k, l = np.mgrid[-5:5:.1, -5:5:.1]
pos = np.empty(k.shape + (2,))
pos[:, :, 0] = k
pos[:, :, 1] = l

f, ax = plt.subplots(len(sigmas_x2), len(rhos), sharex=True,
sharey=True, figsize=(12, 6), constrained_layout=True)
for i in range(2):
    for j in range(5):
        sigma_x2 = sigmas_x2[i]
          rho = rhos[j]
        cov = [[sigma_x1**2, sigma_x1*sigma_x2*rho],
               [sigma_x1*sigma_x2*rho, sigma_x2**2]]
        rv = stats.multivariate_normal([0, 0], cov)
        ax[i, j].contour(k, l, rv.pdf(pos))
        ax[i, j].set_xlim(-8, 8)
        ax[i, j].set_ylim(-8, 8)
        ax[i, j].set_yticks([-5, 0, 5])
         ax[i, j].plot(0, 0, label=f'$\\sigma_{{x2}}$ = {sigma_x2:3.2f}\
n$\\rho$ ={rho:3.2f}', alpha=0)
        ax[i, j].legend()
f.text(0.5, -0.05, 'x_1', ha='center', fontsize=18)
f.text(-0.05, 0.5, 'x_2', va='center', fontsize=18, rotation=0)
```

了解了多元高斯分布之后，我们就可以拿它来估计皮尔逊相关系数了。由于我们并不知道协方差矩阵，可以先为其设置一个先验。一种做法是使用威沙特分布（Wishart Distribution），威沙特分布是多维正态分布的逆协方差矩阵的共轭先验。可以看作前面见过的伽马分布在高维空间的推广，也可以看作卡方分布（Chi Square Distribution）的推广。另一种做法是使用 LKJ 先验，该先验是用于相关性矩阵的（不是协方差矩阵），如果考虑相关性，使用起来更方便一些。这里我们讨论第三种做法，直接为 σ_{x1}、σ_{x2} 和 ρ 设置先验，然后用这些值手动构造协方差矩阵。

图 3.8

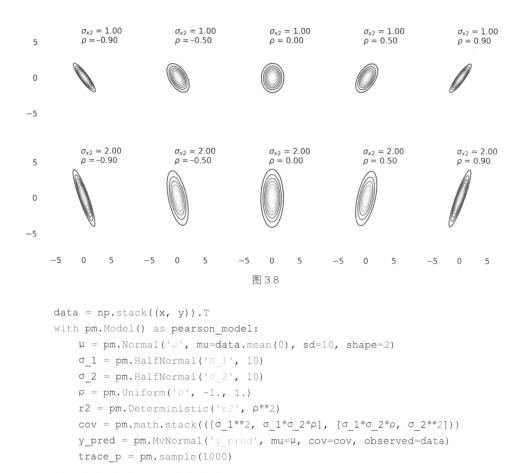

```
data = np.stack((x, y)).T
with pm.Model() as pearson_model:
    μ = pm.Normal('μ', mu=data.mean(0), sd=10, shape=2)
    σ_1 = pm.HalfNormal('σ_1', 10)
    σ_2 = pm.HalfNormal('σ_2', 10)
    ρ = pm.Uniform('ρ', -1., 1.)
    r2 = pm.Deterministic('r2', ρ**2)
    cov = pm.math.stack(([σ_1**2, σ_1*σ_2*ρ], [σ_1*σ_2*ρ, σ_2**2]))
    y_pred = pm.MvNormal('y_pred', mu=μ, cov=cov, observed=data)
    trace_p = pm.sample(1000)
```

接下来忽略除了 `r2` 之外的变量，代码运行结果如图 3.9 所示。

```
az.plot_trace(trace_p, var_names=[ ‘r2’ ])
```

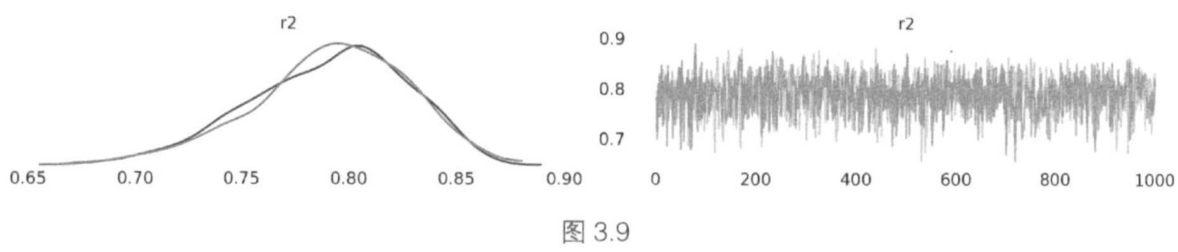

图 3.9

可以看到，`r2` 的分布与我们前面通过 ArviZ 中的 `r2_score` 函数得到的分布相近。更简单的一种对比方式是采用 summary 函数，可以看到，我们拟合的结果相当好，如表 3.1 所示。

```
az.summary(trace_p, var_names=['r2'])
```

表 3.1

	mean	sd	mc error	hpd 3%	Hpd 79%	eff_n	r_hat
r2	0.79	0.04	0.0	0.72	0.86	839.0	1.0

3.2 鲁棒线性回归

在很多情况下，假设数据服从高斯分布是非常合理的。我们假设数据具有高斯特性，并不是说数据真的就是服从高斯分布的，而是说我们认为高斯分布对我们的问题而言是一个合理的近似。同样的道理适用于其他分布。从第 2 章中我们知道了，有时候高斯假设并不成立，例如出现异常值的时候。利用 t 分布可以有效地解决异常值的问题，从而得到更具鲁棒性的推断。类似的思想同样可以应用到线性回归问题中。

为了验证 t 分布确实能增加线性回归的鲁棒性，这里我们使用一个非常简单的数据集：安斯库姆四重奏（Anscombe's quartet）中的第三组数据。如果你不知道安斯库姆四重奏数据集，可以在维基百科上查看。这里我们可以使用 pandas 来加载数据，然后对数据做中心化处理。这么做主要是为了方便采样器——即使是像 NUTS 这样非常好的采样器有时候也需要帮助。

```
ans = pd.read_csv('../data/anscombe.csv')
x_3 = ans[ans.group == 'III']['x'].values
y_3 = ans[ans.group == 'III']['y'].values
x_3 = x_3 - x_3.mean()
```

现在，让我们检查一下这个小小的数据集是什么样子的，代码运行结果如图 3.10 所示。

```
_, ax = plt.subplots(1, 2, figsize=(10, 5))
beta_c, alpha_c = stats.linregress(x_3, y_3)[:2]
ax[0].plot(x_3, (alpha_c + beta_c * x_3), 'k', label=f'y ={alpha_c:.2f}
+ {beta_c:.2f} * x')
ax[0].plot(x_3, y_3, 'C0o')
ax[0].set_xlabel('x')
```

```
ax[0].set_ylabel('y', rotation=0)
ax[0].legend(loc=0)
az.plot_kde(y_3, ax=ax[1], rug=True)
ax[1].set_xlabel('y')
ax[1].set_yticks([])
plt.tight_layout()
```

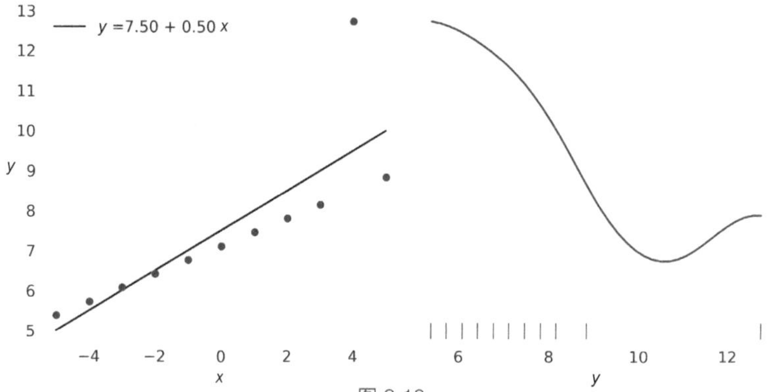

图 3.10

现在我们用 t 分布重写前面的模型（model_g），这个改变需要引入正态参数 ν，如果你已经忘了这个参数的含义，可以先回顾第 2 章的内容之后再继续阅读。

在下面的模型中，我们使用了移位指数分布来避免 ν 的值接近 0。因为非移位指数分布对于 0 附近的值赋予了太大的权重。根据我的经验，对没有异常点或者是含有少量异常点的数据集而言，使用非移位指数分布就够了。不过对某些包含极限异常值的数据（或者是只有少量聚集点的数据集）而言，例如对我们用到的安斯库姆四重奏数据集的第三组来说，最好避免如此小的值。当然这些建议也不用全部采纳，毕竟这些建议都只是基于我（或者别人）处理某些数据集或者问题的经验。此外，正态参数 ν 的一些常见先验还有 gamma(2,0.1) 或者 gamma(mu=20,sd=15)。

```
with pm.Model() as model_t:
    α = pm.Normal('α', mu=y_3.mean(), sd=1)
    β = pm.Normal('β', mu=0, sd=1)
    ε = pm.HalfNormal('ε', 5)
    ν_ = pm.Exponential('ν_', 1/29)
    ν = pm.Deterministic('ν', ν_ + 1)
    y_pred = pm.StudentT('y_pred', mu=α + β * x_3, sd=ε, nu=ν, observed=y_3)

    trace_t = pm.sample(2000)
```

在图 3.11 中，可以看到根据模型 model_t 得到的鲁棒拟合曲线，以及根据 SciPy 中的 linregress 函数（该函数采用最小二乘法回归）得到的非鲁棒拟合曲线。作为一个额外的练习，你可以尝试在此基础上，添加 model_g 得到的最佳线条。

```
beta_c, alpha_c = stats.linregress(x_3, y_3)[:2]
plt.plot(x_3, (alpha_c + beta_c * x_3), 'k', label='non-robust',
alpha=0.5)
plt.plot(x_3, y_3, 'C0o')
alpha_m = trace_t['α'].mean()
beta_m = trace_t['β'].mean()
plt.plot(x_3, alpha_m + beta_m * x_3, c='k', label='robust')
plt.xlabel('x')
plt.ylabel('y', rotation=0)
plt.legend(loc=2)
plt.tight_layout()
```

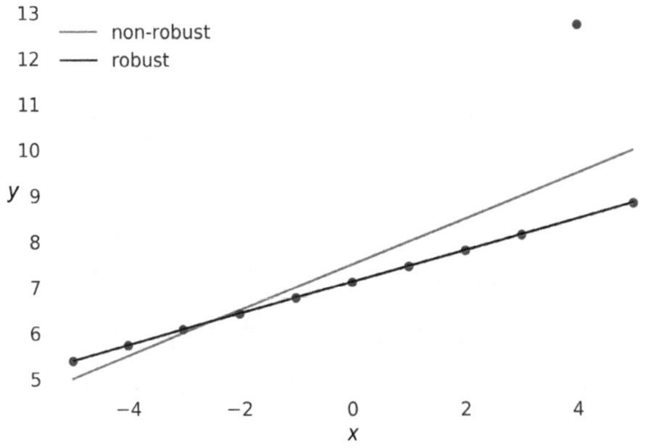

图 3.11

虽然非鲁棒拟合曲线尝试包含所有的点，而鲁棒拟合曲线中 model_t 会自动丢弃一个点并拟合一条通过所有剩余点的线。我知道这是一个很特殊的数据集，但是这里的思想同样适用于其他更复杂和真实场景中的数据集。受重尾的影响，t 分布能够给那些远离数据中心的点更小的权重。

继续深入之前，花点时间来思考这些参数（这里忽略了其中的参数 v，因为它并不是我们直接感兴趣的部分）。代码的运行结果如表 3.2 所示。

```
az.summary(trace_t, var_names=var_names)
```

表 3.2

	mean	sd	mc error	hpd 3%	hpd 97%	eff_n	r_hat
α	7.11	0.00	0.0	7.11	7.12	2216.0	1.0
β	0.35	0.00	0.0	0.34	0.35	2156.0	1.0
ε	0.00	0.00	0.0	0.00	0.01	1257.0	1.0
ν	1.21	0.21	0.0	1.00	1.58	3138.0	1.0

可以看到，α、β 以及 ε 的分布非常窄，尤其是 ε，几乎就在 0 附近。这一点完全合理，因为我们拟合的是一些“完美分布”的点（如果忽略掉异常点）。

接下来运行后验预测检查，以评估我们的模型刻画数据的质量。我们可以让 PyMC3 替我们完成从后验分布中采样的复杂过程，代码的运行结果如图 3.12 所示。

```
ppc = pm.sample_posterior_predictive(trace_t, samples=200, model=model_
t, random_seed=2)
data_ppc = az.from_pymc3(trace=trace_t, posterior_predictive=ppc)
ax = az.plot_ppc(data_ppc, figsize=(12, 6), mean=True)
plt.xlim(0, 12)
```

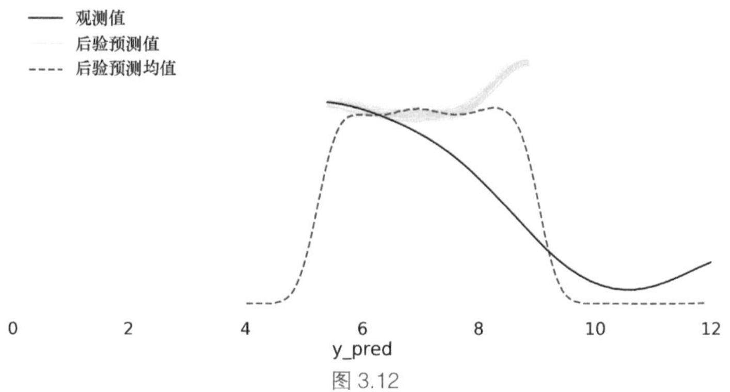

图 3.12

对中间大部分数据来说，我们拟合得非常好。此外需要注意，我们的模型的预测值不仅在中间部分大于观测值，而且从头到尾都远离观测值。对于我们当前的目的，这个模型表现得足够好了，并不需要更多改进。不过需要注意，对某些问题而言，我们可能希望避免上面这种情况。此时，我们可能需要回过头去修改模型，将 `y_pred` 的值限制为正值。

3.3 分层线性回归

在第 2 章中，我们学习了分层模型的基础知识，现在我们可以将这些概念应用到线性回归。这允许模型处理组级别的推断和组级别以上的估计。和前面一样，这里是通过引入**超先验**实现的。

我们先创建 8 个相关的数据组，其中一个组只有一个点，如图 3.13 所示。

```
N = 20
M = 8
idx = np.repeat(range(M-1), N)
idx = np.append(idx, 7)
np.random.seed(314)

alpha_real = np.random.normal(2.5, 0.5, size=M)
beta_real = np.random.beta(6, 1, size=M)
eps_real = np.random.normal(0, 0.5, size=len(idx))

y_m = np.zeros(len(idx))
x_m = np.random.normal(10, 1, len(idx))
y_m = alpha_real[idx] + beta_real[idx] * x_m + eps_real

_, ax = plt.subplots(2, 4, figsize=(10, 5), sharex=True, sharey=True)
ax = np.ravel(ax)
j, k = 0, N
for i in range(M):
    ax[i].scatter(x_m[j:k], y_m[j:k])
    ax[i].set_xlabel('x_{i}')
    ax[i].set_ylabel('y_{i}', rotation=0, labelpad=15)
    ax[i].set_xlim(6, 15)
    ax[i].set_ylim(7, 17)
    j += N
    k += N
plt.tight_layout()
```

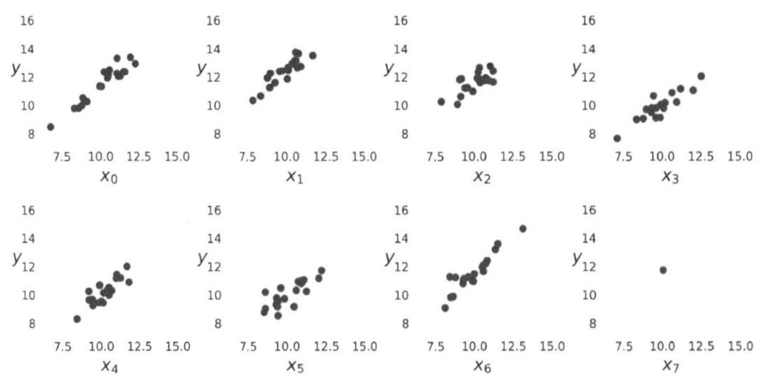

图 3.13

在输入模型之前，先对数据做中心化处理。

```
x_centered = x_m - x_m.mean()
```

首先，和前面的做法一样，先用非多层的模型拟合，唯一的区别是需要增加部分代码将 α 转换到原始的尺度。

```
with pm.Model() as unpooled_model:
    α_tmp = pm.Normal('α_tmp', mu=0, sd=10, shape=M)
    β= pm.Normal('β', mu=0, sd=10, shape=M)
    ε = pm.HalfCauchy('ε', 5)
    ν= pm.Exponential('ν', 1/30)
    y_pred = pm.StudentT('y_pred', mu=α_tmp[idx] + β[idx] * x_centered,
sd=ε, nu=ν, observed=y_m)
    α = pm.Deterministic('α', α_tmp - β * x_m.mean())

    trace_up = pm.sample(2000)
```

从图 3.14 中可以看到，α_7 和 β_7 的参数相比剩余的其他参数 α_0～α_6 和 β_0～β_6 来说，分布得更广。

```
az.plot_forest(trace_up, var_names=['α', 'β'], combined=True)
```

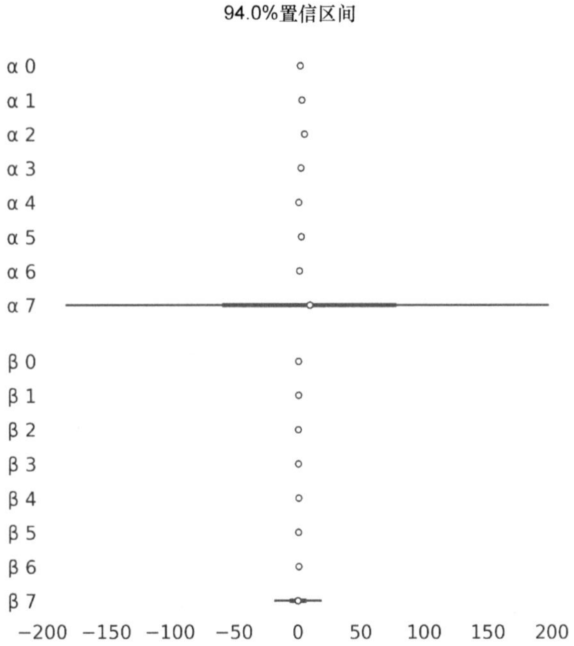

图 3.14

你也许猜到了原因，因为试图通过一个点去拟合一条线是没有意义的。我们至少需要两个点，否则参数 α 和 β 是不受限制的，除非我们能提供一些额外的信息（比如加入先验）。给 α 加入一个很强的先验能够得到一组明确定义的线，即使我们的数据中只有一个点。另一种方式是通过构建分层模型往模型中加入信息，这主要是因为分层模型中组与组之间的信息能够共享，从而收缩估计参数的合理值。这一点对于已经有不同分组的稀疏数据非常有用。这里我们用到的例子将数据稀疏性推向了极致（其中一组只有一个数据），目的是将问题描述得更清楚。

现在我们实现一个与前面线性回归模型相同的分层模型，不过这次用的是超先验，你可以从图 3.15 所示的 Kruschke 图中看到。

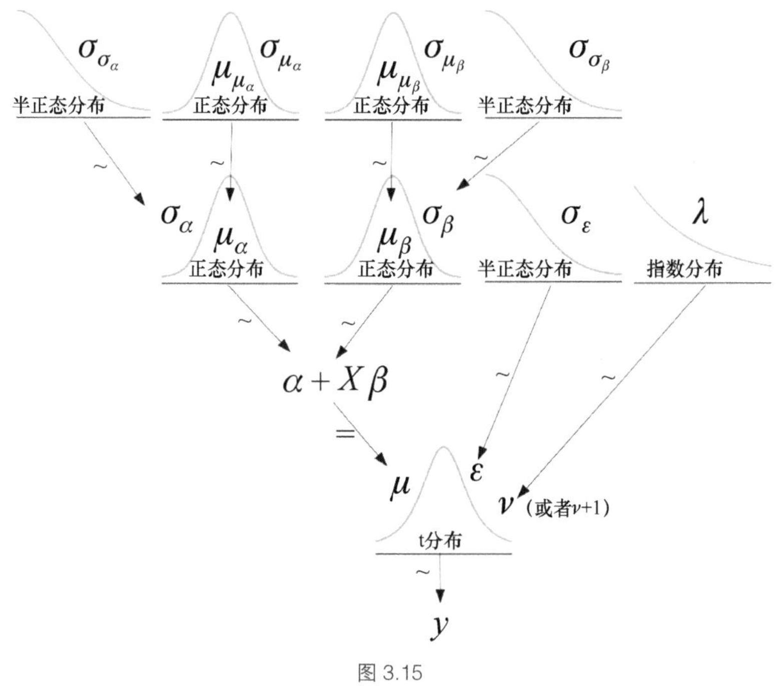

图 3.15

用 PyMC3 代码实现的模型与之前的模型的主要区别如下。

- 增加了超先验。
- 增加了几行代码将参数转换到中心化之前的尺度。记住这并非强制的，我们完全可以将参数保留在转换后的尺度上，只是对结果进行解释的时候需要小心。

```
with pm.Model() as hierarchical_model:
    # 超先验
    α_μ_tmp = pm.Normal('α_μ_tmp', mu=0, sd=10)
    α_σ_tmp = pm.HalfNormal('α_σ_tmp', 10)
    β_μ = pm.Normal('β_μ', mu=0, sd=10)
    β_σ = pm.HalfNormal('β_σ', sd=10)
    # 先验
    α_tmp = pm.Normal('α_tmp', mu=α_μ_tmp, sd=α_σ_tmp, shape=M)
    β= pm.Normal('β', mu=β_μ, sd=β_σ, shape=M)
    ε = pm.HalfCauchy('ε', 5)
    ν= pm.Exponential('ν', 1/30)
    y_pred = pm.StudentT('y_pred', mu=α_tmp[idx] + β[idx] * x_centered, sd=ε,
nu=ν, observed=y_m)
    α = pm.Deterministic('α', α_tmp - β * x_m.mean())
    α_μ = pm.Deterministic('α_μ', α_μ_tmp - β_μ * x_m.mean())
    α_σ = pm.Deterministic('α_sd', α_σ_tmp - β_σ * x_m.mean())
    trace_hm = pm.sample(1000)
```

为了比较 unpooled_model 和 hierarchical_model 的结果，我们将其画出来，如图 3.16 所示。

```
az.plot_forest(trace_hm, var_names=['α', 'β'], combined=True)
```

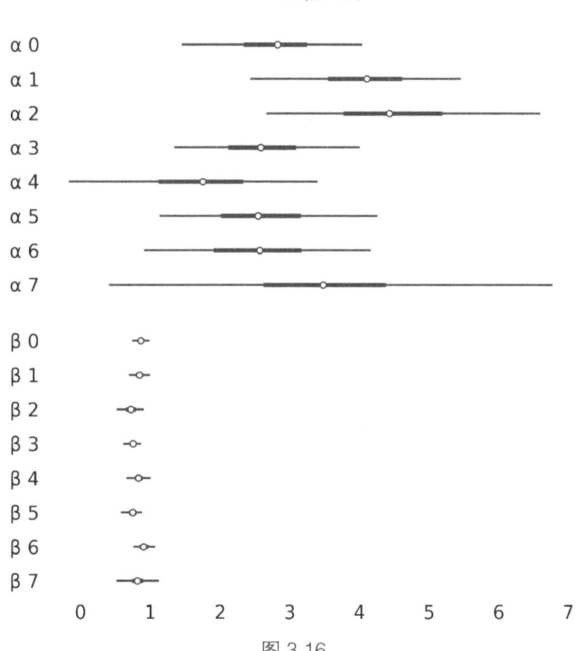

图 3.16

一种不错的比较模型的方式是，使用 az.plot_forest 将两个模型（unpooled_model，hierarchical_model）的参数同时显示在同一幅图上。要实现该功能，只需将轨迹列表传递进去即可。

为了更好地理解模型所刻画的数据的特性，可以将各个组所得到的拟合直线画出来。

```
_, ax = plt.subplots(2, 4, figsize=(10, 5), sharex=True, sharey=True,
constrained_layout=True)
ax = np.ravel(ax)
j, k = 0, N
x_range = np.linspace(x_m.min(), x_m.max(), 10)
for i in range(M):
ax[i].scatter(x_m[j:k], y_m[j:k])
ax[i].set_xlabel(f'x_{i}')
ax[i].set_ylabel(f'y_{i}', labelpad=17, rotation=0)
alpha_m = trace_hm['α'][:, i].mean()
beta_m = trace_hm['β'][:, i].mean()
ax[i].plot(x_range, alpha_m + beta_m * x_range, c='k', label=f'y =
{alpha_m:.2f} + {beta_m:.2f} * x')
plt.xlim(x_m.min()-1, x_m.max()+1)
plt.ylim(y_m.min()-1, y_m.max()+1)
j += N
k += N
```

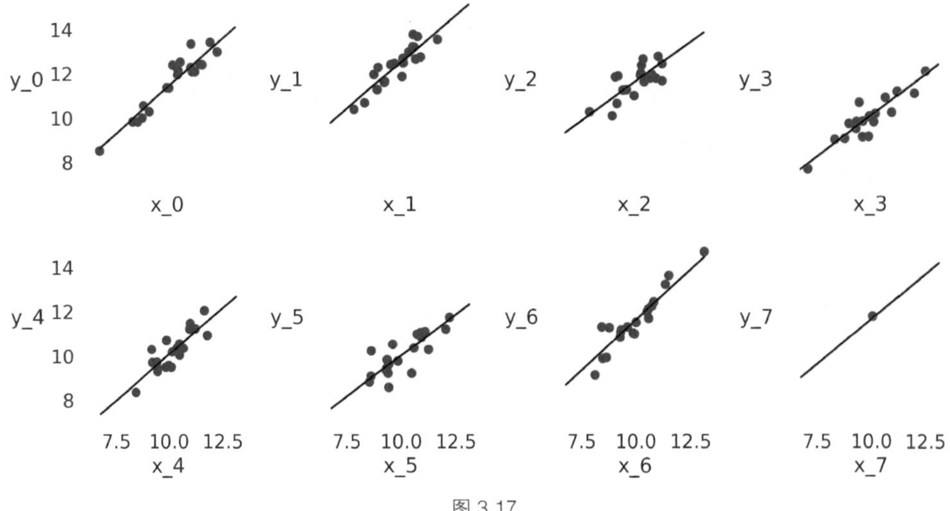

图 3.17

如图 3.17 所示，通过使用分层模型，我们能够将一条线拟合到单个数据点。乍一看，可能会觉得有些奇怪甚至可疑，不过这正是分层模型的结果。每条线都受到了其他组的线的影响，因此我们并没有将一条线调整到一个点，而是调整这条直线使之受到其他组里的点的影响。

相关性与因果性

现在假设已经知道了当地的太阳辐射量，我们想要预测冬天家里的燃气费。在这个问题中，太阳的辐射量是自变量 x，燃气费是因变量 y。当然，我们完全可以将问题反过来，根据燃气费推算太阳辐射量。一旦我们建立了一种线性关系（或者其他关系），我们就可以根据 x 得出 y，反之亦然。我们称一个变量为自变量是因为模型无法预测它的值，它是模型的输入，而因变量作为模型的输出。当我们说一个变量依赖于另一个变量的时候，这其中的依赖关系是由模型决定的。

我们建立的并不是变量之间的因果关系，即并不是说 x 导致了 y。永远要记住这句话：*相关性并不意味着因果关系*。就这个话题多说一点，我们可能根据家庭的燃气费预测出太阳辐射量或者根据太阳辐射量预测出家庭的燃气费。但是我们显然并不能通过调节燃气阀门来控制太阳的辐射量！不过，太阳辐射量的高低是与燃气费的高低相关的。

因此需要强调一点，我们构建的统计模型是一码事，变量之间的物理机制又是另外一码事。想要将相关性解释为因果关系，我们还需要给问题的描述增加一些可信的物理机制，仅仅有相关性还不够。

那么，相关性是否在确定因果关系时一点儿用都没有呢？非也。事实上，如果能够精心设计一些实验，那么相关性是能够用于支撑因果关系的。举例来说，我们知道全球变暖与大气中二氧化碳的含量是高度相关的。仅仅根据这个观测，我们无法得出是温度升高导致了二氧化碳含量上升，还是二氧化碳含量上升导致了温度升高的结论。

更重要的是，我们可能没有考虑到的第三个变量，而这个变量导致了二氧化碳含量和温度同时上升。不过，我们可以设计一个实验，在玻璃罐中充满不同含量的二氧化碳，其中一个是正常空气中的含量（约 0.04%），其余罐子中二氧化碳含量逐渐增加，然后让这些罐子接受一定时间的阳光照射（比如 3 小时）。如果这么做之后能证实二氧化碳含量较高的罐子温度也更高，那么就能得出二氧化碳确实是一种温室效应气体的结论。同样的实验，我们还可以在实验结束时测量二氧化碳浓度，以检查温度不会导致二氧化碳含量升高，至少不会导致空气中的二氧化碳含量升高。正是这种实验设置和统计模型为二氧化碳排放导致全球变暖提供有力证据。

这个例子中还有一点需要说明，尽管太阳辐射量与燃气费相关，也许太阳辐射量可以用来预测出燃气费，不过如果考虑到一些其他变量时，这中间的关系就变得复杂了。事实上，较高的温度会导致较高的二氧化碳含量，因为海洋是二氧化碳的储存地，当温度升高时，二氧化碳在水中的溶解性较低。此外，更高的太阳辐射量意味着更多的能量传递到家里。一部分能量被反射掉了，还有一部分转化成了热能，其中一部分热量被房子吸收，还有部分散发到环境中。热能损失的量取决于几个因素，比如室外的温度、风力等。然后，我们还知道，燃气费也可能受到其他因素影响，比如国际上石油和燃气的价格、燃气公司控制成本和利润的策略，以及政府对燃气公司的管控力度等。

总而言之，生活要复杂很多，很多问题都没法简单地理解，因而充分考虑问题的背景很重要。统计模型能帮助我们得到更好的解释、降低得出无意义陈述的风险，从而得到更好的预测，而这一切都不是自动的。

3.4　多项式回归

希望到目前为止，你能为你所学到的内容感到兴奋！接下来，我们将学习如何用线性回归拟合曲线。使用线性回归模型去拟合曲线的一种做法是构建如下多项式：

$$\mu = \beta_0 x^0 + \beta_1 x^1 + \beta_2 x^2 + \beta_3 x^3 + \cdots + \beta_m x^n \tag{3.12}$$

如果留心，可以看到多项式中其实包含简单的线性回归模型，只需要将 n 大于 1 的系数 β_n 设为 0 即可，然后得到下式：

$$\mu = \beta_0 + \beta_1 x^1 \tag{3.13}$$

多项式回归仍然是线性回归。模型中的线性与参数进入模型的方式有关，而与变量无关。现在我们尝试构建一个二次多项式回归模型：

$$\mu = \beta_0 + \beta_1 x^1 + \beta_2 x^2 \tag{3.14}$$

其中第三项控制的是曲率。

我们选用安斯库姆四重奏的第二组数据集来看一下，代码的运行结果如图 3.18 所示。

```
x_2 = ans[ans.group == 'II']['x'].values
y_2 = ans[ans.group == 'II']['y'].values
x_2 = x_2 - x_2.mean()

plt.scatter(x_2, y_2)
plt.xlabel('x')
plt.ylabel('y', rotation=0)
```

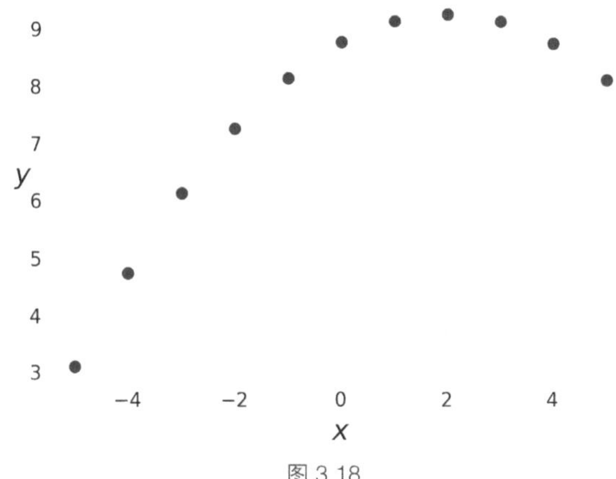

图 3.18

然后，我们构建一个 PyMC3 模型。

```
with pm.Model() as model_poly:
    α = pm.Normal('α', mu=y_2.mean(), sd=1)
    β1 = pm.Normal('β1', mu=0, sd=1)
    β2 = pm.Normal('β2', mu=0, sd=1)
    ε = pm.HalfCauchy('ε', 5)
    mu = α + β1 * x_2 + β2 * x_2**2
    y_pred = pm.Normal('y_pred', mu=mu, sd=ε, observed=y_2)
    trace_poly = pm.sample(2000)
```

这里再次省略了一些检查和总结，只绘制结果，可以看到一条非常好看的曲线“完美”拟合了数据，几乎没有误差，如图 3.19 所示。

```
    x_p = np.linspace(-6, 6)
    y_p = trace_poly['α'].mean() + trace_poly['β1'].mean() *  x_p + trace_
poly['β2'].mean() * x_p**2
    plt.scatter(x_2, y_2)
    plt.xlabel('x')
    plt.ylabel('y', rotation=0)
    plt.plot(x_p, y_p, c='C1')
```

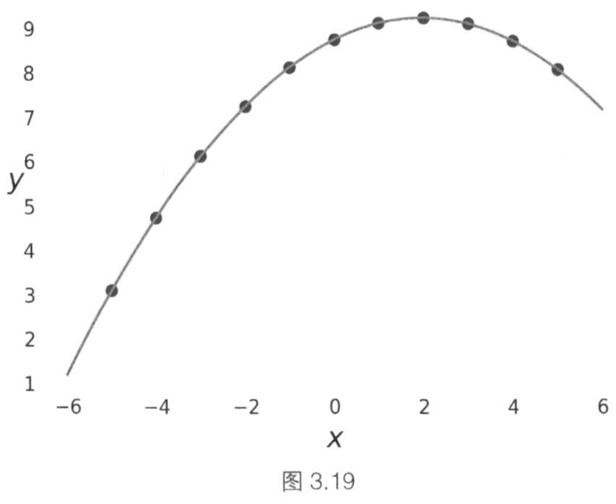

图 3.19

3.4.1 解释多项式回归的系数

多项式回归的问题之一在于参数的可解释性。如果我们想知道每单位 x 变化时 y 的变化量，不能只看 β_1，因为 β_2 和更高项的系数对它也有影响。因此，系数 β 的值不再表示斜率。前面的例子中 β_1 是正数，因而曲线是以一个大于 0 的斜率开始的，不过由于 β_2 是负数，因而随后曲线的斜率开始下降。这看起来就好像有两股力量，一股力量使直线向上，另一股力量使直线向下，二者相互作用的结果取决于 x，当时 $x_i \leqslant 11$ 时，β_1 起决定作用，而当 $x_i \geqslant 11$ 时，β_2 起决定作用。

解释这些参数不仅是个数学问题，当然如果是的话，我们可以通过仔细检查和理解模型来解决。问题是，很多情况下，参数在我们的领域知识中并不能转换成有意义的量。我们无法将其与细胞的新陈代谢速率、遥远星系释放的能量或者一座房子里面的卧室数联系起来。它们可以被调整来提高拟合度，但没有明确的物理意义。而且在实际中，超过二阶或者三阶的多项式模型并没有多大用途，我们更倾向于使用一些其他模型，比如高斯过程，这部分将在第 7 章中讨论。

3.4.2 多项式回归——终极模型

我们知道，当 β_2 为 0 时，直线可以看作抛物线模型的子模型，当 β_2 和 β_3 都为 0 时也可以看作三次模型的子模型。当然，抛物线模型也可以看作当 β_3 为 0 时三次模型的子模型……就此打住，我想你应该发现了这其中的规律。这表明理论上我们可以用多项式回归来拟合任意复杂的模型。我们只需要按顺序建立一个多项式即可。比如，我们可以一个一个地增加阶数，直到拟合没有任何改善；或者，我们可以建立一个无限阶多项式，然后以某种方式将所有不相关的系数置零，直到我们得到数据的“完美”拟合。为了验证这个想法，我们可以从简单的例子开始，就用刚刚构建的二次模型去拟合安斯库姆四重奏的第三个数据集。我会在这等你做完。放心，我会一直等着的。

好的，如果你真的做了这个练习，你会发现用二次模型去拟合直线是可能的。不过，尽管这个例子看起来似乎验证了可以使用无限高阶多项式去拟合数据这一思想，我们还是要抑制内心的激动。通常用多项式去拟合数据并不是最好的办法。为什么呢？因为不管我们有何种数据，理论上我们总可以找到一个多项式去“完美”拟合数据！实际上，计算多项式的确切阶数也是相当容易的。那这有什么问题呢？嗯，这是第 6 章将会讨论的主题，不过可以提前“剧透”一下！如果一个模型“完美”拟合了当前的数据，那么通常对于没有观测到的数据会表现得很糟糕。原因是现实中的任意数据集都会包含一些噪声以及一些有趣的模式。一个过于复杂的模型会拟合噪声，从而使得预测的结果变差。这就是所谓的过拟合，也是统计学和机器学习中常见的现象。越复杂的模型越容易**过拟合**，因此分析数据时，需要确保模型不会产生过拟合，我们将在第 6 章中详细讨论。

3.5 多元线性回归

前面的所有例子中，我们讨论的都是一个因变量和一个自变量的情况。然而，在我们的模型中包含多个自变量的情况也不罕见。

- 葡萄酒的口感（因变量）与酒的酸度、密度、酒精含量、甜度以及硫酸盐含量（自变量）的关系。
- 学生的平均成绩（因变量）与家庭收入、家到学校的距离、母亲的受教育程度（自变量）的关系。

我们可以很容易将简单的线性回归模型推广到多个自变量。我们称之为不太常见的多元线性回归（不要和多变量线性回归混淆，即我们有多个因变量的情况）。

在多元线性回归模型中，我们对因变量的均值可以这样建模：

$$\mu = \alpha + \beta_1 x_1 + \beta_2 x_2 + \beta_3 x_3 + \cdots + \beta_m x_m \tag{3.15}$$

注意，这看起来与多项式回归类似，但也不完全一样。对于多元线性回归，我们有多个变量而不再是一个变量的连续幂。从多元线性回归的角度来看，多项式回归和多元线性回归一样，都是由多个变量组成的。

用线性代数的表示方法可以简写为：

$$\mu = \alpha + \boldsymbol{X\beta} \tag{3.16}$$

其中，$\boldsymbol{\beta}$ 是一个长度为 m 的系数向量，即因变量的个数。如果 n 表示观测的样本数，m 表示自变量个数，那么变量 $\boldsymbol{X}$ 就是一个大小为 $m \times n$ 的矩阵。如果你对线性代数有点儿陌生，你可以看看维基百科上关于两个向量之间的点积及其推广到矩阵乘法的内容。基本上你只需要知道，我们可以用一种更短、更方便的方式来编写模型：

$$\boldsymbol{X\beta} = \sum_{i=1}^{n} \beta_i x_i = \beta_1 x_1 + \beta_2 x_2 + \cdots + \beta_m x_m \tag{3.17}$$

在一元线性回归模型中，我们（希望）找到一条直线来解释数据。而在多元线性回归模型中，我们希望找到的是一个维度为 m 的超平面。因此，多元线性回归模型本质上与一元线性回归模型是一样的，唯一的区别是，现在 $\boldsymbol{\beta}$ 是一个向量，而 $\boldsymbol{X}$ 是一个矩阵。

现在我们定义数据。

```
np.random.seed(314)
N = 100
alpha_real = 2.5
beta_real = [0.9, 1.5]
eps_real = np.random.normal(0, 0.5, size=N)
X = np.array([np.random.normal(i, j, N) for i,j in zip([10, 2], [1, 1.5])]).T
X_mean = X.mean(axis=0, keepdims=True)
X_centered = X - X_mean
y = alpha_real + np.dot(X, beta_real) + eps_real
```

然后定义一个 scatter_plot 函数去画 3 个散点图，前两个表示的是自变量与因变量的关系，最后一个表示的是两个自变量之间的关系。这只是普通的作图函数，本章剩余部分将会反复用到。

```
def scatter_plot(x, y):
    plt.figure(figsize=(10, 10))
    for idx, x_i in enumerate(x.T):
        plt.subplot(2, 2, idx+1)
        plt.scatter(x_i, y)
        plt.xlabel(f'x_{idx+1}')
        plt.ylabel(f'y', rotation=0)
    plt.subplot(2, 2, idx+2)
    plt.scatter(x[:, 0], x[:, 1])
    plt.xlabel(f'x_{idx}')
    plt.ylabel(f'x_{idx+1}', rotation=0)
```

用前面刚刚定义的 `scatter_plot` 函数，我们可以将数据可视化地表示出来，如图 3.20 所示。

```
scatter_plot(X_centered, y)
```

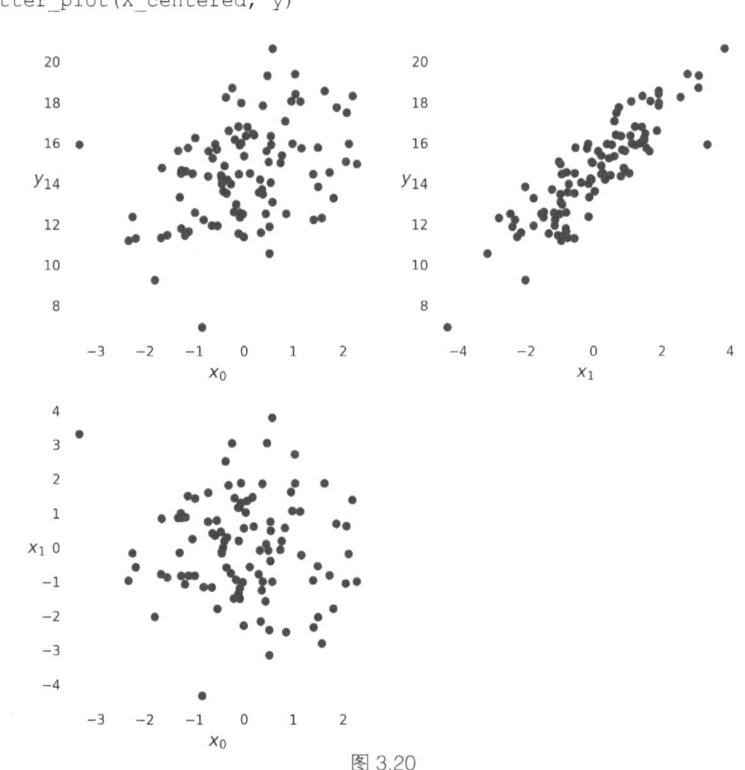

图 3.20

现在，让我们使用 PyMC3 来定义一个适用于多元线性回归的模型。代码看起来与我们用于简单线性回归的代码非常相似，主要区别如下。

- 变量 β 是一个 shape 参数为 2 的高斯分布，其中每个自变量都有一个斜率。
- 这里使用的是 pm.math.dot 来定义变量 μ。

如果你对 NumPy 比较熟悉，那么你应该知道 NumPy 包含一个点乘函数，而且在 Python 3.5（以及 NumPy 1.10）中包含一个新的矩阵运算符 @。不过这里我们使用的是 PyMC3 中的点乘函数（它只是 Theano 中矩阵乘法运算符的一个别名）。我们这样做是因为变量 $\boldsymbol{\beta}$ 是一个 Theano 张量而不是 NumPy 数组。

```
with pm.Model() as model_mlr:
    α_tmp = pm.Normal('α_tmp', mu=0, sd=10)
    β= pm.Normal('β', mu=0, sd=1, shape=2)
    ε = pm.HalfCauchy('ε', 5)
    μ= α_tmp + pm.math.dot(X_centered, β)

    α= pm.Deterministic('α', α_tmp - pm.math.dot(X_mean, β))

    y_pred = pm.Normal('y_pred', mu=μ, sd=ε , observed=y)

    trace_mlr = pm.sample(2000)
```

让我们来总结这些推断的参数值，以便于分析结果（参见表 3.3）。我们的模型究竟怎么样呢？

```
varnames = ['α', 'β', 'ϵ']
az.summary(trace_mlr, var_names=varnames)
```

表 3.3

	mean	sd	mc error	hpd 3%	hpd 97%	eff_n	r_hat
α[0]	1.86	0.46	0.0	0.95	2.69	5251.0	1.0
β[0]	0.97	0.04	0.0	0.89	1.05	5467.0	1.0
β[1]	1.47	0.03	0.0	1.40	1.53	5464.0	1.0
ε	0.47	0.03	0.0	0.41	0.54	4159.0	1.0

可以看到，模型能够重现正确的值（对比生成数据用的值）。

接下来我们将重点介绍在分析多元线性回归模型的结果时需要采取的一些预防措施，特别是对斜率的解释。一个重要的信息是，在多元线性回归中，每个参数只有在其他参数的上下文中才有意义。

3.5.1 混淆变量和多余变量

设想下面这种情况。我们有一个变量 z 与预测变量 x 相关，同时还与预测变量 y 相关。假设 z 对 x 和 y 都有影响。例如，z 可以是工业革命（一个相当复杂的变量！），x 是“海盗”的数量，y 是二氧化碳浓度。如果将 z 去掉，我们会得出 x 与 y 之间有着“完美”的线性相关性，我们甚至可以通过 x 预测 y。不过，如果我们的兴趣点在于缓解全球变暖，那么我们可能会完全忽略与这些变量相关的实际机制。

前面已经讨论了相关性并不意味着因果关系。原因之一是我们可能在分析过程中忽略了变量 z。这种情况下，z 被称为混淆变量，或者是混淆因子。在很多真实场景中，z 很容易被忽略。也许是因为我们压根儿没有测量 z，或者它不存在于发送给我们的数据集中，或者我们甚至不认为它可能与我们的问题有关。在分析中不考虑混淆变量会导致我们建立虚假的相关性。当我们试图解释某事时，这总是一个问题；当我们试图预测某事而不关心它的内在机制时，这也可能是一个问题。理解这种机制有利于将学到的东西迁移到新的场景中，盲目地预测并不总是具有良好的可转移性。例如，一个国家生产的运动鞋数量可以作为衡量其经济实力的一个易测指标，不过对于生产矩阵不同或者文化背景不同的国家，这可能是个糟糕的预测指标。

我们将使用合成数据来探索混淆变量的问题。下面的代码中模拟了一个混淆变量 x_1，注意这个变量是如何影响 x_2 和 y 的。

```
np.random.seed(42)
N = 100
x_1 = np.random.normal(size=N)
x_2 = x_1 + np.random.normal(size=N, scale=1)
#x_2 = x_1 + np.random.normal(size=N, scale=0.01)
y = x_1 + np.random.normal(size=N)
X = np.vstack((x_1, x_2)).T
```

根据生成这些变量的方式，可以看出它们已经是中心化了的，这一点可以很容易通过之前写的 `scatter_plot` 函数来检验，其代码的运行结果如图 3.21 所示。因此，不需要再对数据做中心化处理来加速推断过程了。

```
scatter_plot(X, y)
```

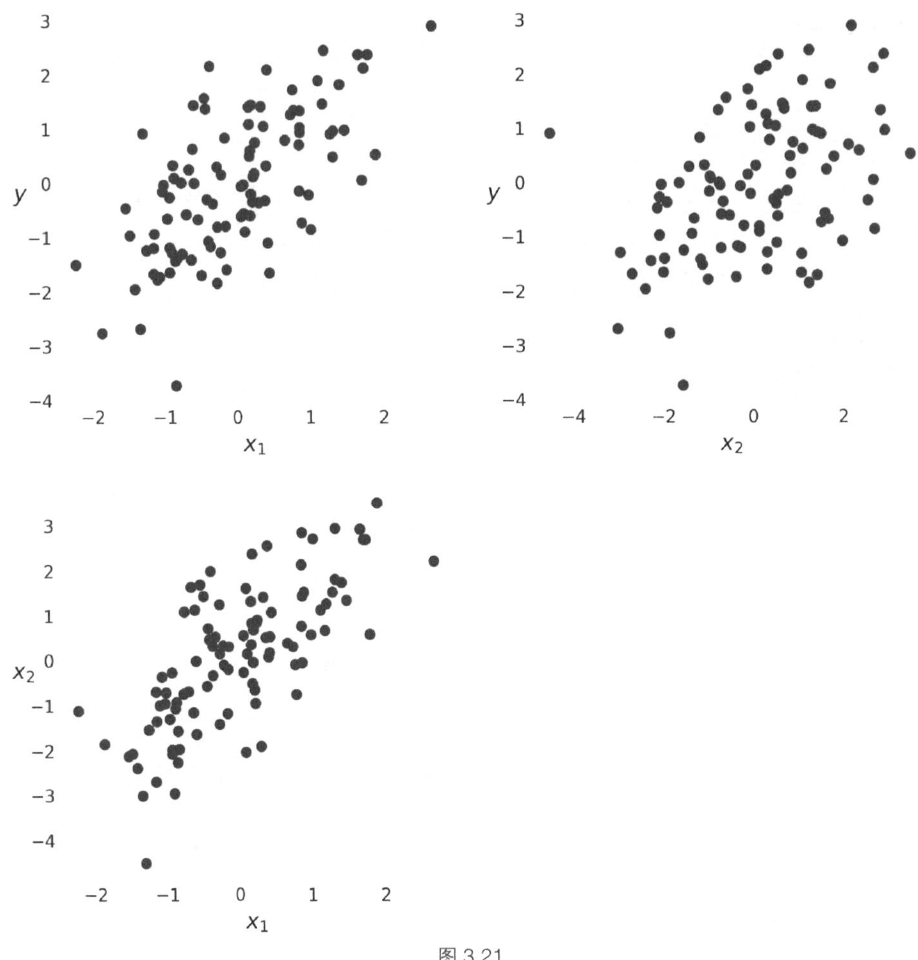

图 3.21

接下来将构建 3 个相关的模型，第一个是 m_x1x2，一个由两个独立变量 x_1 和 x_2（两个变量叠在一起构成了变量 X）组成的线性回归模型；第二个是 m_x1，由 x_1 构成的一元线性回归模型；第三个是 m_x2，由 x_2 构成的一元线性回归模型。

```
with pm.Model() as m_x1x2:
    α = pm.Normal('α', mu=0, sd=10)
    β1 = pm.Normal('β1', mu=0, sd=10)
    β2 = pm.Normal('β2', mu=0, sd=10)
    ε = pm.HalfCauchy('ε', 5)
    μ= α + β1 * X[:, 0] + β2 * X[:, 1]
    y_pred = pm.Normal('y_pred', mu=μ, sd=ε, observed=y)
```

```
    trace_x1x2 = pm.sample(2000)

with pm.Model() as m_x1:
    α = pm.Normal('α', mu=0, sd=10)
    β1 = pm.Normal('β1', mu=0, sd=10)
    ε = pm.HalfCauchy('ε', 5)
    μ= α + β1 * X[:, 0]
    y_pred = pm.Normal('y_pred', mu=μ, sd=ε, observed=y)
    trace_x1 = pm.sample(2000)

with pm.Model() as m_x2:
    α = pm.Normal('α', mu=0, sd=10)
    β2 = pm.Normal('β2', mu=0, sd=10)
    ε = pm.HalfCauchy('ε', 5)
    μ = α + β2 * X[:, 1]
    y_pred = pm.Normal('y_pred', mu=μ, sd=ε, observed=y)
    trace_x2 = pm.sample(2000)
```

看看这些模型中的 β 参数，使用 `az.plot_forest` 可以将它们在同一张图上比较，如图 3.22 所示。

```
az.plot_forest([trace_x1x2, trace_x1, trace_x2], model_names=['m_x1x2',
'm_x1', 'm_x2'], var_names=['β1', 'β2'], combined=False, colors='cycle',
figsize=(8, 3))
```

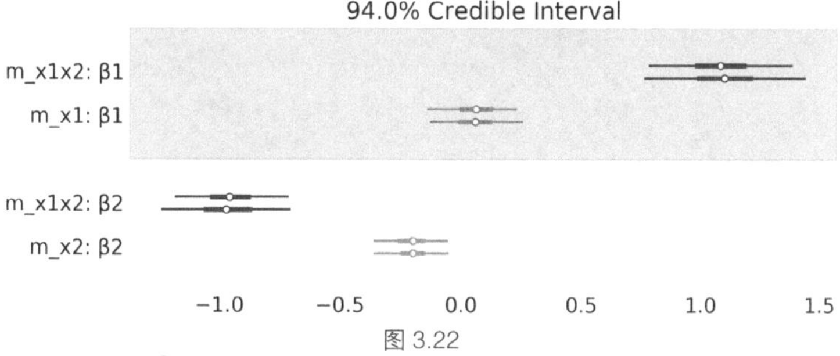

图 3.22

可以看到，模型 `m_x1x2` 中的 β_2 接近 0，这意味着 x_2 对解释 y 来说几乎没有作用。这一点很有意思，因为我们已经知道（检查合成数据）真正重要的变量是 x_1。此外很重要的一点是，模型 `m_x2` 中的 β_2 在 0.55 附近。比模型 `m_x1x2` 中的值大。当我们考虑 x_1 时，x_2 预测 y 的效果降低了。这说明 x_2 中的信息相对 x_1 来说是多余的。

3.5.2 多重共线性或相关性太高

前面的例子中，我们看到了多元线性回归模型对冗余变量的反映，以及考虑可能的混淆变量的重要性。现在，我们将把前面的例子推向一个极端，看看当两个变量高度相关时会发生什么。为了研究这个问题及其对推断的影响，我们使用和前面一样的合成数据和模型，并稍做修改，通过减小根据 x_1 生成 x_2 时的随机噪声，增加 x_1 和 x_2 之间的相关性：

```
np.random.seed(42)
N = 100
x_1 = np.random.normal(size=N)
x_2 = x_1 + np.random.normal(size=N, scale=0.01)
y = x_1 + np.random.normal(size=N)
X = np.vstack((x_1, x_2)).T
```

上面这段代码的变化相当于将 0 和 x_1 相加，因而得到的两个变量可以看作一样的。然后你可以修改数据的尺度并使用少量的极限值，不过，当下我们尽量保持简单。生成新的数据后，可以用散点图查看数据是什么样的，如图 3.23 所示。

```
scatter_plot(X,y)
```

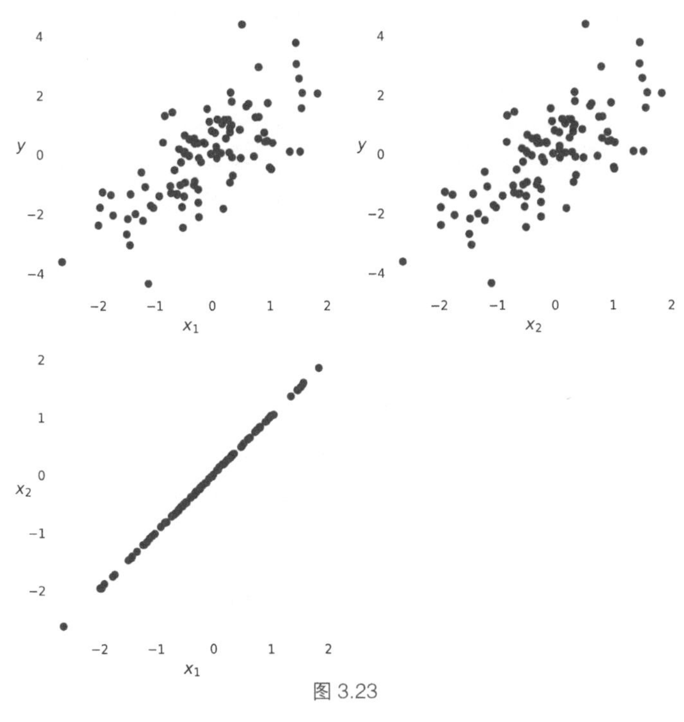

图 3.23

你应该可以看到 x_1 与 x_2 之间的关系是一条斜率接近于 1 的直线。然后，我们进行多元线性回归。

```
with pm.Model() as model_red:
    α = pm.Normal('α', mu=0, sd=10)
    β = pm.Normal('β', mu=0, sd=10, shape=2)
    ε = pm.HalfCauchy('ε', 5)
    μ= α + pm.math.dot(X, β)
    y_pred = pm.Normal('y_pred', mu=μ, sd=ε, observed=y)
    trace_red = pm.sample(2000)
```

接下来，可以用一个森林图检查参数 β 的结果，如图 3.24 所示。

```
az.plot_forest(trace_red, var_names=['β'], combined=True, figsize=(8,2))
```

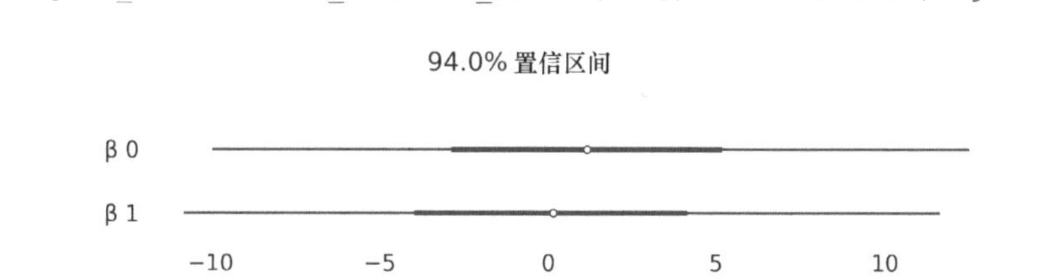

图 3.24

参数 β 的 HPD 区间相当广，我们可以采用散点图将其绘制出来，如图 3.25 所示。

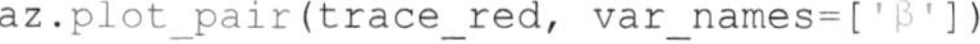

```
az.plot_pair(trace_red, var_names=['β'])
```

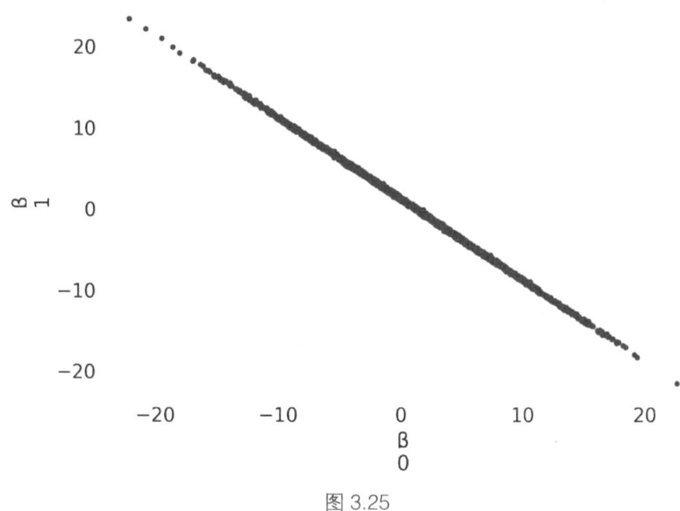

图 3.25

哇！β 的边缘后验是一条很窄的斜对角线。当其中一个 β 系数上升时，另一个一定下降。两者是有效相关的。这是模型和数据共同作用的结果。根据我们的模型，均值 μ 有如下形式：

$$\mu=\alpha+\beta_1x_1+\beta_2x_2 \tag{3.18}$$

如果假设 x_1 和 x_2 不仅实际上等效，而且在数学上相同，那么可以将模型改写成如下形式：

$$\mu=\alpha+(\beta_1+\beta_2)x \tag{3.19}$$

结果表明，影响 μ 的是 β_1 与 β_2 的和而不是二者单独的值。只要我们得到 β_2，我们就可以让 β_1 越来越小。实际上我们没有两个 x 变量，所以我们也没有两个 β 参数。我们说模型是不确定的（或者等效地说，数据无法限制模型中的参数）。在我们的例子中，有两个原因可以解释 β 为什么不能在区间 $[-\infty, \infty]$ 内自由移动。首先，这两个变量几乎相同，但它们并非完全相等；其次，也是最重要的一点，β 系数的取值受到先验的限制。

这个例子中有几点需要注意。第一，后验只是根据模型和数据得出的逻辑结果，因此得出一个分布很广的 β 是没有错的！第二，我们可以依据这个模型进行预测。例如，可以尝试做一些后验预测检查；该模型预测值与观测值吻合较好，模型很好地刻画了数据。第三，对理解问题而言这可能不是一个很好的模型。更好的做法是从模型中去掉一个参数。我们最终会得到一个模型，它能像以前一样预测数据，但解释起来更简单。

在任何真实的数据集中，相关性在某种程度上是普遍存在的。那么两个或多个变量之间相关性多高时才能成为问题呢？0.9845。呃，开玩笑的！事实上并没有这么一个神奇的数值。在运行贝叶斯模型之前，我们总可以构建一个相关性矩阵，并检查具有高相关性的变量，比如说，高于 0.9。然而，这种方法的问题在于，真正重要的不是我们在相关矩阵中可以观察到的成对相关性，而是模型中变量之间的相关性。正如我们前面看到的，变量在孤立状态下的行为与将它们放在一个模型中时的行为不同。在多元回归模型中，两个或多个变量之间的相关性可能会受到其他变量的影响，从而使得它们之间的相关性降低或者升高。通常我们强烈建议仔细检查后验数据并采用迭代关键方法建立模型，这有利于我们发现问题并理解模型和数据。

如果发现了高度相关的变量应该怎么做呢？以下是一份快速指南。

- 如果相关性非常高，我们可以从分析中将其中一个变量去掉。考虑到两个变量都有相似的信息，所以排除哪个并不重要，可以视方便程度来做，比如去掉最不常见的、最难解释的或难以测量的变量。
- 另外一种可行的做法是构建一个新的变量来平均冗余变量。更高级的做法是使用一些降维算法，如主成分分析（Principal Component Analysis, PCA）法。不过 PCA 法存在的一个问题是，得到的结果变量是原始变量的线性组合，通常会混淆结果的可解释性。
- 还有一种解决方案是给变量可能的取值设置一个较强的先验。在第 6 章中我们会简要讨论如何选择这类先验，这类先验通常被称作**正则先验**。

3.5.3 隐藏效果变量

关于变量如何影响结果还有一个特殊的例子是**隐藏效果变量**。让我们构建一些示例数据来说明这种现象。简单来讲，就是先创建两个独立变量（x_1 和 x_2）。它们之间是正相关并且同时与 y 相关，不过二者与 y 的相关性恰好相反，x_1 是正相关，x_2 是负相关。

```
np.random.seed(42)
N = 126
r = 0.8
x_1 = np.random.normal(size=N)
x_2 = np.random.normal(x_1, scale=(1 - r ** 2) ** 0.5)
y = np.random.normal(x_1 - x_2)
X = np.vstack((x_1, x_2)).T
scatter_plot(X, y)
```

和之前一样，我们将构建 3 个相关的模型。第一个是 `m_x1x2`，由两个自变量 x_1 和 x_2 构成的线性回归模型（两个变量合在一起构成变量 X）；第二个是 `m_x1`，是一个针对 x_1 的一元线性回归模型；第三个是 `m_x2`，是一个针对 x_2 的一元线性回归模型。从这些模型中采样之后，使用森林图将这些模型的参数 β 绘制在一起方便比较，如图 3.26 所示。

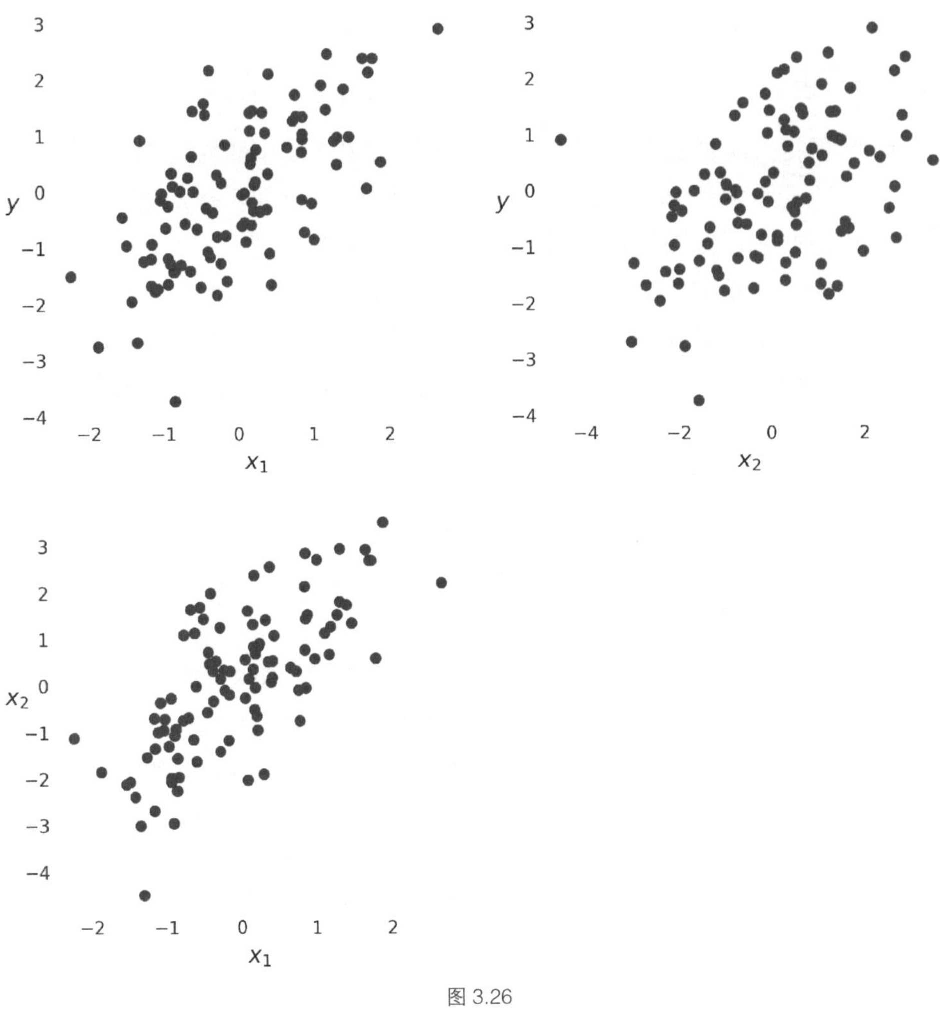

图 3.26

```
az.plot_forest([trace_x1x2, trace_x1, trace_x2], model_names=['m_x1x2',
'm_x1', 'm_x2'],var_names=['β1', 'β2'], combined=True, colors='cycle',
figsize=(8, 3))
```

如图 3.27 所示，从后验可以看出，模型 m_x1x2 中的 β 值接近 1 和 -1（这一点符合预期，因为数据就是这么生成的）。而对于另外的两个一元线性回归模型，可以观察到 β 要更靠近 0，说明影响效果较弱。

请注意，x_1 与 x_2 是相关的。当 x_1 增大时，x_2 也增大。还要注意，当 y 增大时，x_1 也增大，但 x_2 却是减小的。由于这种特殊性，除非我们将两个变量都包含在同一个线性回归中，否则我们得到的结果会有一定程度的相互抵消。线性回归模型能够消除这些影响，因为该模型会学习每个数据点（在给定 x_2 的条件下，x_1 对 y 的贡献是什么？反之亦然）。

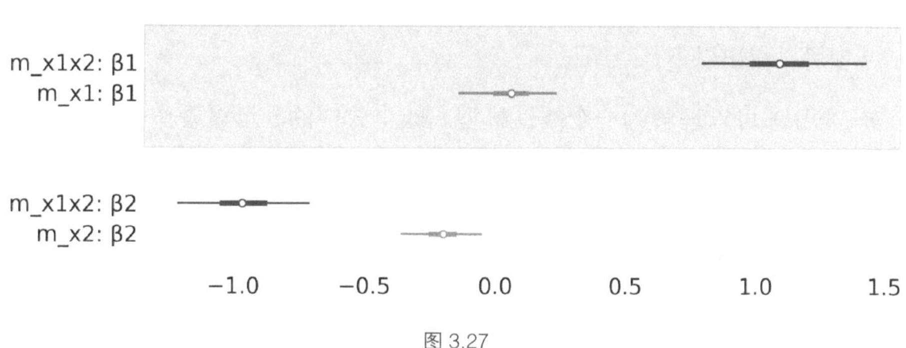

图 3.27

3.5.4 增加相互作用

目前为止，多元回归模型的定义中也隐含地声明了，在其他预测变量固定的条件下，x_i 的变化都会（隐式地）带来 y 的稳定变化。当然这也不一定。有可能改变 x_j 之后，原来 y 与 x_i 之间的关系发生了改变。一个经典的例子是药物之间的相互作用。例如，在没有使用药物 B（或者药物 B 的剂量较低）时，增加药物 A 的剂量会对患者产生积极影响，而当增加药物 B 的剂量时，药物 A 的影响是消极的（甚至是致命的）。

目前我们见过的所有例子中，因变量对于预测变量的作用都是叠加的。我们只需要添加变量（每个变量乘一个系数）。如果我们希望捕捉到变量的效果，比如与药物例子一样，我们需要给模型增加一个非相加项。一种常见的方法是将变量相乘，例如：

$$\mu=\alpha+\beta_1x_1+\beta_2x_2+\beta_3x_1x_2 \tag{3.20}$$

注意这里系数 β_3 乘的是 x_1 和 x_2 的乘积。这个非相加项只是一个用来说明统计学中的变量之间相互作用的例子。对相关性建模的表达式有很多种，相乘只是其中一个比较常用的。

解释有相互作用的线性模型不像解释没有相互作用的线性模型那么容易。这里将上面的表达式重写成下面的形式：

$$\mu=\alpha+\underbrace{(\beta_1+\beta_3 x_2)}_{x_1\text{ 的斜率}}x_1+\beta_2 x_2$$

$$\mu=\alpha+\beta_1 x_1+\underbrace{(\beta_2+\beta_3 x_1)}_{x_2\text{ 的斜率}}x_2 \tag{3.21}$$

从中可以得出以下几点结论。

- 交互项可以理解为一个线性模型。即上式中的 μ 可以看作一个线性模型中嵌套了一个线性模型。
- 交互是对称的。可以将 x_1 的斜率看作 x_2 的函数，也可以将 x_2 的斜率看作 x_1 的函数。
- 在没有相互作用部分的多元线性回归模型中，我们得到的是一个超平面，也就是说，一个扁平的超曲面。相互作用项在这种超曲面中引入了曲率。这是因为此时斜率不再是一个常量，而是另外一个变量的函数。
- 系数 β_1 描述的是当 $x_2=0$ 时，变量 x_1 的影响。这是正确的，因为对于 $\beta_3 x_2=0$，x_1 的斜率减小到 $\beta_1 x_1$。根据对称性，同样的推理也可以应用于 β_2。

3.5.5　变量的方差

到目前为止，我们已经学习使用了线性模型来对分布的均值建模。在前文中，我们还用它对变量之间的相互作用建模。接下来将继续学习，当方差不变的假设不再成立时，如何对方差（或者标准差）建模。对于这种情况，可以考虑用方差作为一个（线性）函数的因变量。

世界卫生组织（World Health Organization, WHO）以及全世界的一些其他卫生机构收集了新生儿和儿童的数据，并设计标准的生长数据图表。这些图表是重要的儿科分析工具，也是衡量人口总体健康程序的指标，以便制定与健康相关的政策、规划干预措施并监测其有效性。

该数据中，一个典型的例子是女性新生儿 / 女童的身高随年龄变化的数据（以月为单位），代码运行结果如图 3.28 所示。

```
data = pd.read_csv('../data/babies.csv')
data.plot.scatter('Month', 'Length')
```

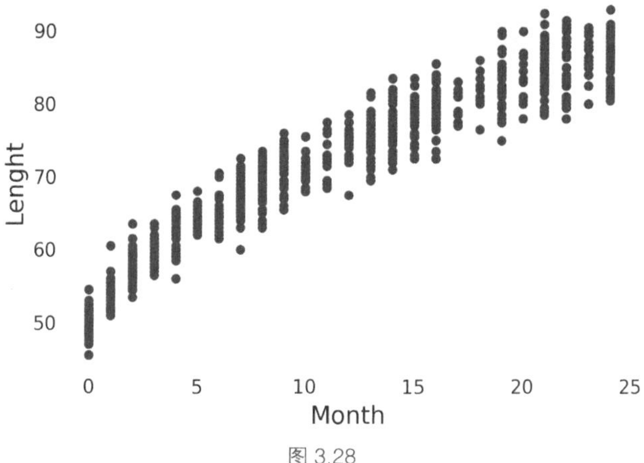

图 3.28

为了对该数据建模，我们需要引入 3 个与之前的模型不太一样的元素。

- ε 现在是 x 的一个线性函数，为此我们添加两个新的参数——γ 和 σ，类比 α 和 β。
- 线性模型的均值是$\sqrt{x}$的一个函数，这只是一个简单的技巧，可以让线性模型更好地拟合曲线。
- 定义一个**共享变量**——x_shared。我们用它来修改 x 变量的值（本例中变量为月），从而让模型在拟合之后不必再次拟合。接下来马上揭晓我们为什么这么做。

```
with pm.Model() as model_vv:
    α = pm.Normal('α', sd=10)
    β = pm.Normal('β', sd=10)
    γ = pm.HalfNormal('γ', sd=10)
    δ = pm.HalfNormal('δ', sd=10)

    x_shared = shared(data.Month.values * 1.)

    μ = pm.Deterministic('μ', α + β * x_shared**0.5)
    ε = pm.Deterministic('ε', γ + δ * x_shared)

    y_pred = pm.Normal('y_pred', mu=μ, sd=ε, observed=data.Length)

    trace_vv = pm.sample(1000, tune=1000)
```

图 3.29 中显示了我们模型的结果。其中，均值 μ 是用黑色的曲线来表示的，

另外两块橙色的带状区域分别表示标准差为 1 和 2 时对应的效果。

```
plt.plot(data.Month, data.Lenght, 'C0.', alpha=0.1)

μ_m = trace_vv['μ'].mean(0)
ε_m = trace_vv['ϵ'].mean(0)

plt.plot(data.Month, μ_m, c='k')
plt.fill_between(data.Month, μ_m + 1 * ε_m, μ_m - 1 * ε_m, alpha=0.6,
color=' C1' )
plt.fill_between(data.Month, μ_m + 2 * ε_m, μ_m - 2 * ε_m, alpha=0.4,
color=' C1' )

plt.xlabel('x')
plt.ylabel('y', rotation=0)
```

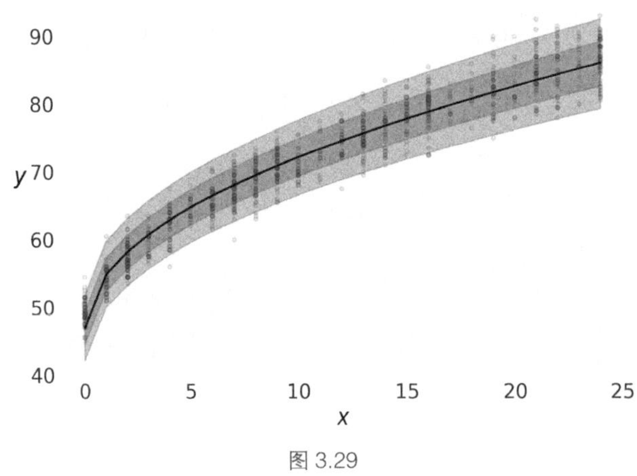

图 3.29

写这本书的时候，我女儿正好两周大（约半个月），因此我想知道，她的身高与我们刚刚绘制的生长曲线有何关系？解答这个问题的一种方法是让模型告诉我们婴儿在半个月的时候身高的分布。借助 PyMC3，我们可以用 `sample_posterior_predictive` 函数来回答这个问题。

该函数的输出是 y 的样本，基于观测数据和估计的参数分布（包括不确定性）。唯一的问题是，根据定义，该函数返回的是基于观测值 x 得到的预测值 y，而 0.5 并不是观测值，所有的观测值都是整数月。想要得到没有观测到的值的预测值，一种更简单的做法是，定义一个共享变量，然后在对后验预测分布采样之前更新共享变量的值。

```
x_shared.set_value([0.5])
ppc = pm.sample_posterior_predictive(trace_vv, 2000, model=model_vv)
y_ppc = ppc['y_pred'][:, 0]
```

现在，我们可以绘制两周大的婴儿的预期身高分布图，并添加一些其他统计量，如给定身高的儿童在总体样本中的占比。具体可以检查以下代码块和图 3.30 中的示例。

```
ref = 47.5
density, l, u = az._fast_kde(y_ppc)
x_ = np.linspace(l, u, 200)
plt.plot(x_, density)
percentile = int(sum(y_ppc <= ref) / len(y_ppc) * 100)
plt.fill_between(x_[x_ < ref], density[x_ < ref], label='percentile = {:2d}'.format(percentile))
plt.xlabel('length')
plt.yticks([])
plt.legend()
```

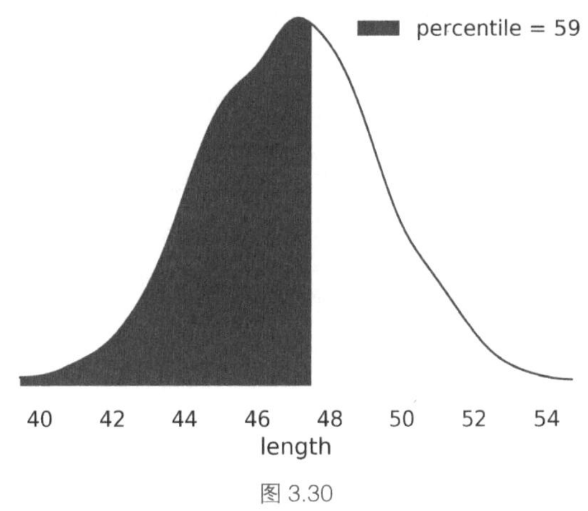

图 3.30

3.6 总结

简单线性回归是一种可以用来预测和解释一个变量与另一个变量之间关系的模型。用机器学习的术语来说，这是一个有监督学习的例子。从概率的角度来看，线性回归模型是高斯模型的扩展，其中均值不是直接估计得到的，而是通过预测变量和一些附加参数的线性函数计算得到的。虽然因变量常选用高斯分布，但我们也可以自由选择其他分布。另一种替代方法是 t 分布，在处理潜在的异常值时特别有用。在第 4 章中，我们将探讨其他替代方法。

本章中我们还讨论了皮尔逊相关系数，这是两个变量之间线性相关度最常见的指标，我们还学习了如何使用多元高斯分布从数据和后验预测样本中计算贝叶斯版本的相关系数。扩展线性回归模型的一个有用方法是对其进行分层处理，该方法有参数收缩的好处，用 PyMC3 实现这一点非常简单。我们还简要讨论了不要将相关性解释为因果关系的重要性，至少在没有弄清实际机理的情况下不要这么做。此外，听起来很令人惊讶的是，我们可以用线性模型来拟合曲线。我们举了两个例子，一个是多项式回归，另外一个是对自变量取平方根。当简单线性回归的自变量扩展到多个时，即通常所说的多元线性回归。解释这类模型的时候，需要采取一些预防措施，以避免出现错误，我们用了几个例子来说明这一点。此外本章还介绍了使用线性模型的一些其他方法，如对变量之间的交互作用建模，以及对方差不确定的自变量建模。

3.7 练习

（1）检查下面有关概率模型的定义，指出哪些是似然、哪些是先验、哪些是后验。

$$y_i \sim \text{Normal}(\mu,\sigma)$$

$$\mu \sim \text{Normal}(0,10)$$

$$\sigma \sim |\text{Normal}(0,25)|$$

（2）对于练习（1）中的模型，其后验分布有多少个参数？或者换句话说，这个模型有多少个维度？

（3）请写出练习（1）中模型的贝叶斯定理。

（4）检查下面的模型，确认其中的线性模型以及似然部分。这里的后验有多少个参数呢？

$$y \sim \text{Normal}(\mu, \varepsilon)$$

$$\mu = \alpha + \beta x$$

$$\alpha \sim \text{Normal}(0,10)$$

$$\beta \sim \text{Normal}(0,1)$$

$$\varepsilon \sim |\text{Normal}(0,25)|$$

（5）对于练习（1）中的模型，假设你有一个数据集，其中 57 个数据点都是从均值为 4、标准差为 0.5 的高斯分布中得到的，请使用 PyMC3 计算以下分布。

- 后验分布。
- 先验分布。
- 后验预测分布。
- 先验预测分布。

提示：除了 pm.sample，PyMC3 还有其他函数来计算样本。

（6）用（默认的）NUTS 执行 `model_g`，然后使用梅特罗波利斯（Metropolis）方法试一次。最后用 ArviZ 中的函数，如 `plot_trace` 和 `plot_pairs` 来比较结果，将变量 x 中心化之后再重复一次，你能从中得出什么结论吗？

（7）使用本书配套的 howell 数据集，构造一个体重（x）与身高（y）之间的模型，将年龄小于 18 岁的数据去除，并解释你得到的结果。

（8）假设我们得到了 4 个对象的体重（45.73、65.8、54.2、32.59），但不知道其身高，请使用前面得到的模型，预测每个对象的身高，以及其 50%HPD 和 94%HPD 区间。

提示 1：查看 PyMC3 中有关煤矿灾害的例子。

提示 2：使用共享变量。

（9）重复练习（7），这次把 18 岁以下的数据也包含进去，并解释你得到的结果。

（10）众所周知，很多物种的体重并不随身高增加而增加，而是随体重的对数增加而增加。利用这个信息重新对 howell 数据集建模（包含所有年龄）。然后构建一个模型，这次不用逻辑回归，而是用二阶多项式回归。比较并解释二者的结果。

（11）想出一个模型能拟合安斯库姆四重奏数据集中的前 3 个。此外也思考如何拟合第四个数据集。

（12）查看与 `model_t2` 相关部分的代码（以及与之相关的数据集），尝试将先验 v 替换成没有偏移的指数分布，或者是伽马先验。画出先验分布并确保你理解了它们。最简单的做法是，将代码中的似然部分注释掉，然后检查轨迹图。更高效的一种做法是，使用 `pm.sample_prior_predictive` 而不是 `pm.sample`。

（13）修改模型 `model_mlr` 中 β 先验的 `sd` 值，分别尝试改为 1 和 100，看看每个组的斜率的估计值是如何变化的，哪个组受到该变化的影响更大？

（14）使用 `hierarchical_model` 重复图 3.18（有 8 个组 8 条线），但这次将不确定性添加到线性拟合中。

（15）重新运行 `model_mlr`，不过这次不对数据做中心化处理。比较参数 α 不确定性的变化。你能对结果做出解释吗？

提示：回忆参数 α 的定义（即截距）。

（16）选一个你自己感兴趣的数据集，然后用简单线性回归对其建模，确保用 ArviZ 中的函数对结果做分析，同时计算出皮尔逊相关系数。如果你没有感兴趣的数据集，不妨试试在线搜索。

第 4 章 广义线性模型

"我们泛泛地思考，却在细节中生活。"

——阿尔弗雷德·诺思·怀特黑德（Alfred North Whitehead）

第 3 章中，我们使用了输入变量的线性组合来预测输出变量的均值。我们假设后者服从高斯分布。使用高斯分布在很多情况下都有效，不过对于一些其他情况，选择不同的分布可能更合适。前面我们已经见过一个例子，采用 t 分布替换了高斯分布。在本章中，我们将看到更多的例子，其中用高斯分布之外的其他分布是明智的。正如我们将要学习的，会有一个通用的主题或模式，可以用来将线性模型推广到更多场景。本章，我们将探讨以下主题。

- 广义线性模型。
- 逻辑回归和逆连接函数。
- 简单逻辑回归。
- 多元逻辑回归。
- softmax 函数以及多项逻辑回归。
- 泊松回归。
- 零膨胀泊松回归。

4.1 简介

本章的核心思想之一非常简单：为了预测一个输出变量的均值，我们可以将任意函数应用于输入变量的线性组合：

$$\mu = f(\alpha + \boldsymbol{X}\beta) \tag{4.1}$$

其中 f 是一个函数，我们称之为**逆连接函数**。可选的逆连接函数有很多，最简单的应该就是恒等函数，它的输出与输入相等。第 1 章中所有的模型都使用了恒等函数，为了简单起见，我们省略了它。恒等函数本身可能不是很有用，不过它可以让我们用一种更统一的方式思考不同的模型。

提示：为什么我们称 f 为逆连接函数，而不是连接函数呢？原因是，传统上人们将函数应用在式（4.1）的另一边，不幸的是，他们已经用了连接函数这个术语了，所以为了避免混淆，这里我们继续使用逆连接函数这个术语。

需要使用逆连接函数的一个典型场景是在处理分类变量时，例如颜色名称、性别、生物种类等。这些变量都没法用高斯分布来很好地建模。想想看，高斯分布适用于实轴上取任意值的连续变量，而这里提到的变量是离散的，只取少数值(如红色、绿色或蓝色)。如果我们改变了建模数据所用的分布，那么通常也需要改变我们为这些分布的均值建模的方式。例如，如果我们使用二项分布，就像第1章和第2章中那样，我们将需要一个线性模型，它的返回值位于区间 [0,1]。一种做法是，保持线性模型不变，但是使用一个逆连接函数将输出限制在指定的区间内。这个技巧不局限于离散变量，比如，我们想对只能取正值的数据建模，那么要限制线性模型对于分布的均值只返回正值，就可以用伽马分布或指数分布。

在继续学习之前，需要注意，有些变量既可以编码成连续的也可以编码成离散的，这需要你结合具体的问题做出决定。例如，如果我们讨论颜色名称，可以用“红色”和“绿色”这样的分类变量；如果我们讨论波长，可以用 650nm 和 510nm 这样的连续变量。

4.2 逻辑回归

回归问题主要指在给定一个或多个输入变量值的情况下，预测输出变量的连续值。相反，分类问题是指在给定一些输入变量的情况下，将一个离散值赋给一个输出变量。这两种情况的任务都是要得到一个模型，能够正确地模拟输出变量和输入变量之间的映射。为了做到这一点，我们需要有一些样本，其中包含正确的输入变量和输出变量对。从**机器学习**的角度来说，回归问题和分类问题都属于有监督学习算法。

我母亲有一道拿手好菜叫 sopa seca，其做法基于意大利面，字面意思是干汤。虽然这听起来有点儿用词不当甚至自相矛盾，但当我们了解这道菜的烹饪方法时，它的名字完全有道理。逻辑回归也同样如此，尽管它的名字叫逻辑回归，但它通常用来解决分类问题。

逻辑回归模型是对第 3 章中线性回归模型的推广，因此得名。我们通过将式（4.1）中 f 的逻辑函数替换为逆连接函数来实现这一推广：

$$\text{logistic}(z) = \frac{1}{1+e^{-z}} \tag{4.2}$$

逻辑函数的关键性质是，不论参数 z 的值为多少，其输出值总是介于 0 到 1 之间。因此，我们可以将此函数视为一种便捷的工具，将从线性模型计算的值压缩为可以输入伯努利分布的值。逻辑函数也称作 **S 形函数**（Sigmoid Function），因为它的形状看起来像 S，可以运行以下几行代码来看一下，如图 4.1 所示。

```
z = np.linspace(-8, 8)
plt.plot(z, 1 / (1 + np.exp(-z)))
plt.xlabel('z')
plt.ylabel('logistic(z)')
```

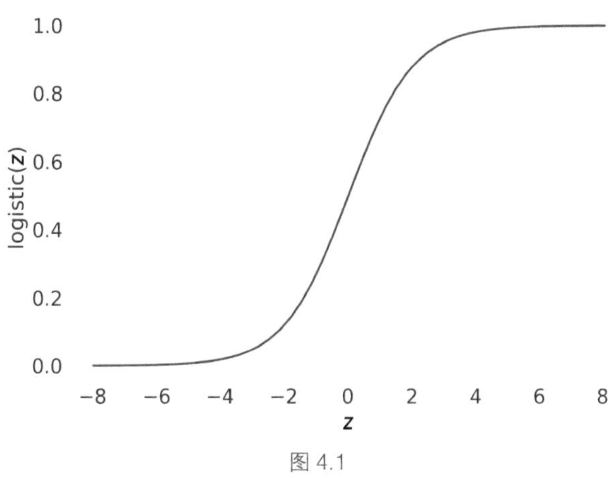

图 4.1

4.2.1 逻辑回归模型

现在我们已经学习了把一个简单的线性回归变成一个简单的逻辑回归的所有知识，接下来我们看一些只有两个类别的数据，比如正常邮件 / 垃圾邮件、安全 / 不安全、阴天 / 晴天、健康 / 生病、热狗 / 非热狗等。首先对分类进行编码，假设预测变量 y 只能有两个值，0 或 1，也就是说 $y \in \{0,1\}$。这样描述之后，问题就有点儿像前两章中使用线性回归建模的抛硬币问题了。

在前面的例子中我们用到了伯努利分布作为似然。与抛硬币问题不同的是，现在 θ 不再是从一个贝塔分布中生成的，而是由一个以逻辑函数作为逆连接函数的线性模型定义的。忽略掉先验，这里我们有：

$$\theta = \text{logistic}(\alpha + x\beta) \quad (4.3)$$

$$y = \text{Bern}(\theta)$$

提示：注意这里与第 3 章中一元线性回归的主要区别在于，一是这里使用了伯努利分布而不是高斯分布，二是使用了逻辑函数而不是恒等函数作为逆连接函数。

4.2.2 鸢尾花数据集

这里我们将逻辑回归应用到鸢尾花数据集上。这是一个经典的数据集，包含 3 个近缘物种的花的信息，有刚毛鸢尾（Setosa）、弗吉尼亚鸢尾（Versicolour）和变色鸢尾（Virginica）3 个种类。这 3 个分类标签就是我们想要预测的分类，即因变量。其中每个物种有 50 条数据，每条数据包含 4 个变量，我们把它们作为自变量（或特征）：花瓣长度、花瓣宽度、花萼长度、花萼宽度。花萼是由叶子演化而来，起到保护花蕾的作用。我们可以通过执行以下操作来加载鸢尾花数据集的 DataFrame，代码运行结果如表 4.1 所示。

```
iris = pd.read_csv('../data/iris.csv')
iris.head()
```

表 4.1

	sepal_width	sepal_length	petal_length	petal_width	species
0	5.1	3.5	1.4	0.2	setosa
1	4.9	3.0	1.4	0.2	setosa
2	4.7	3.2	1.3	0.2	setosa
3	4.6	3.1	1.5	0.2	setosa
4	5.0	3.6	1.4	0.2	setosa

可以用 seaborn 中的 stripplot 函数绘制 3 个物种的花萼长度对比图，如图 4.2 所示。

```
sns.stripplot(x="species", y="sepal_length", data=iris, jitter=True)
```

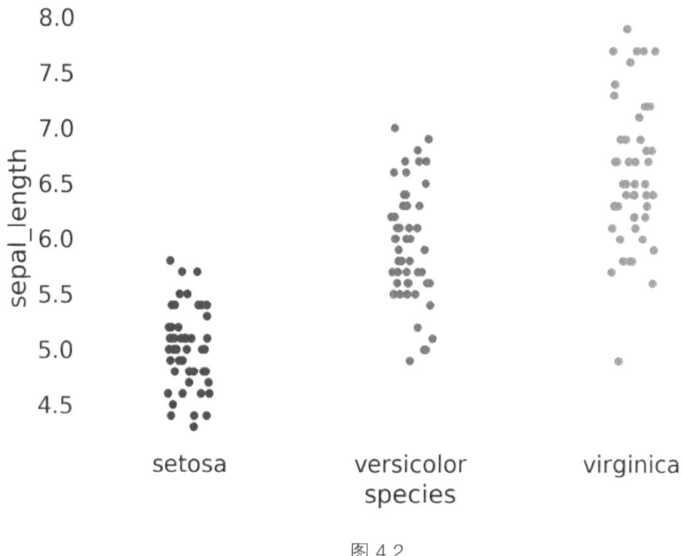

图 4.2

图 4.2 中 y 轴是连续的，而 x 轴是离散的分类变量；图 4.2 中的点在 x 轴上是分散开来的，这并没有实际意义，只是一个画图的小技巧而已。通过添加 jitter 参数能够避免所有点都重叠在一条直线上，你可以试着将 jitter 参数设为 False 就明白我说的意思了。这里唯一重要的是 x 轴的含义，即分别代表刚毛鸢尾、弗吉尼亚鸢尾和变色鸢尾 3 个分类。你还可以尝试其他的绘图函数，比如小提琴图，用 seaborn 也只需要一行代码就能完成。

另外一种观察数据的方法是用 pairplot 画出散点矩阵。由于鸢尾花数据集中有 4 个特征，所以我们得到的散点图是 4×4 的网格。网格是对称的，上三角和下三角表示的是同样的信息。由于对角线上的散点图的自变量和因变量相同，因此这里用一个特征的 KDE 图代替了散点图。可以看到，图 4.3 所示的每个子图中，分别用 3 种颜色表示 3 种不同的分类标签，这与图 4.2 中使用的颜色相同。

```
sns.pairplot(iris, hue='species', diag_kind='kde')
```

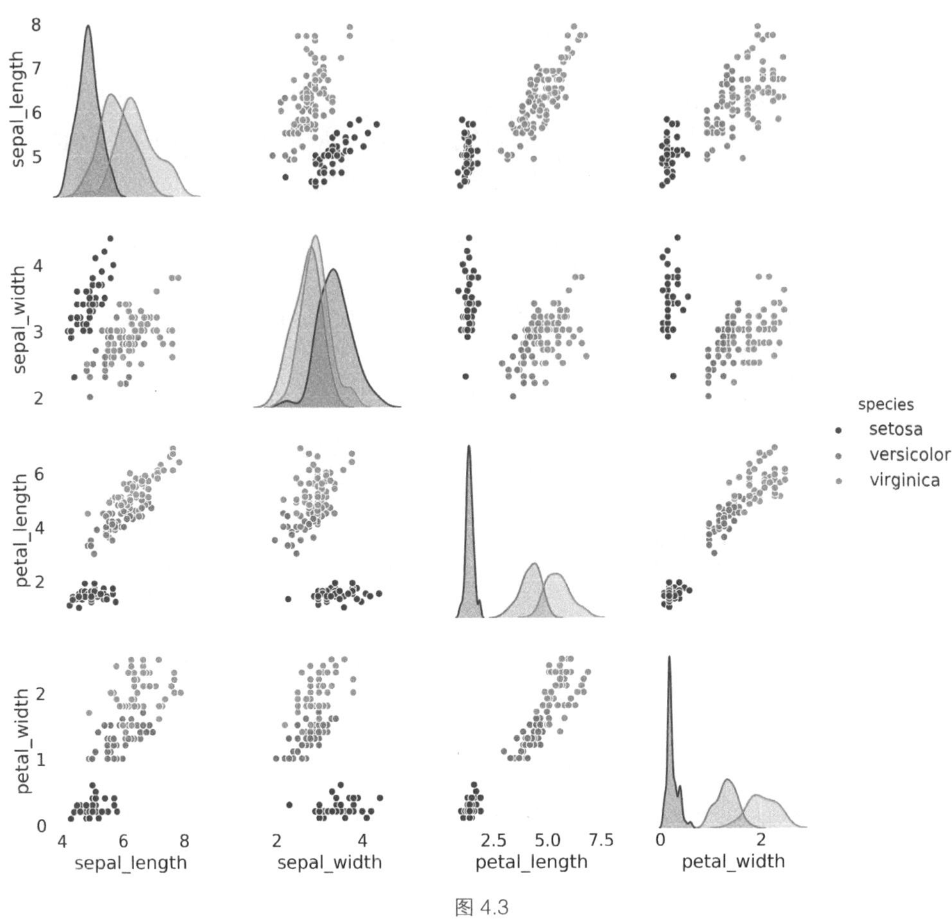

图 4.3

深入学习之前，花点时间研究图 4.3，进一步熟悉鸢尾花数据集并了解特征与分类之间的关系。

将逻辑回归模型应用到鸢尾花数据集

我们将从最简单的分类问题开始：两个类别（setosa 和 versicolor），一个自变量（或特征），花萼长度（sepal_length）。和前面一样，这里用 0 和 1 对 setosa 和 versicolor 分类变量进行编码，利用 pandas 可以按如下这么做。

```
df = iris.query(species == ('setosa', 'versicolor'))
y_0 = pd.Categorical(df['species']).codes
```

```
x_n = 'sepal_length'
x_0 = df[x_n].values
x_c = x_0 - x_0.mean()
```

和其他线性模型一样，将数据进行中心化处理会有利于采样。现在我们有了正确格式的数据，我们终于可以用 PyMC3 构建模型了。

注意下面代码中的第一部分的模型 model_0 与线性回归模型的相似之处，还要注意两个确定变量：θ 和 bd。θ 是对变量 μ 应用逻辑函数之后的值，bd 是决策边界，用于确定分类结果，稍后会详细讨论。另一个值得一提的点是我们没有显式地编写逻辑函数，而是使用 PyMC3 中的 pm.math.sigmoid 函数（这只是 Theano 中同函数的一个别名）。

```
with pm.Model() as model_0:
    α = pm.Normal('α', mu=0, sd=10)
    β = pm.Normal('β', mu=0, sd=10)
    μ = α + pm.math.dot(x_c, β)
    θ = pm.Deterministic('θ', pm.math.sigmoid(μ))
    bd = pm.Deterministic('bd', -α/β)
    yl = pm.Bernoulli('yl', p=θ, observed=y_0)
    trace_0 = pm.sample(1000)
```

为了节省页面，避免你对同一类型的图感到厌倦，这里我们将省略绘制轨迹图以及其他总结部分，不过我还是建议你亲自绘制，以进一步探索书中的示例。接下来我们直接跳到图 4.4，呈现数据以及拟合得到的 S 形曲线和决策边界。

```
theta = trace_0['θ'].mean(axis=0)
idx = np.argsort(x_c)
plt.plot(x_c[idx], theta[idx], color='C2', lw=3)
plt.vlines(trace_0['bd'].mean(), 0, 1, color='k')
bd_hpd = az.hpd(trace_0['bd'])
plt.fill_betweenx([0, 1], bd_hpd[0], bd_hpd[1], color='k', alpha=0.5)

plt.scatter(x_c, np.random.normal(y_0, 0.02), marker='.',
color=[f'C{x}'for x in y_0])
az.plot_hpd(x_c, trace_0['θ'], color='C2')

plt.xlabel(x_n)
plt.ylabel('θ', rotation=0)
# 给 xticks 使用原始比例
locs, _ = plt.xticks()
```

```
plt.xticks(locs, np.round(locs + x_0.mean(), 1))
```

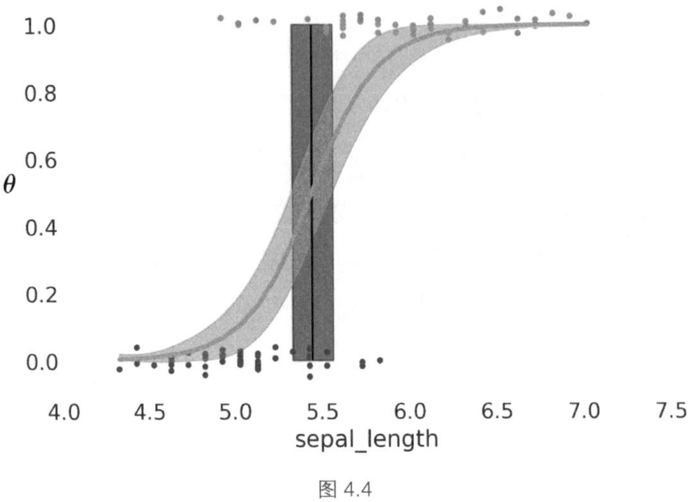

图 4.4

图 4.4 显示了花萼长度与花的种类（setosa = 0, versicolor =1）之间的关系。为了避免图形重叠，我们绘图时设置了抖动参数。S 形（绿色）曲线表示 θ 的均值。如果我们知道花萼长度的值，那么这条线可以解释为，花的种类是 versicolor 的概率。半透明 S 形（绿色）区间是 94%HPD 区间。黑色的垂直线表示决策边界，附近灰色半透明的区间是其 94%HPD 区间。根据决策边界，左边的 x_i 值（在本例中为花萼长度）对应于类别 0（setosa），右边的值对应于类别 1（versicolor）。

决策边界定义为 $y = 0.5$ 时 x_i 的值，结果是 $-\frac{\alpha}{\beta}$，推导过程如下。

- 根据模型的定义，我们有如下关系：

$$\theta = \text{logistic}(\alpha + x\beta) \tag{4.4}$$

- 根据逻辑函数的定义，当 $\theta = 0.5$ 时，对应的输入为 0，于是有：

$$0.5 = \text{logistic}(\alpha + x_i\beta) \Leftrightarrow 0 = \alpha + x_i\beta \tag{4.5}$$

- 移项后可以得出，当 $\theta = 0.5$ 时，对应有：

$$x_i = -\frac{\alpha}{\beta} \tag{4.6}$$

有几个关键点需要说明。

- 广义线性模型 θ 的值是 $p(y = 1 \mid x)$。从这个意义上说，逻辑回归是一个真正的回归。这里的关键细节是，在给定一些特征的线性组合情况下，数据点属于类别 1 的概率。

- 这里我们是在对一个二值变量的均值建模，其值位于 [0,1] 区间。然后，我们引入一个规则，将这个概率转化为两个分类。如果 $p(y=1) \geqslant 0.5$，则将其设置为类别 1，否则，设置为类别 0。
- 这里选取的 0.5 并不是什么特殊值，你完全可以选其他 0 到 1 之间的值。只有当我们认为，将类别 0（setosa）错误地标为类别 1（versicolor）时的代价，与将类别 1 错误地标为类别 0 时的代价相同时，选取 0.5 作为决策边界才是可行的。事实证明，情况并非总是如此，与错误分类相关的成本不需要是对称的，这一点在第 2 章中损失函数部分我们有讨论过。

4.3 多元逻辑回归

与多元线性回归类似，多元逻辑回归使用了多个自变量。这里将花萼长度与花萼宽度结合在一起。注意，这里我们需要对数据做一些预处理。

```
df = iris.query(species == ('setosa', 'versicolor'))
y_1 = pd.Categorical(df['species']).codes
x_n = ['sepal_length', 'sepal_width']
x_1 = df[x_n].values
```

4.3.1 决策边界

如果你对如何推导决策边界不感兴趣，可以略过这个部分跳到模型实现部分。

根据模型，我们有：

$$\theta = \text{logistic}(\alpha+\beta_1 x_1+\beta_2 x_2) \tag{4.7}$$

根据逻辑函数的定义，当逻辑回归的参数为 0 时，我们有 $\theta = 0.5$，也就是说：

$$0.5 = \text{logistic}(\alpha+\beta_1 x_1+\beta_2 x_2) \Leftrightarrow 0 = \alpha+\beta_1 x_1+\beta_2 x_2 \tag{4.8}$$

移项之后可以得出，当 $\theta = 0.5$ 时，对于 x_2 我们有：

$$x_2 = -\frac{\alpha}{\beta_2} + \left(-\frac{\beta_1}{\beta_2} x_1\right) \tag{4.9}$$

这个决策边界的等式具有与直线方程相同的数学形式，其中第一项表示截距，第二项表示斜率。这里的括号只是为了表达上更清晰，如果你愿意完全可以将括号去掉。决策边界是一条线是完全合理的，不是吗？如果我们有一个特征，我们就有一维的数据，可以用一个点将数据分成两组；如果我们有两个特征，我们就有一个二维的数据空间，可以用一条直线来对其分割；对于三维的情况，边界将是一个平面；对于更高的维度，我们一般会讨论超平面。实际上，超平面是一个广义的概念，大致定义为 n 维空间中 n-1 维的子空间。

4.3.2　模型实现

想要用 PyMC3 写出多元逻辑回归模型，可以借助其向量化表示的优势，只需要对前面的简单逻辑回归模型（model_0）做一些简单的修改即可。

```
with pm.Model() as model_1:
    α = pm.Normal('α', mu=0, sd=10)
    β = pm.Normal('β', mu=0, sd=2, shape=len(x_n))
    μ = α + pm.math.dot(x_1, β)
    θ = pm.Deterministic('θ', 1 / (1 + pm.math.exp(-μ)))
    bd = pm.Deterministic('bd', -α/β[1] - β[0]/β[1] * x_1[:,0])
    yl = pm.Bernoulli('yl', p=θ, observed=y_1)
    trace_1 = pm.sample(2000)
```

和单个预测变量一样，我们画出数据以及决策边界，代码运动结果如图 4.5 所示。

```
idx = np.argsort(x_1[:,0])
bd = trace_1['bd'].mean(0)[idx]
plt.scatter(x_1[:,0], x_1[:,1], c=[f'C{x}' for x in y_0])
plt.plot(x_1[:,0][idx], bd, color='k');

az.plot_hpd(x_1[:,0], trace_1['bd'], color='k')

plt.xlabel(x_n[0])
plt.ylabel(x_n[1])
```

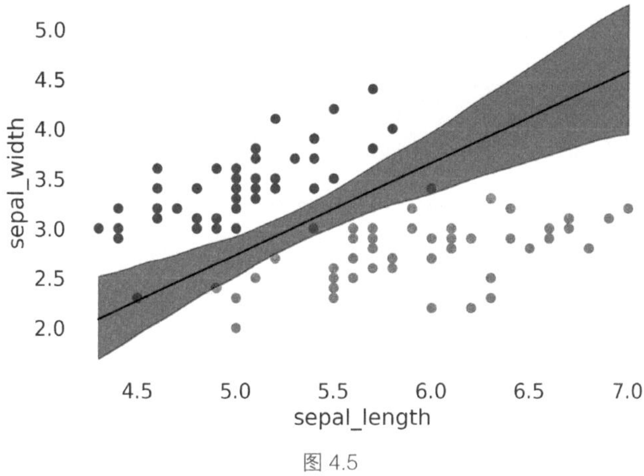

图 4.5

和我们前面已经看到过的一样，决策边界是一条直线，不要被 94%HPD 区间的曲线给误导了。这个弯曲是多条线围绕中心区域旋转的结果（大约在 x 和 y 的均值附近）。

4.3.3 解释逻辑回归的系数

我们在解释逻辑回归的 β 系数时必须要小心，这并不像线性模型那样简单，我们在第 3 章中看到了这一点。逻辑回归的逆连接函数（逻辑函数）引入了我们必须考虑的非线性。如果 β 是大于 0 的值，那么 x 增加会导致 $p(y=1)$ 也增加一定的量，但是增量并不是 x 的线性函数。相反，它非线性地依赖于 x 的值。我们在图 4.4 中看到的不是一条斜率恒定的线，而是一条 S 形曲线，斜率是随 x 变化的。一点儿代数知识可以让我们更深入地了解 $p(y=1)$ 是怎样随着 β 而变化的。

逻辑回归的基本形式是：

$$\theta = \text{logistic}(\alpha + \boldsymbol{X}\beta) \tag{4.10}$$

逻辑函数的逆函数是 logit 函数，其形式为：

$$\text{logit}(z) = \log\left(\frac{z}{1-z}\right) \tag{4.11}$$

因此，根据第一个等式，我们有：

$$\text{logit}(\theta) = \alpha + \boldsymbol{X}\beta \tag{4.12}$$

即：

$$\log\left(\frac{\theta}{1-\theta}\right) = \alpha + \boldsymbol{X}\beta \tag{4.13}$$

记住 θ 在我们的模型中是 $p(y=1)$ 的概率值，因此：

$$\log\left(\frac{p(y=1)}{1-p(y=1)}\right) = \alpha + \boldsymbol{X}\beta \tag{4.14}$$

其中$\frac{p(y=1)}{1-p(y=1)}$叫作**几率**。

成功几率定义为成功概率与不成功概率之比。掷骰子获得 2 的概率为 1/6，那么相同事件的几率为$\frac{1/6}{5/6}\simeq 0.2$（≃表示渐近等于），也就是说有 1 个期望发生的事件和 5 个不期望发生的事件。此外，几率的概念也常常用在博彩中（即赔率），因为在考虑正确的下注方式时，赔率比概率更直观一些。

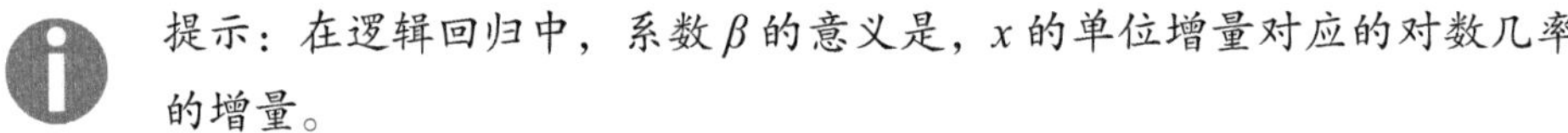

提示：在逻辑回归中，系数 β 的意义是，x 的单位增量对应的对数几率的增量。

概率与几率的变换是一个单调变换，意思是几率随着概率的增加而增加，反之亦然。尽管概率被限制在 [0,1] 之间，但是几率的范围在 [0, ∞) 内。对数是另外一个单调变换，几率的对数位于 (∞ , ∞) 区间内。图 4.6 揭示了概率与几率以及对数几率之间的关系。

```
probability = np.linspace(0.01, 1, 100)
odds = probability / (1 - probability)

_, ax1 = plt.subplots()
ax2 = ax1.twinx()
ax1.plot(probability, odds, 'C0')
ax2.plot(probability, np.log(odds), 'C1')

ax1.set_xlabel('probability')
ax1.set_ylabel('odds', color='C0')
ax2.set_ylabel('log-odds', color='C1')
ax1.grid(False)
ax2.grid(False)
```

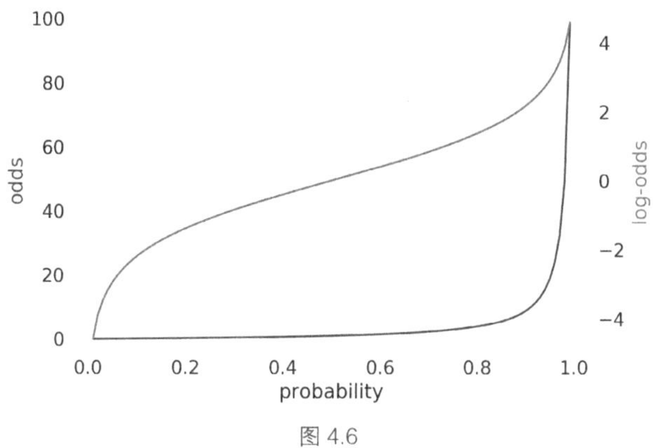

图 4.6

因此，summary 函数得到的系数也是位于对数几率的尺度内的，如表 4.2 所示。

```
df = az.summary(trace_1, var_names=varnames)
df
```

表 4.2

	mean	sd	mc error	hpd 3%	hpd 97%	eff_n	r_hat
α	−9.12	4.61	0.15	−17.55	−0.42	1353.0	1.0
β [0]	4.65	0.87	0.03	2.96	6.15	1268.0	1.0
β [1]	−5.16	0.95	0.01	−7.05	−3.46	1606.0	1.0

作为一种非常实用的理解模型的方法，就是改变参数，看看会发生什么。下面的这段代码中，先计算对数几率，log_odds_versicolor_i = $\alpha+\beta_1x_1+\beta_2x_2$，然后用逻辑函数计算概率，再固定 x_2 并把 x_1 增加 1 试试。

```
x_1 = 4.5 # 萼片长度
x_2 = 3 # 萼片宽度
log_odds_versicolor_i = (df['mean'] * [1, x_1, x_2]).sum()
probability_versicolor_i = logistic(log_odds_versicolor_i)
log_odds_versicolor_f = (df['mean'] * [1, x_1 + 1, x_2]).sum()
probability_versicolor_f = logistic(log_odds_versicolor_f)
log_odds_versicolor_f - log_odds_versicolor_i, probability_versicolor_f -
probability_versicolor_i
```

运行这段代码，你会发现对数几率大约会增加 4.66，这恰巧是 β_0 的值（查看 trace_1 的总结）。这与我们前面的发现一致，即 β 表示当 x 增加单位增量时，对数几率的增量。此外概率大约增加了 0.70。

4.3.4　处理相关变量

我们从第 3 章中了解到，当我们处理宽相关变量（即变量高度相关）时，会有一些棘手的问题。相关变量转化为能够解释数据的更广泛的系数组合，或者从互补的角度来看，相关数据限制模型的能力较小。当类变得完全可分离时，也就是说，在我们的模型中，给定变量的线性组合，类之间没有重叠时，也会出现类似的问题。

仍然使用**鸢尾花数据集**，尝试运行模型 model_1，不过这次用花瓣长度 petal_length 和花瓣宽度 petal_width 作为特征重运行前面的模型，在图 4.5 中，你会看到，β 系数要比之前分布得更宽，黑色部分的 94%HPD 区间也要更宽一些。

```
corr = iris[iris['species'] != 'virginica'].corr()
mask = np.tri(*corr.shape).T
sns.heatmap(corr.abs(), mask=mask, annot=True, cmap='viridis')
```

图 4.7 所示的热力图显示了花萼长度（sepal_length）与花萼宽度（sepal_width）间的相关性低于花瓣长度（petal_length）与花瓣宽度（petal_width）之间的相关性。

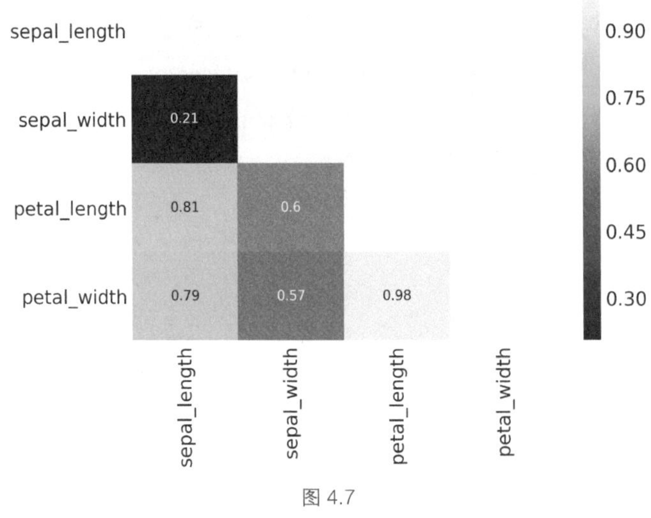

图 4.7

为了得到图 4.7，我们用一个蒙层去掉了热力图中的上三角和对角线上的元素，因为这些元素在给定下三角的情况下是冗余的。还需要注意的是，我们已经绘制了相关性的绝对值，因为此时我们不关心变量之间相关性的符号，只关心其强度。

解决（高度）相关变量的一个办法是删除一个或多个相关变量。另外一个办法是增加更多先验信息，如果我们掌握了一些有用的信息，可以使用一些携带信息的先验。对于信息量较弱的先验知识，Andrew Gelman 和 Stan 的开发团队建议缩放所有非二进制变量，使其均值为 0，然后使用：

$$\beta \sim \text{Student}\ T(0, \nu, sd) \tag{4.15}$$

在这里，应该设置参数 sd 的值，以微弱地告知我们尺度的预期值。正态参数 ν 的值为 3 到 7 附近。这个先验的意思是，一般来说，我们期望系数很小，但我们使用厚尾分布（又称“肥尾分布”），因为偶尔我们会发现一些较大的系数。正如第 2 章和第 3 章中讨论的，使用 t 分布相比高斯分布能得到更具鲁棒性的模型。

4.3.5 处理不平衡分类

鸢尾花数据集是完全平衡的，即每个类别具有完全相同的观察次数。刚毛鸢尾、弗吉尼亚鸢尾和变色鸢尾各有 50 个。鸢尾花数据集的流行归功于 Fisher，当然，Fisher 还让 p 值也流行了。

不过实际使用中很多数据集是由不平衡的数据组成的，也就是说，一个类别的数据比另一类别的多。当这种情况发生时，逻辑回归会遇到一些问题，与数据集更加平衡的情况相比，无法准确地确定边界。

现在我们看个实际的例子，这里我们从刚毛鸢尾类别中随机删除一些数据点。

```
df = iris.query(species == ('setosa', 'versicolor'))
df = df[45:]
y_3 = pd.Categorical(df['species']).codes
x_n = ['sepal_length', 'sepal_width']
x_3 = df[x_n].values
```

然后，和之前一样，我们运行一个多元逻辑回归模型。

```
with pm.Model() as model_3:
    α = pm.Normal('α', mu=0, sd=10)
    β = pm.Normal('β', mu=0, sd=2, shape=len(x_n))
    μ = α + pm.math.dot(x_3, β)
    θ = 1 / (1 + pm.math.exp(-μ))
    bd = pm.Deterministic('bd', -α/β[1] - β[0]/β[1] * x_3[:,0])
    yl = pm.Bernoulli('yl', p=θ, observed=y_3)

    trace_3 = pm.sample(1000)
```

从图 4.8 中我们可以看到，决策边界往样本量更少的类别偏移了，而且不确定性也比以前更大了。这是逻辑回归在处理不均衡数据时的常见表现。不过等一下！你可能会说我在这里作弊，因为，不确定性变得更大有可能是因为数据总量变少了，而不只是因为刚毛鸢尾类别的数据相比变色鸢尾更少！这是有可能的，你可以完成本章的练习（6），亲自验证这张图的解释就是数据不平衡。

```
idx = np.argsort(x_3[:,0])
bd = trace_3['bd'].mean(0)[idx]
plt.scatter(x_3[:,0], x_3[:,1], c= [f'C{x}'for x in y_3])
plt.plot(x_3[:,0][idx], bd, color='k')

az.plot_hpd(x_3[:,0], trace_3['bd'], color='k')
plt.xlabel(x_n[0])
plt.ylabel(x_n[1])
```

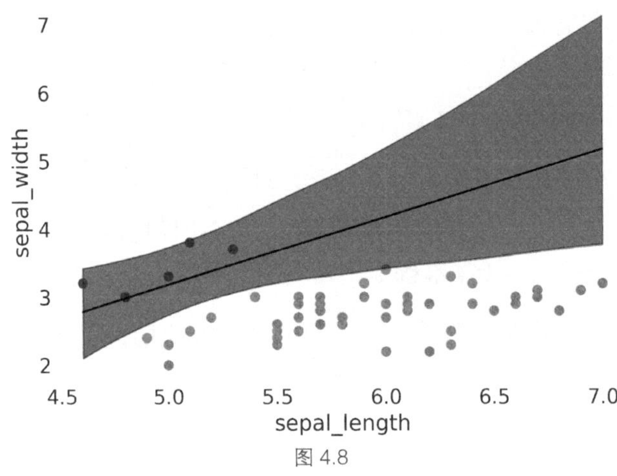

图 4.8

如果我们发现数据不平衡怎么办？一个显而易见的解决方案是，让数据集中每个类的数据点大致相同，如果你自己收集或者生成数据，一定要记住这点。如果你并不能控制数据集，那么在对类别不平衡的数据进行解释时应该小心。你可以通过检查模型的不确定性以及运行后验预测检查来看看结果是否对你有用。另外一种做法是给数据加入更多的先验信息，如果可能，可以运行本章后面提到的一些其他模型。

4.3.6 softmax 回归

将逻辑回归推广到两类以上一种方式是采用 **softmax** 回归。这里需要对逻辑回归做两点改变，一是将逻辑函数替换成 softmax 函数，其形式如下：

$$\text{softmax}_i(\boldsymbol{\mu}) = \frac{\exp(u_i)}{\sum \exp(u_k)} \tag{4.16}$$

换句话说，要计算向量 $\boldsymbol{\mu}$ 中第 i 个元素对应的 softmax 输出，需要将该元素的指数除以向量 $\boldsymbol{\mu}$ 中每个元素的指数之和。

softmax 函数保证了输出值为正数而且和为 1。当 $k = 2$ 时，softmax 函数就简化成了逻辑函数。另外多说一点，softmax 函数与统计力学中使用的**玻尔兹曼分布**具有相同的形式，玻尔兹曼分布也是物理学中一个很大的分支，用来处理原子和分子系统概率描述。

在玻尔兹曼分布中（某些领域中的 softmax）有一个称为温度的参数（T），在数学形式上前文中的 μ 变成了 μ / T。当 $T \to \infty$ 时，概率分布变得非常扁平，并且所有状态都是等可能的。当 $T \to 0$ 时，只有最可能的状态会输出，因而 softmax 表现得就像一个 max 函数。

第二个改动是，将逻辑回归的伯努利分布换成了分类分布。分类分布其实是伯努利分布推广到两个以上输出时的一般形式。此外，伯努利分布（抛一次硬币）是二项分布（抛多次硬币）的特例，分类分布（掷一次骰子）是多项分布（掷多次骰子）的特殊情况。 为了举例说明 sofmax 回归，这里继续使用鸢尾花数据集，不过这次用到其中的 3 个类别标签（setosa、versicolor 和 virginica）和 4 个特征（花萼长度、花萼宽度、花瓣长度、花瓣宽度），同时对数据做标准化处理（也还可以做中心化处理），这样采样效率更高。

```
iris = sns.load_dataset('iris')
```

```
y_s = pd.Categorical(iris['species']).codes
x_n = iris.columns[:-1]
x_s = iris[x_n].values
x_s = (x_s - x_s.mean(axis=0))/x_s.std(axis=0)
```

从 PyMC3 的代码可以看出，逻辑回归模型与 softmax 模型之间的变化。留意 α 系数和 β 系数的 shape 参数。这段代码中用到了 Theano 中的 softmax 函数，根据 PyMC3 开发者的惯例，按 `import theano.tensor as tt` 这种方式导入。

```
with pm.Model() as model_s:
    α = pm.Normal('α', mu=0, sd=5, shape=3)
    β = pm.Normal('β', mu=0, sd=5, shape=(4,3))
    μ = pm.Deterministic('μ', α + pm.math.dot(x_s, β))
    θ = tt.nnet.softmax(μ)
    yl = pm.Categorical('yl', p=θ, observed=y_s)
    trace_s = pm.sample(2000)
```

那么我们的模型表现如何呢？让我们看看有多少案例我们能正确预测。下面的代码中，我们只需要用参数的均值来计算每个数据点属于 3 个类别的概率，然后使用 argmax 函数来分配类别。我们将结果与观测值进行比较。

```
data_pred = trace_s['μ'].mean(0)
y_pred = [np.exp(point)/np.sum(np.exp(point), axis=0)
for point in data_pred]
f'{np.sum(y_s == np.argmax(y_pred, axis=1)) / len(y_s):.2f}'
```

结果是，分类准确率约为 98%，只漏掉了 3 个样本。非常棒！不过，要真正评估模型的效果需要使用模型没有见过的数据，否则，可能会高估了模型对其他数据的泛化能力。我们会在第 5 章中详细讨论这个主题。现在，我们暂时把它作为一个自动一致性测试，表明模型运行正常。

你可能已经注意到了，每个参数的后验分布（或者更准确地说是边缘分布）看起来很宽。事实上，它们与先验分布一样宽。尽管我们能做出正确的预测，但这看起来也不行。这与我们在其他回归模型或完全可分类中已经遇到的相关数据的不可识别性问题相同。在这个例子中，后验分布较宽是因为受到了所有概率之和为 1 的限制。在这个情况下，我们用到的参数个数比实际上定义模型所需要的参数个数更多。简单来说就是，假如有 10 个数的和为 1，你只需要知道 9 个数就可以了，另一个可以计算。一种办法是将额外的参数固定为某个值，比如 0。下面的代码展示了如何用 PyMC3 来实现。

```
with pm.Model() as model_sf:
    α = pm.Normal('alpha', mu=0, sd=2, shape=2)
    β = pm.Normal('beta', mu=0, sd=2,  shape=(4,2))
    α_f = tt.concatenate([[0] , α])
    β_f = tt.concatenate([np.zeros((4,1)) , β], axis=1)
    μ = α_f + pm.math.dot(x_s, β_f)
    θ = tt.nnet.softmax(μ)
    yl = pm.Categorical('yl', p=theta, observed=y_s)
    trace_sf = pm.sample(1000)
```

4.3.7　判别式模型和生成式模式

到目前为止，我们已经讨论了逻辑回归和它的一些扩展。它们都试图直接计算 $p(y|x)$，也就是说，已知 x 求一个给定类的概率，x 是我们给定类成员的特征值。换言之，我们试图直接对自变量到因变量的映射进行建模，然后使用一个阈值将计算得到的连续概率转化为一个离散的边界，便于我们分类。

这种方法并不唯一。另一种方法是先建立模型 $p(y|x)$，即每个类 x 的分布，然后再分类。这种模型被称为**生成式分类器**，因为我们创建一个模型，从中可以生成每个类的样本。另一方面，逻辑回归是一种**判别式分类器**，因为它试图通过判别类进行分类，但是我们无法从模型的每个类中生成样例。在这里，我们不详细讨论分类的生成模型，我们只举一个例子说明这类分类模型的本质。我们将用两个类和一个特征进行测试，与我们在本章中构建的第一个模型（model_0）一样，我们将使用完全相同的数据。

下面是用 PyMC3 实现的生成式分类器。从代码中可以看到，现在决策边界定义为估计的高斯均值之间的均值。当分布为正态分布并且它的标准差相等时，这是正确的决策边界。这些都是由一个称为**线性判别分析（Linear Discriminant Analysis，LDA）**的模型所做的假设。

```
with pm.Model() as lda:
    μ = pm.Normal('μ', mu=0, sd=10, shape=2)
    σ = pm.HalfNormal('σ', 10)
    setosa  = pm.Normal('setosa', mu=μ[0], sd=σ, observed=x_0[:50])
    versicolor =  pm.Normal('versicolor', mu=μ[1], sd=σ,observed=x_0[50:])
    bd = pm.Deterministic('bd', (μ[0] + μ[1]) / 2)
    trace_lda = pm.sample(1000)
```

现在，我们作图显示两个类别（setosa=0 和 versicolor=1）与花萼长度的值，其中红线是决策边界，半透明红色区间是 94%HPD 区间：

```
plt.axvline(trace_lda['bd'].mean(), ymax=1, color='C1')
bd_hpd = az.hpd(trace_lda['bd'])
plt.fill_betweenx([0, 1], bd_hpd[0], bd_hpd[1], color='C1', alpha=0.5)

plt.plot(x_0, np.random.normal(y_0, 0.02), '.', color='k')
plt.ylabel('θ', rotation=0)
plt.xlabel('sepal_length')
```

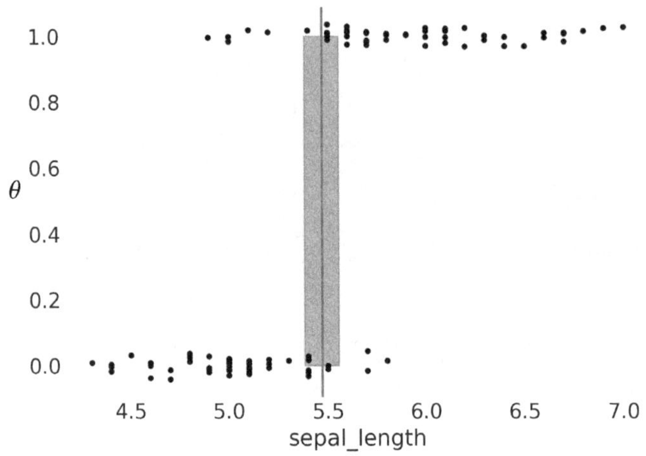

图 4.9

比较图 4.9 和图 4.4，它们很相似，对吧？此外，请检查以下总结中决策边界的值，如表 4.3 所示。

```
az.summary(trace_lda)
```

表 4.3

	mean	sd	mc error	hpd 3%	hpd 97%	eff_n	r_hat
μ [0]	5.01	0.06	0.0	4.89	5.13	2664.0	1.0
μ [1]	5.94	0.06	0.0	5.82	6.06	2851.0	1.0
σ	0.45	0.03	0.0	0.39	0.51	2702.0	1.0
bd	5.47	0.05	0.0	5.39	5.55	2677.0	1.0

LDA 模型和逻辑回归的结果相似。通过将类别建模为多元高斯分布，线性判别模型可以扩展到多个特征。此外，还可以放宽类共享方差（或协方差）的假设。这样可以得到**二次线性判别（Quadratic Linear Discriminant，QDA）**模型，

因为现在决策边界不是线性的而是二次的。

通常，当我们使用的特征差不多是高斯分布时，LDA 或 QDA 模型将比逻辑回归表现得更好，而逻辑回归将在相反的情况下表现得更好。生成式分类器的一个优点是，它更容易或更自然地包含先验信息。例如，如果我们有数据的均值和方差信息，就可以加入模型中。

需要注意的是，LDA 和 QDA 的决策边界是封闭形式，因此它们通常也是以这种方式计算的。要对两个类别和一个特征的数据应用 LDA 模型，我们只需要计算每个分布的均值再对这两个值进行平均，这样就可以得到决策边界。在前面的模型中，我们就这样做了，只是有一个贝叶斯扭曲。我们估计了两个高斯分布的参数，然后把这些估计值套进一个预定义的公式中。这些公式从何而来？好吧，不需要太多细节，为了得到这个公式，我们必须假设数据是服从高斯分布的，因此这样的公式只有在数据没有明显偏离正态时才有效。当然，如果我们想放松正态性假设，比如使用 t 分布（或者多元 t 分布，或者其他分布），我们可能会遇到问题。在这种情况下，我们不能再对 LDA（或 QDA）使用封闭形式；不过，我们仍然可以使用 PyMC3 计算决策边界。

4.4 泊松回归

另一个非常流行的广义线性模型是泊松回归。这个模型假设数据是服从泊松分布的。

泊松分布在下面这些情况下比较有用，比如放射性原子核衰变，每对夫妇的孩子数量，或者推特关注者的数量。这些例子的共同点是，我们使用离散的非负数来建模：$\{0,1,2,3,\cdots\}$。这种类型的变量叫作**计数数据**。

4.4.1 泊松分布

设想我们正在统计一条大街上每小时通过红色汽车的数量。我们可以用泊松分布来描述这个数据。泊松分布通常用于描述给定数量的事件在固定时间 / 空间间隔内发生的概率。因此，泊松分布假设事件以固定时间 / 空间间隔彼此独立地发生。这个离散分布只有一个参数 μ（比率，也通常用希腊字母 λ 表示）。μ 对应于分布的均值和方差。泊松分布的概率质量函数如下：

$$f(x|\mu)=\frac{e^{-\mu}\mu^{x}}{x!} \tag{4.17}$$

该方程式的解释如下。

- μ 是每单位时间 / 空间的平均事件数。
- x 是正整数值 0,1,2,⋯。
- $x!$ 是 k 的阶乘，即 $k!=k\times(k-1)\times(k-2)\times\cdots\times2\times1$。

在图 4.10 中，我们可以看到不同 μ 值的泊松分布。

```
mu_params = [0.5, 1.5, 3, 8]
x = np.arange(0, max(mu_params) * 3)
for mu in mu_params:
    y = stats.poisson(mu).pmf(x)
    plt.plot(x, y, 'o-', label=f'μ = {mu:3.1f}')
plt.legend()
plt.xlabel('x')
plt.ylabel('f(x)')
```

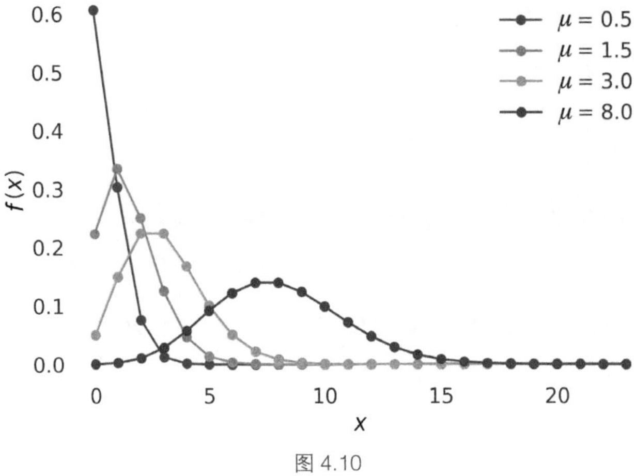

图 4.10

注意，μ 可以是一个浮点数，但是分布的输出总是一个整数。在图 4.10 中，点代表分布的值，连续的线可以帮助我们了解分布的形状。记住，泊松分布是一个离散分布。

当试验次数 n 很大但成功的概率 p 很低时，泊松分布可以看作二项分布的一个特例。在不涉及太多数学细节的情况下，让我们试着解释一下。以汽车为例，我们可以肯定，我们要么看到红色汽车，要么没有，因此我们可以使用二项分布。在这种情况下，我们有：

$$x \sim \text{Bin}(n,p) \tag{4.18}$$

那么，二项分布的均值是：

$$\boldsymbol{E}[x] = np \tag{4.19}$$

方差是：

$$\boldsymbol{V}[x] = np\,(1-p) \tag{4.20}$$

但请注意，即使你在一条非常繁忙的大街上，但与一个城市的汽车总数相比，看到一辆红色汽车的机会也非常小，因此我们有：

$$n \gg p \Rightarrow np \simeq np(1-p) \tag{4.21}$$

所以，我们可以做如下近似计算：

$$\boldsymbol{V}[x]=np \tag{4.22}$$

现在，均值和方差用相同的数字表示，我们可以自信地说，我们的变量服从泊松分布：

$$x \sim \text{Poisson}(\mu = np) \tag{4.23}$$

4.4.2 零膨胀泊松模型

在计数场景下，有可能得到 0 值。出现 0 的原因有很多。例如，当我们统计马路上红色汽车的数量时，一辆红色汽车也没有通过，或者我们刚好错过了它（也许被某辆大卡车挡住了）。因此，如果我们使用泊松分布（例如，在执行后验预测检查时），会发现生成的 0 值比实际数据少。怎么解决这个问题呢？我们可以尝试找到模型预测出 0 比观察到 0 少的确切原因，并将该因素纳入模型中。但是，通常情况下，就我们的目的而言更简单的做法是，只要假设我们的模型是如下两个过程的混合即可。

- 一个建模为泊松分布，概率为 ψ。
- 另一个是额外的 0，概率为 $1-\psi$。

这就是所谓的**零膨胀泊松（Zero-inflated Poisson，ZIP）**模型。在一些文本中，你会发现 ψ 表示额外的 0，1-ψ 表示泊松概率。这不是什么大问题，在具体的例子中分清就行。

通常，ZIP 分布用公式表示为：

$$p(y_j = 0) = 1- \psi + (\psi)\,\mathrm{e}^{-\mu} \tag{4.24}$$

$$p\left(y_j = k_i\right) = \Psi \frac{\mu_i^x \mathrm{e}^{-\mu}}{x_i!} \tag{4.25}$$

其中 1-ψ 是额外 0 的概率。

为了举例说明 ZIP 分布的使用方法，让我们创建几个数据点。

```
n = 100
θ_real = 2.5
ψ = 0.1
# 模拟一些数据
counts = np.array([(np.random.random() > (1-ψ)) *
np.random.poisson(θ_real) for i in range(n)])
```

我们可以很容易地将式（4.24）和式（4.25）应用到 PyMC3 模型中。当然，可以更简单，我们可以使用 PyMC3 内置的 ZIP 分布，代码的运行结果如图 4.11 所示。

```
with pm.Model() as ZIP:
    ψ = pm.Beta('ψ', 1, 1)
    θ = pm.Gamma('θ', 2, 0.1)
    y = pm.ZeroInflatedPoisson('y', ψ, θobserved = counts)
    trace = pm.sample(1000)
```

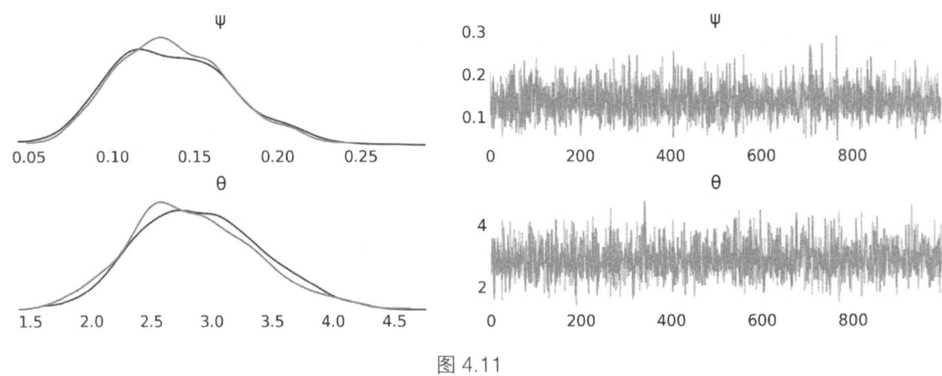

图 4.11

4.4.3　泊松回归和 ZIP 回归

ZIP 模型看起来可能有点枯燥，但有时我们需要估计简单的分布，比如泊松分布或高斯分布。也可以把泊松分布或 ZIP 分布作为线性模型的一部分。正如我们在逻辑回归和 softmax 回归中所看到的那样，我们可以使用逆连接函数将线性模型的结果转换为适用于正态分布以外的其他分布的变量。同样，我们可以在回归分析中用泊松分布或 ZIP 分布将输出变量转为计数变量。我们可以使用指数函数 e 作为逆连接函数。这样做可以将返回值转换为正值：

$$\theta = \mathrm{e}^{(\alpha + X\beta)} \tag{4.26}$$

为了举例说明 ZIP 回归模型的实现，我们将使用来自**美国加利福尼亚大学洛杉矶分校（UCLA）数字研究与教育研究所**的数据集。我们有 250 组游客参观公园的数据。以下是每组数据的一部分示例。

- 他们捕到的鱼的数量（count）。
- 这一组有多少孩子（child）。
- 他们是否带露营车到公园（camper）。

利用这些数据，我们将建立一个模型，预测 count 是 child 和 camper 变量的函数。我们可以使用 pandas 加载数据。

```
fish_data = pd.read_csv('../data/fish.csv')
```

我把它作为一个练习留给你，使用 plots 以及 pandas 函数（如 descripe）来探索数据集。现在，我们将继续实现 ZIP_reg 图表。

```
with pm.Model() as ZIP_reg:
    ψ = pm.Beta('ψ', 1, 1)
    α = pm.Normal('α', 0, 10)
    β = pm.Normal('β', 0, 10, shape=2)
    θ = pm.math.exp(α + β[0] * fish_data['child'] + β[1] * fish_data['camper'])
    yl = pm.ZeroInflatedPoisson('yl', ψ, θ, observed=fish_data['count'])
    trace_ZIP_reg = pm.sample(1000)
```

camper 是一个二值变量，值为 0 表示没带露营车，值为 1 表示带了露营车。属性不存在 / 存在的变量通常表示为**虚拟变量**或**指示变量**。注意，当 camper 的值为 0 时，涉及 β_1 的项也将为 0，此时模型将简化成一个单自变量的回归。

为了更好地理解我们推断的结果，让我们画一个图。

```
children = [0, 1, 2, 3, 4]
fish_count_pred_0 = []
fish_count_pred_1 = []
for n in children:without_camper = trace_ZIP_reg['α'] + trace_ZIP_reg['β']
[:,0] * n
    with_camper = without_camper + trace_ZIP_reg['β'][:,1]
    fish_count_pred_0.append(np.exp(without_camper))
    fish_count_pred_1.append(np.exp(with_camper))
plt.plot(children, fish_count_pred_0, 'C0.', alpha=0.01)
plt.plot(children, fish_count_pred_1, 'C1.', alpha=0.01)

plt.xticks(children);
plt.xlabel('Number of children')
plt.ylabel('Fish caught')
plt.plot([], 'C0o', label='without camper')
plt.plot([], 'C1o', label='with camper')
plt.legend()
```

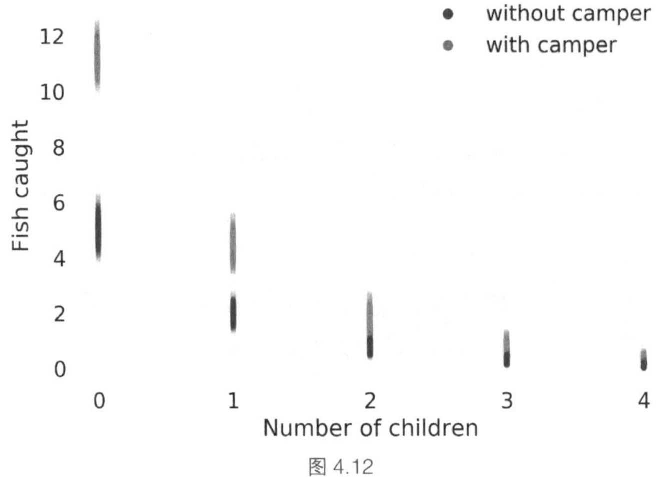

图 4.12

从图 4.12 中，我们可以看出，孩子的数量越多，捕获的鱼的数量就越少。另外，带露营车的人通常能捕获更多的鱼。如果你检查儿童和露营车的 β 系数，你将看到如下结论。

- 每增加一个孩子，捕获鱼的预期数会减少大约 0.4。
- 带露营车的人捕获鱼的预期数会增加大约 2。

我们通过分别取 β_1 和 β_2 系数的指数得出这些值。

4.5 鲁棒逻辑回归

我们刚刚看到了如何不直接建模生成 0 的因子来修复过多的零。Kruschke 提出的一种类似的方法，可以用来进行更具鲁棒性的逻辑回归。记住，在逻辑回归中，我们将数据建模为二项式，即 0 和 1。所以我们可能会发现一个数据集有不寻常的 0 和 1。以我们已经看到的鸢尾花数据集为例，但是稍微添加一些特殊数据。

```
iris = sns.load_dataset("iris")
df = iris.query("species == ('setosa', 'versicolor')")
y_0 = pd.Categorical(df['species']).codes
x_n = 'sepal_length'
x_0 = df[x_n].values
y_0 = np.concatenate((y_0, np.ones(6, dtype=int)))
x_0 = np.concatenate((x_0, [4.2, 4.5, 4.0, 4.3, 4.2, 4.4]))
x_c = x_0 - x_0.mean()
plt.plot(x_c, y_0, 'o', color='k');
```

在这里，我们有一些花萼长度异常短的变色鸢尾。我们可以用混合模型来解决这个问题。我们要说的是，输出变量来自随机猜测的概率 π，或者来自逻辑回归模型的概率 $1-\pi$。在数学上我们有：

$$p = 0.5\,\pi + (1-\pi)\ \text{logistic}\ (\alpha + \boldsymbol{X}\beta) \tag{4.27}$$

注意，当 $\pi=1$ 时，我们得到 $p = 0.5$；当 $\pi=0$ 时，我们回到了逻辑回归的等式。

这个模型可以直接通过修改本章第一个模型得到。

```
with pm.Model() as model_rlg:
    α = pm.Normal('α', mu=0, sd=10)
    β = pm.Normal('β', mu=0, sd=10)
    μ = α + x_c * β
    θ = pm.Deterministic('θ', pm.math.sigmoid(μ))
    bd = pm.Deterministic('bd',-α/β)
    π = pm.Beta('π', 1., 1.)
    p = π * 0.5 + (1 - π) * θ
    yl = pm.Bernoulli('yl', p=p, observed=y_0)

    trace_rlg = pm.sample(1000)
```

如果我们将这些结果与 model_0（本章的第一个模型）的结果进行比较，我们会发现我们得到的边界大致相同。通过比较图 4.13 和图 4.4 可以看出。

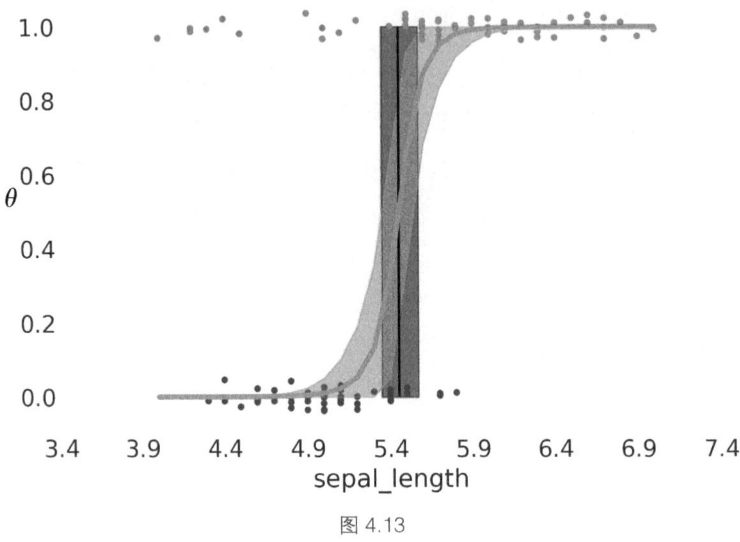

图 4.13

你可能还想计算 model_0 和 model_rlg 的统计摘要，以便根据每个模型比较边界的值。

4.6 GLM 模型

正如我们在本章开头所讨论的，线性模型是非常有用的统计工具。我们在本章中看到的这些扩展使它们更加通用。因此，PyMC3 包含一个简化线性模型创建的模块：**广义线性模型（Generalized Linear Model，GLM）**模块。例如，一元线性回归可以按如下这样写。

```
with pm.Model() as model:
    glm.glm('y ~ x', data)
    trace = sample(2000)
```

代码的第二行负责为截距和斜率添加先验。默认情况下，截距指定为扁平先验，斜率指定为 $N(0,1\times10^6)$ 先验。请注意，默认模型的**最大后验（Maxinum a Posteriori，MAP）**概率基本上等同于使用普通最小二乘法获得的最大后验概率。作为默认的线性回归，这是完全合适的。你可以使用 priors 参数修改它。GLM 模块还默认添加了一个高斯似然。你可以使用 family 参数修改它。你可以从下面这些类型中选一个：Normal、StudentT、Binomial、Poisson 或

NegativeBinomial。

为了描述统计模型，GLM 模块用的是 Patsy，这是一个 Python 库，它提供了一种受 R 语言和 S 语言中使用的语法启发的“公式迷你语言”。在前面的代码块中，`y~x` 表示我们有一个输出变量 `y`，我们希望将其估计为 `x` 的线性函数。

4.7 总结

本章讨论的主要思想相当简单：为了预测输出变量的均值，我们可以对输入变量的线性组合套上任意函数。我们称这个任意函数为逆连接函数。选择逆连接函数唯一的限制是输出的参数必须足以用作采样分布（通常是均值）。在以下情况下，我们需要用逆连接函数：处理分类变量、数据只能取正值、在 [0,1] 区间内需要一个变量。这些不同的变化就成为不同的模型。其中很多模型通常被用作统计工具，并对其应用和统计特性进行了研究。

逻辑回归模型是线性回归模型的推广，可用于分类或预测二值数据。逻辑回归的主要特点是用逻辑函数作为逆连接函数，用伯努利分布作为似然函数。逆连接函数的使用引入了一种非线性，我们在解释逻辑回归系数时应该考虑到这种非线性。该系数表示 x 变量的单位增量对应的对数几率的单位增量。

将逻辑回归推广到多个类别的一种方法是使用 softmax 回归。此时逆连接函数是 softmax 函数，它是逻辑函数对两个以上值的推广，并使用分类分布作为似然。

逻辑函数和 softmax 函数可以都是判别模型。我们尝试在不显式建模 $p(x)$ 的情况下建模 $p(y \mid x)$。分类的生成模型将首先建模 $p(x \mid y)$，也就是每个类 y 对应的 x 分布，再分配类别。这种模型被称为**生成式分类器**，因为我们正在创建一个模型，从中可以生成每个类的样本。我们还研究了一个使用高斯分布的生成式分类器的例子。

我们使用鸢尾花数据集演示了这些模型，并简要讨论了相关变量、完全可分类和不平衡分类。

另一个流行的广义线性模型是泊松回归。该模型假设数据服从泊松分布，逆连接函数为指数函数。泊松分布和回归对计数数据建模很有用，计数数据只采用非负整数的数据，由计数而不是排序产生的。大多数分布是相互联系的，例如高斯分布和 t 分布，泊松分布和二项分布（当试验次数非常多，但成功的概率非常低时）。

扩展泊松分布的一个有用方法是 ZIP 分布。我们可以将后者视为其他两种分布的混合：泊松分布和生成额外 0 的二项分布。另一个有用的扩展是负二项分布，它是泊松分布的混合分布。其中几率 μ 服从伽马分布。当数据过于分散时，即方差大于均值的数据，负二项分布是泊松分布的一种有用的替代方法。

4.8 练习

（1）使用花瓣长度和花瓣宽度变量重新运行第一个模型。结果的主要区别是什么？在每种情况下，95%HPD 区间有多宽或多窄？

（2）重复练习（1），这次使用 t 分布作为弱信息先验。尝试不同的 ν 值。

（3）回到本章的第一个例子，逻辑回归用于在给定花萼长度的情况下对刚毛鸢尾或变色鸢尾进行分类。试着用一个一元线性回归模型来解决同样的问题，正如我们在第 3 章中看到的那样。与逻辑回归相比，线性回归有多有用？结果可以解释为概率吗？提示：检查的值是否限制在 [0,1] 区间内。

（4）在解释逻辑回归系数部分的示例中，我们将 `sepal_length` 更改了 1 个单位。使用图 4.6，证实 `log_odds_versicolor_i` 的值对应于 `probability_versicolor_i` 的值。对 `log_odds_versicolor_f` 和 `probability_versicolor_f` 采取同样的方法验证。只要注意 `log_odds_versicolor_i` 是负的，从概率角度，你能给出什么解读？再看一下图 4.6。从对数几率的定义来看，这个解读结果清楚吗？

（5）使用练习（4）中的相同示例。对于 `model_1`，检查当 `sepal_length` 从 5.5 增加到 6.5（提示：实际值应为 4.66）时，对数几率变化的程度。概率变化有多大？与我们从 4.5 增加到 5.5 相比，这是怎么增长的？

（6）在处理不平衡数据的例子中，将 `df = df[45:]` 更改为 `df = df[22:78]`。这将保持大致相同数量的数据点，但现在这些分类是平衡的。将新结果与以前的结果进行比较。哪一个更类似于使用完整数据集的示例？

（7）假设我们不使用 softmax 回归，而是使用一元线性回归模型（通过修改代码 setosa=0、versicolor=1 和 virginica=2 得到）。在一元线性回归模型下，如果我们切换代码会发生什么？我们会得到相同或不同的结果吗？

（8）比较逻辑模型与 LDA 模型的概率。使用 `sample_posterior_predictive` 函数生成预测数据，并比较两种情况下获得的数据。确保你了解模型预测和数据之间的差异。

（9）使用 fish 数据集，扩展 `ZIP_reg` 模型，将 persons 变量作为线性模型的一部分，然后模拟额外 0 的数量。你应该得到一个包含两个线性模型的模型：一个将儿童数量和是否有露营者与泊松概率联系起来（如我们看到的示例），另一个将人数与 ψ 变量联系起来。对于第二种情况，你将需要一个逻辑逆连接！

（10）使用鲁棒逻辑回归示例的数据为非鲁棒逻辑回归模型提供数据，并检查异常值是否影响结果。你可能希望尝试添加或删除异常值，以便更好地了解估计的效果。

（11）阅读并运行 PyMC3 文档中的 GLM 相关的示例。

第 5 章 模型比较

“地图并非它所表示的领土，但它们有相似的结构。”

——阿尔弗雷德·科日布斯基（Alfred Korzybski）

模型应该是问题的近似值，可以帮助我们理解特定的或者某类相关的问题。模型不是“真实世界”的副本。即便模型带有先验信息，我们也认为所有的模型都是错误的，当然并不是一样的错误。当描述给定的问题时，有些模型会比其他模型更好。在前面的章节中，我们将注意力集中在推理问题上，即如何从数据中学习参数值。在本章中，我们将关注另一个问题：如何比较用于解释同一数据的两个或多个模型。正如我们将学习的那样，这并不简单，同时它是数据分析中的核心问题。

在本章中，我们将探讨以下主题。

- 后验预测检查。
- 奥卡姆剃刀原理——简单性和准确性。
- 过拟合和欠拟合。
- 信息准则。
- 贝叶斯因子。
- 正则化先验。

5.1 后验预测检查

在第 1 章中，我们介绍了后验预测检查的概念。在后面的章节中，我们用它来评估模型是否能很好地解释数据。后验预测检查的目的不是指出模型是错误的，这是已知的事实。通过执行后验预测检查，我们希望更好地了解模型的局限性，要么正确地认识它们，要么尝试改进。在前面的陈述中，隐含的事实是，模型通常不会以同样好的效果再现问题的所有方面。当然这不是问题，因为我们建立模型之初就已经有明确的目的了。后验预测检查是基于这个目的评估模型的一种方法。因此，只要我们有多个模型，就可以用后验预测检查进行比较。

让我们加载并绘制一个非常简单的数据集，代码运行结果如图 5.1 所示。

```
dummy_data = np.loadtxt('../data/dummy.csv')
x_1 = dummy_data[:, 0]
y_1 = dummy_data[:, 1]

order = 2
x_1p = np.vstack([x_1**i for i in range(1, order+1)])
x_1s = (x_1p - x_1p.mean(axis=1, keepdims=True)) / \
    x_1p.std(axis=1, keepdims=True)
y_1s = (y_1 - y_1.mean()) / y_1.std()
plt.scatter(x_1s[0], y_1s)
plt.xlabel('x')
plt.ylabel('y')
```

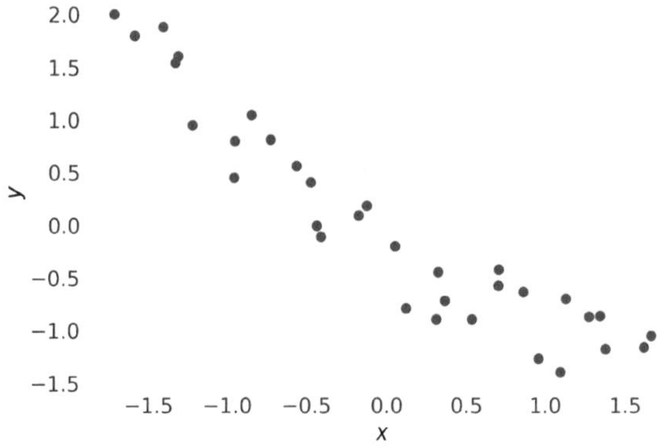

图 5.1

现在，我们将使用两个稍有不同的模型来拟合这些数据，线性模型和二阶多项式（也称为**抛物线**或**二次模型**）。

```
with pm.Model() as model_l:
    α = pm.Normal('α', mu=0, sd=1)
    β = pm.Normal('β', mu=0, sd=10)
    ε = pm.HalfNormal('ε', 5)
```

```
    μ = α + β * x_1s[0]

    y_pred = pm.Normal('y_pred', mu=μ, sd=ε, observed=y_1s)

    trace_l = pm.sample(2000)

with pm.Model() as model_p:
    α = pm.Normal('α', mu=0, sd=1)
    β = pm.Normal('β', mu=0, sd=10, shape=order)
    ε = pm.HalfNormal('ε', 5)

    μ = α + pm.math.dot(β, x_1s)

    y_pred = pm.Normal('y_pred', mu=μ, sd=ε, observed=y_1s)

    trace_p = pm.sample(2000)
```

现在，我们将绘制两个模型的均值拟合，代码运行结果如图 5.2 所示。

```
x_new = np.linspace(x_1s[0].min(), x_1s[0].max(), 100)

α_l_post = trace_l['α'].mean()
β_l_post = trace_l['β'].mean(axis=0)
y_l_post = α_l_post + β_l_post * x_new

plt.plot(x_new, y_l_post, 'C1', label='linear model')

α_p_post = trace_p['α'].mean()
β_p_post = trace_p['β'].mean(axis=0)
idx = np.argsort(x_1s[0])
y_p_post = α_p_post + np.dot(β_p_post, x_1s)

plt.plot(x_1s[0][idx], y_p_post[idx], 'C2', label=f'model order {order}')

α_p_post = trace_p['α'].mean()
β_p_post = trace_p['β'].mean(axis=0)
x_new_p = np.vstack([x_new**i for i in range(1, order+1)])
y_p_post = α_p_post + np.dot(β_p_post, x_new_p)

plt.scatter(x_1s[0], y_1s, c='C0', marker='.')
plt.legend()
```

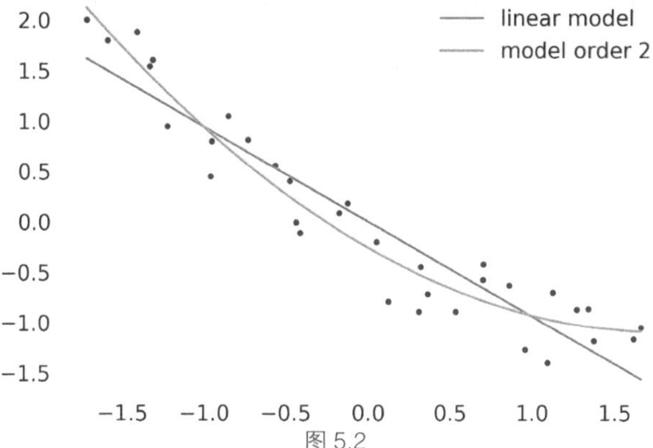

图 5.2

二次模型似乎更好，但是线性模型也并不差。让我们使用 PyMC3 获得两个模型的后验预测样本。

```
y_l = pm.sample_posterior_predictive(trace_l, 2000,
                                      model=model_l) ['y_pred']

y_p = pm.sample_posterior_predictive(trace_p, 2000,
                                      model=model_p) ['y_pred']
```

如你所见，后验预测检查经常用可视化的方式来执行，如下所示。代码的运行结果如图 5.3 所示。

```
plt.figure(figsize=(8, 3))
data = [y_1s, y_l, y_p]
labels = ['data', 'linear model', 'order 2']
for i, d in enumerate(data):
    mean = d.mean()
    err = np.percentile(d, [25, 75])
    plt.errorbar(mean, -i, xerr=[[-err[0]], [err[1]]], fmt='o')
    plt.text(mean, -i+0.2, labels[i], ha='center', fontsize=14)
plt.ylim([-i-0.5, 0.5])
plt.yticks([])
```

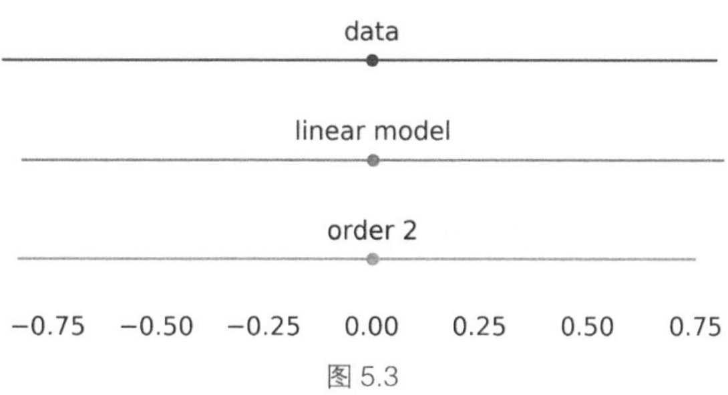

图 5.3

图 5.3 显示了数据、线性模型以及二次模型的均值和**四分位距**（Interquartile Range，IQR）。在此图中，我们对每个模型的后验预测样本求平均。可以看到，两个模型的均值都得到了很好的再现，并且分位数范围相差不大。但在实际问题中，可能会有些小差异。我们可以画很多不同的图来探索后验预测分布。例如，我们可以绘制均值和四分位距的离差，而不是它们的均值。代码如下所示。

```
fig, ax = plt.subplots(1, 2, figsize=(10, 3), constrained_layout=True)

def iqr(x, a=0):
    return np.subtract(*np.percentile(x, [75, 25], axis=a))

for idx, func in enumerate([np.mean, iqr]):
    T_obs = func(y_1s)
    ax[idx].axvline(T_obs, 0, 1, color='k', ls='--')
for d_sim, c in zip([y_l, y_p], ['C1', 'C2']):
    T_sim = func(d_sim, 1)
    p_value = np.mean(T_sim >= T_obs)
    az.plot_kde(T_sim, plot_kwargs={'color': c},
                label=f'p-value {p_value:.2f}', ax=ax[idx])
ax[idx].set_title(func.__name__)
ax[idx].set_yticks([])
ax[idx].legend()
```

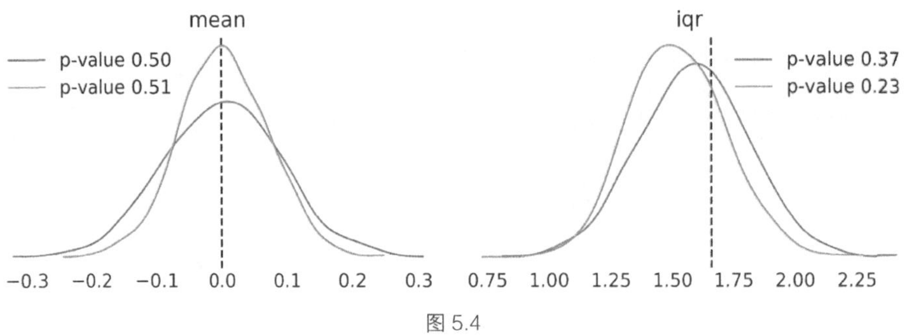

图 5.4

在图 5.4 中，黑色虚线表示从数据中计算出的统计量（均值或四分位距）。由于我们只有一个数据集，所以统计信息只有一个值（而不是分布）。曲线（颜色与图 5.3 一致）表示从后验预测样本计算出的均值（左图）或四分位距（右图）的分布。还可以看到，图 5.4 还标记了 p 值。我们通过比较模拟数据与实际数据来计算这些 p 值。对于这两个集合，我们都计算一个统计摘要（在此示例中为均值或四分位距），然后计算来自模拟数据的统计摘要大于或等于从观测数据计算得出的统计摘要的概率。如果观测数据和模拟结果一致，那么 p 值大约为 0.5，否则我们会得到有偏差的后验预测分布。

提示：贝叶斯的 p 值只是一种衡量后验预测检查拟合度的方法。

如果你熟悉频率论的方法，并且读这本书是因为听说有些“牛人”都不用 p 值了，那么你可能会对他们震惊甚至失望。但请保持冷静并继续阅读。这些贝叶斯的 p 值确实是 p 值，因为它们在频率论里的定义基本相同：

$$\text{贝叶斯}\,p\,\text{值} \triangleq p((T_{\text{sim}} \geqslant T_{\text{obs}}) \mid y) \tag{5.1}$$

也就是说，我们得到的模拟统计量 T_{sim} 的概率等于或比数据 T_{obs} 中的统计量更极端。在这里，T 几乎可以是任何提供数据摘要的东西。在图 5.4 中，就是左图的均值以及右图的四分位距。选择 T 时应首先考虑引发推理的问题。

这些 p 值是**贝叶斯**的，因为对于采样分布我们使用后验预测分布。还要注意，我们并不是以零假设（Null Hypothesis）[①] 为条件。事实上，我们有 θ 的整个后验分布，而且是以观察到的数据为条件。另一个不同之处是，我们没有用任何预定义的阈值来声明统计显著性，也没有进行假设检验。我们只是在尝试计算一个数字以评估后验预测分布对数据集的拟合度。

后验预测检查，无论是使用图表还是贝叶斯 p 值等数值摘要，或者将两者结合使用，都是非常灵活的方法。这个概念足够通用，足以让分析师发挥想象力，想出不同的方法来探索后预测分布，使用合适的方法（包括但不限于模型比较）讲述一个数据驱动的故事。在接下来的章节中，我们将探索其他模型的比较方法。

5.2 奥卡姆剃刀原理——简单性和准确性

在备选方案中进行选择时，有一种奥卡姆剃刀原理，简单描述如下。

如果对同一现象有两个或多个等效的解释，则应选择较简单的一个解释。

选用这种启发式方法的理由有很多。其中之一与波普尔提出的可证伪性准则有关。一个务实的观点指出：与较复杂的模型相比，较简单的模型更易于理解，

① 零假设又称原假设，指进行统计检验时预先建立的假设。——译者注

因此应保留较简单的模型。还有一个理由是基于贝叶斯统计，我们将在讨论贝叶斯因子时讲解。在不深入讨论这些理由的情况下，我们暂时接受此标准作为有用的经验法则。

在比较模型时，我们通常应考虑的另一个因素是模型的准确性，即模型对数据的拟合程度。我们已经看到了一些准确性的度量，例如决定系数 R^2，我们可以将其解释为线性回归中解释方差的比例。此外，后验预测检查基于数据准确性。如果我们有两个模型，并且其中一个模型比另一个模型更好地解释了数据，那么我们应该更喜欢那个模型。也就是说，我们希望该模型具有更高的准确性，对吗？

直观地说，在比较模型时，我们倾向于选择那些精度较高的和简单的模型。到目前为止，一切都还不错，但是，如果较简单的模型具有最差的精度，该怎么办？更笼统地说，我们如何平衡这两种贡献？

在本章的其余部分中，我们将讨论平衡这两种贡献的办法。本章比前几章更具理论性（即使我们只是触及这个话题的表面）。但是，我们将使用代码、数据和例子来帮助我们从平衡准确性与复杂性之间的这种（正确的）直觉转变为更具理论性（或至少基于经验）的有依据的理由。

我们先用几个复杂度逐渐增强的多项式拟合一个非常简单的数据集。我们将使用最小二乘法近似来拟合线性模型，而不使用贝叶斯机制。请记住，前者可以从贝叶斯的角度解释为具有扁平先验[①]的模型。因此，从某种意义上说，我们这里仍然是与贝叶斯相关的，只是走了一点儿捷径。以下代码的运行结果如图 5.5 所示。

```
x = np.array([4., 5., 6., 9., 12, 14.])
y = np.array([4.2, 6., 6., 9., 10, 10.])
plt.figure(figsize=(10, 5))
order = [0, 1, 2, 5]
plt.plot(x, y, 'o')
for i in order:
    x_n = np.linspace(x.min(), x.max(), 100)
    coeffs = np.polyfit(x, y, deg=i)
    ffit = np.polyval(coeffs, x_n)
```

① 扁平先验就是不提供任何信息的先验。——译者注

```
    p = np.poly1d(coeffs)
    yhat = p(x)
    ybar = np.mean(y)
    ssreg = np.sum((yhat-ybar)**2)
    sstot = np.sum((y - ybar)**2)
    r2 = ssreg / sstot

    plt.plot(x_n, ffit, label=f'order {i}, $R^2$= {r2:.2f}')

plt.legend(loc=2)
plt.xlabel('x')
plt.ylabel('y', rotation=0)
```

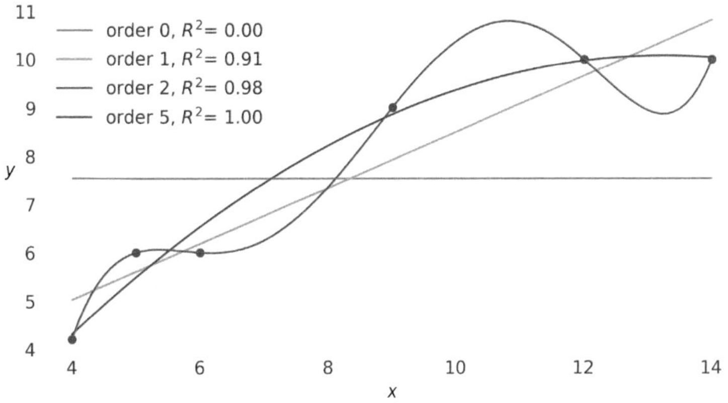

图 5.5

5.2.1 参数过多会导致过拟合

从图 5.5 中可以看出，随着模型复杂度的提升，准确性也随之提高，这反映在决定系数 R^2 的增大上。实际上，我们可以看到 5 阶多项式与数据非常拟合！你可能还记得我们在第 3 章中简要讨论了多项式的这种行为，并且我们还讨论了通常情况下，对实际问题使用多项式并不是一个好主意。

为什么 5 阶多项式能够一个不漏地捕获数据呢？原因是，我们拥有与数据点数量（6 个）相同的参数。因此，模型只是以不同的方式对数据进行编码。模型并没有真正从数据中学到东西，只是在记住东西！从这个例子中，我们可以看到，精度更高的模型并不总是我们真正想要的。

假如我们有足够的金钱或时间，去收集更多的数据点。例如，我们收集了

[(10, 9), (7, 7)] 这两个点，如图 5.6 所示。与 1 阶或 2 阶模型相比，5 阶模型对这些问题的解释程度如何？不是很好，对吧？ 5 阶模型没有从数据中学习到什么有趣的模式。相反，它只是重现了数据，因此 5 阶模型推广到未观测到的数据是很差的。

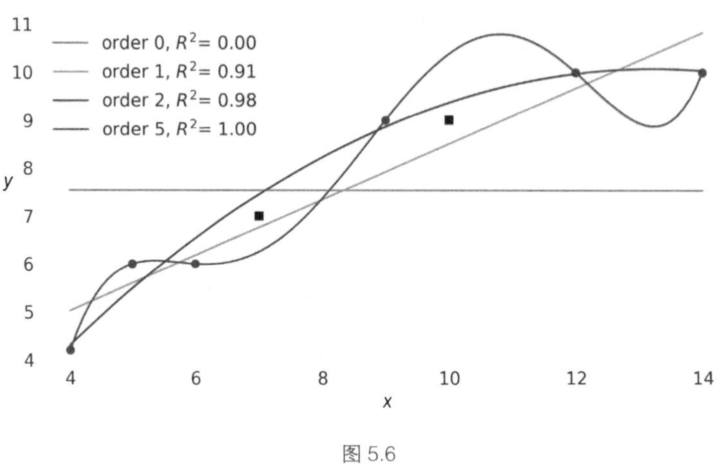

图 5.6

当模型与最初用于学习其参数的数据集非常吻合，但在拟合其他数据集时却表现非常差时，我们把这种现象称为过拟合。这是统计学和机器学习中的一个非常普遍的问题。描绘过拟合问题的一个非常有用的方法是，把数据集分为两个部分：信号和噪声。信号就是我们想要从数据中学到的东西。我们用一个数据集，是因为我们认为其中存在有用的信号，否则这将是徒劳无益的。另外，噪声是无用的，产生噪声的原因可能是测量误差、数据生成或捕获方式的限制或数据损坏等。当模型过分灵活，学习了噪声，却隐藏了信号时，就会过拟合。这是奥卡姆剃刀原理的实际证明。至少在原则上，我们总可以创建一个非常复杂的模型，它可以详细解释一切数据。就像博尔赫斯所描述的“帝国”一样：制图人员达到了一个高度复杂的水平，他们绘制了一张与帝国大小一样的地图，并且与帝国逐点重合。

5.2.2　参数太少会导致欠拟合

再看这个例子，在另一个极端，我们得到一个 0 阶模型。这个模型只是一个有

关变量 y 的高斯模型，伪装成了一个线性模型。从图 5.5 中可以看出，这个模型只捕获了因变量的均值，并且完全独立于 x 变量的值。可以说这个模型是欠拟合的。

5.2.3 简单性与准确性之间的平衡

“任何事情应该要尽量简单，但也不能太过简单”，这句话是爱因斯坦的名言，含义与奥卡姆剃刀原理一样。理想情况下，我们希望得到一个既不会过拟合又不会欠拟合的模型。因此，我们要做一个权衡，并以某种方式优化或调整模型。

这种权衡通常依据偏差和方差进行。

- 高偏差是模型适应数据的能力低的结果。高偏差会导致模型错过相关模式，从而导致欠拟合。
- 高方差是模型对数据中的细节具有高度敏感的结果。高方差可能导致模型捕获数据中的噪声，从而导致过拟合。

在图 5.5 中，0 阶模型是具有较高偏差（和较低方差）的模型，因为它的图形是一条在 y 变量的均值处的水平线，与 x 值无关。5 阶模型是具有较高方差（和较低偏差）的模型。用一个简单的办法说明这一点，你可以把这个模型用于 6 个点的数据集，重排它的顺序，你会发现这个模型将与大多数点完美契合。更多相关细节，请参见练习（6）。

高偏差的模型会带有更多偏见（拟人化）或更多惯性（拟物化）的模型，而高方差的模型则是一种更为开放的模型。偏差过大将不足以拟合新的数据。过于开放则会得到一些荒谬的结论。通常，当我们增加其中一项时，另一项就会减少，以达到偏差和方差的平衡。再次强调，我们的目标是获得一个平衡的模型。

5.2.4 预测精度度量

在前面的示例中，很容易看到对数据来说 0 阶模型非常简单，而 5 阶模型过于复杂，那么其他两个呢？为了回答这个问题，我们需要一种更具原则性的方法，一方面要考虑到准确性，另一方面要考虑到简单性。为此，我们需要引入几个新概念。前两个新概念如下。

- **样本内精度**：使用用于拟合模型的数据测量的准确度。
- **样本外精度**：根据未用于拟合模型的数据测量的准确度，也称为预测精度。

对于任何数据和模型的组合，样本内精度平均小于样本外精度。因此，使用样本内精度会让我们误以为我们有比实际更好的模型。所以，样本外测量优于样本内测量。但是，这也有问题。我们需要留出一部分数据用于测试，这对大多数分析师而言是一种奢侈。

为了解决这个问题，人们花费了大量精力来设计只使用样本内数据来估计样本外精度的方法。下面介绍其中两种。

- **交叉验证**：这是一种经验策略，先把可用数据划分为子集，再让这些子集交替进行拟合和评估。
- **信息准则**：这是几个简单等式的总称，可以认为是一种近似交叉验证的方法。

交叉验证

大多数情况下，交叉验证是一种简单、有效的解决方案，可以在不预留数据的情况下评估模型。图 5.7 展示了这个过程。获取数据后，我们将其划分为 K 个部分。

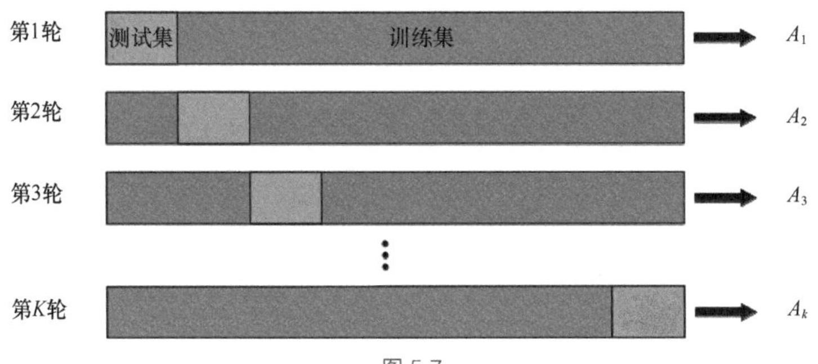

图 5.7

尽量让每个部分（大小或其他特征，例如类别的数量）相等。然后，我们用其中的 K-1 个部分来训练模型，其余进行测试。接下来，从训练集中挑一部分替换测试集，反复执行 K 轮为止。将 K 轮运行的结果取均值得到 A_k。这个过程称为 **K 折交叉验证**。当 K 等于数据点的个数时，就是**留一法交叉验证（Leave-one-out Cross-validation，LOOCV）**。有时，在进行 LOOCV 时，如果数据点过多，一般会减少检验轮数。

交叉验证是机器学习的基础知识。我们在这里省略了一些细节，但这对于当前的讨论已经够了。更多详细信息，你可以阅读 Sebastian Raschka 撰写的 *Python Machine Learning* 一书，或 Jake Vanderplas 撰写的 *Python Data Science Handbook*。

交叉验证是一个非常简单、实用的思想，但是对于某些模型或大量数据，交叉验证的计算成本可能超出了我们的能力。很多人试图提出更简单的计算方法，这些方法近似于交叉验证，并且可以用于交叉验证不容易执行的情况。这是 5.3 节的主题。

5.3 信息准则

信息准则是一组不同且以某种方式相关的工具，用于比较模型的数据拟合程度，同时通过惩罚项考虑到模型的复杂性。换句话说，信息准则使我们在本章开头形成的直觉形式化。我们需要一种适当的方法来平衡模型的解释性和复杂性。

这些量的确切推导方式与**信息论**领域有关，这超出了本书的范围，因此我们只从实践的角度理解它们。

5.3.1 对数似然和偏差

衡量模型对数据的拟合程度的一种直观方法是计算数据与模型的预测数据之间的二次平均误差：

$$\frac{1}{n}\sum_{i=1}^{n}(y_i - E(y_i \mid \theta))^2 \tag{5.2}$$

$E(y_i \mid \theta)$ 是给定估计参数的预测值。

注意，这实际上是观察到的数据和预测数据之间差异的均值。对误差进行平方可确保误差不会抵消，并且相对于其他计算方法（如绝对值）会更强调大误差。更一般的方法是计算对数似然：

$$\sum_{i=1}^{n}\log p(y_i\,|\,\theta) \tag{5.3}$$

当似然服从正态分布时，结果与二次平均误差成正比。

实际上，由于历史原因，人们通常不直接使用对数似然。相反，他们使用偏差：

$$-2\sum_{i=1}^{n}\log p(y_i\,|\,\theta) \tag{5.4}$$

偏差同时适用于贝叶斯和非贝叶斯，两者的区别在于：在贝叶斯框架下，θ 是从后验估计的，和其他从后验得到的任何量一样，它是一个分布。相反，在非贝叶斯设定中，θ 是一个点估计。要学会如何使用偏差，应注意以下两个关键点。

- 偏差越小，对数似然越高，模型预测与数据的一致性越高。 因此，我们需要偏差低的值。
- 偏差测量的是模型的样本内精度，因此，复杂模型通常比简单模型有更低的偏差。因此，需要在复杂模型中加入惩罚项。

在接下来的章节中，我们将学习不同的信息准则。它们的共同之处是都使用偏差和惩罚项。不同的是如何计算偏差和惩罚项。

5.3.2　赤池信息量准则

赤池信息量准则（Akaike Information Criterion，AIC）是一个非常著名且广泛使用的信息准则，尤其对非贝叶斯来说，它的定义如下：

$$\text{AIC} = -2\sum_{i=1}^{n}\log p(y_i\,|\hat{\theta}_{\text{mle}}) + 2p\text{AIC} \tag{5.5}$$

这里的 pAIC 代表参数的个数，$\hat{\theta}_{\text{mle}}$ 是参数 θ 的最大似然估计。最大似然估计是非贝叶斯估计的一种常用方法，一般来说，当使用扁平先验时，它等价于贝叶斯 **MAP** 估计。请注意，$\hat{\theta}_{\text{mle}}$ 是一个点估计，而不是一个分布。

-2 是因历史原因而存在。从实践的角度来看，第一项考虑了模型与数据的拟合程度，第二项考虑了模型的复杂度。因此，如果两个模型都能很好地解释数据，但是其中一个模型的参数比另一个模型多，AIC 告诉我们应该选择参数较少的模型。

AIC 适用于非贝叶斯方法。一个原因是它不使用后验概率，因此它丢弃了有关估计中不确定性的信息。它还使用了扁平先验的假设，因此这个标准与信息性先验和弱信息性先验是不兼容的，就像本书中使用的那些。

5.3.3 广泛适用的信息准则

这是 AIC 的完全贝叶斯版本。与 AIC 一样，**广泛适用的信息准则（the Widely Applicable Information Criterion，WAIC）**有两个：一个用于衡量数据与模型的拟合程度，另一个用于惩罚复杂模型。

$$\mathrm{WAIC} = -2\mathrm{LPPD} + 2p_{\mathrm{WAIC}} \tag{5.6}$$

如果你想更好地理解这两个术语，请阅读 5.6 节。从实用的角度来看，你只需要知道我们更喜欢较低的 WAIC 值。

5.3.4 帕累托平滑重要性采样留一法交叉验证

帕累托平滑重要性采样留一法交叉验证（Pareto Smoothed Importance Sampling LOOCV，PSIS-LOOCV）是一种用于近似 LOOCV 结果但不实际执行 K 次迭代的方法。这不是一个信息准则，但在实践中提供的结果与 WAIC 非常相似，并且在一定条件下，WAIC 和 LOO 都渐近收敛。在不涉及太多细节的情况下，主要的想法是可以通过对似然适当地重新加权来近似实现 LOOCV。这可以使用一种非常著名并有用的统计技术，即重要性采样来完成。但它的主要问题是结果不稳定。为了解决这一问题，引入了一种新的方法。这种方法使用了一种称为**帕累托平滑重要性采样（PSIS）**的技术，可以用来计算更可靠的 LOO 估计。它的解释类似于 AIC 和 WAIC，值越低，模型的估计预测精度越高。因此，我们更喜欢具有值较低的模型。

5.3.5 其他信息准则

另一个常见的信息准则是**偏差信息准则（Deviance Information Criterion,**

DIC）。它在某种程度上就介于 AIC 和 WAIC 之间。虽然 DIC 仍然很受欢迎，但 WAIC 已被证明在理论和经验上都更有用，因此建议使用 WAIC 而不是 DIC。另一个信息准则是**贝叶斯信息准则**（**Bayesian Information Criterion, BIC**），它类似于逻辑回归和我母亲的 sopa seca。这个名字可能有误导性。BIC 可以解决 AIC 中一些问题，作者提出了一种贝叶斯证明方法。但是 BIC 并不是真正的“贝叶斯”，事实上它和 AIC 非常相似。它也假定扁平先验，并使用最大似然估计。更重要的是，BIC 不同于 AIC 和 WAIC，它更多涉及贝叶斯因子的概念，这一点我们将在本章后面讨论。

5.3.6 使用 PyMC3 比较模型

用 ArviZ 库比较模型，非常容易！代码的运行结果如表 5.1 所示。

```
waic_l = az.waic(trace_l)
waic_l
```

表 5.1

	waic	waic_se	p_waic	warning
0	28.750381	5.303983	2.443984	0

如果要计算 LOO，则使用 `az.loo`。

对于 WAIC 和 LOO，PyMC3 报告以下 4 个值。

- 点估计。
- 点估计的标准差（这是通过假设正态性来计算的，因此当样本量较低时，它可能不太可靠）。
- 有效参数个数。
- 警告（更多细节请阅读“关于 WAIC 和 LOO 计算可靠性的说明”部分）。

由于 WAIC 和 LOO 的值总是以相对的方式进行解释，即通过跨模型来比较它们，ArviZ 提供了两个辅助功能来简化比较。第一个是 `az.compare`，其代码运行结果如表 5.2 所示。

```
cmp_df = az.compare({'model_l':trace_l, 'model_p':trace_p}, method='BB-pseudo-BMA')
cmp_df
```

表 5.2

	waic	pwaic	dwaic	weight	se	dse	warning
1	9.07	2.59	0	1	5.11	0	0
2	28.75	2.44	19.68	0	4.51	5.32	0

有很多列，所以让我们逐一解释它们的含义。

（1）第二列包含 WAIC 的值。DataFrame 按 WAIC 从最低到高排序，索引反映了模型传递到此函数的顺序。

（2）第三列是估计的有效参数个数。一般来说，参数越多的模型拟合数据就越灵活，同时也可能导致过拟合。因此，我们可以将 pWAIC 解释为一个惩罚项。直观地说，我们还可以将其解释为衡量每个模型在拟合数据方面的灵活性。

（3）第四列是排名靠前的模型的 WAIC 值与每个模型的 WAIC 值之间的相对差值。因此，对于第一个模型，我们将始终获得 0。

（4）在比较模型时，有时我们不想选择最好的模型。我们希望通过对所有模型（或至少几个模型）进行平均来执行预测。理想情况下，为了给能更好地解释 / 预测数据的模型赋予更多权重，我们希望采用加权平均。这有很多方法，其中之一是基于每个模型的 WAIC 值使用赤池（Akaike）权重。这些权重可以粗略地解释为给定数据的每个模型（在比较模型中）的概率。用这种方法要注意，权重是基于 WAIC 的点估计（即不确定性被忽略）。

（5）第六列记录了 WAIC 的标准差。标准差可用于评估 WAIC 估计的不确定性。

（6）就像我们可以计算每个 WAIC 值的标准差一样，我们也可以计算两个 WAIC 值之差的标准差，这就是第七列。请注意，这两个标准差不一定相同。原因是 WAIC 的不确定性在模型之间是相关的。对于排名靠前的模型，此数量始终为 0。

（7）最后一列是警告。值为 1 表示 WAIC 的计算可能不可靠。请阅读“关于 WAIC 和 LOO 计算可靠性的说明”部分，了解更多详细信息。

我们也可以通过使用 `az.plot_compare` 函数获得类似的可视化信息。用第二个方便的函数获取 `az.compare` 的输出，并以 Richard McElreath 的

Statistical Rethinking 一书中所用的方式生成一个摘要图。

```
az.plot_compare(cmp_df)
```

让我详细描述一下图 5.8。

- 空心圆表示 WAIC 值，与之相关的黑色误差实线是 WAIC 的标准差。
- 垂直灰色虚线表示最低 WAIC 值，以便于与其他 WAIC 值进行比较。
- 实心圆是每个模型的样本偏差，对于 WAIC 是对应 WAIC 值的 2 *p*WAIC。
- 除排名靠前的模型外的所有模型，我们还得到一个三角形，表示该模型与排名靠前的模型之间的 WAIC 差值，以及一条灰色误差线，表示每个模型排名靠前的 WAIC 与 WAIC 差值的标准差。

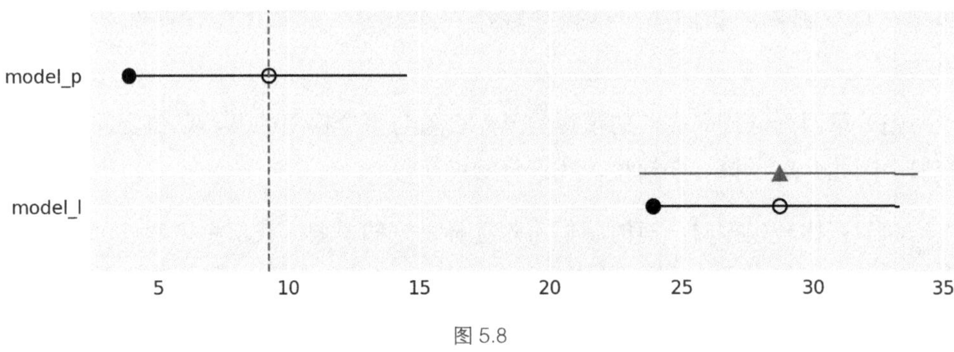

图 5.8

使用信息准则的更简单方法是执行模型选择，即只需选择信息准则值较低的模型，而忽略其他任何模型。如果我们遵循这个解释，这将是一个非常容易的选择——二次模型是最好的。请注意，标准差不重叠，这让我们对做出这个选择充满信心。相反，如果标准差重叠，我们应该提供一个更细致的答案。

关于 WAIC 和 LOO 计算可靠性的说明

在计算 WAIC 或 LOO 时，你可能会收到一条警告消息，表明这两种计算的结果都可能不可靠。此警告是根据经验确定的阈值发出的（请参阅第 9 章）。虽然这不一定是有问题的，但它可能表明这些准则的计算有问题。WAIC 和 LOO 是相对较新的，我们可能仍然需要开发更好的方法来访问它们的可靠性。无论如何，如果这种情况发生在你身上，首先，确保你有足够的样本，并且你有一个混合良好、可靠的样本（见第 8 章）。如果你仍然得到这些警告信息，LOO 方法的提出者建议使用一个更具鲁棒性的模型，比如使用 t 分布而不是高斯分布。如果这些建议都不起作用，那么你可能需要考虑换种方法，例如直接执行 K 折交叉验证。

更一般地说，WAIC 和 LOO 只能帮助你在一组给定的模型中进行选择，但它们不能帮助你确定一个模型是否真的是解决我们特定问题的好方法。因此，WAIC 和 LOO 应辅以后验预测检查，以及任何其他信息和测试，以帮助我们根据与我们试图解决的特定问题相关的领域知识建立模型和数据。

5.3.7 模型平均

模型选择因其简单而吸引人，但我们正在丢弃模型中有关不确定性的信息。这在某种程度上类似于计算所有后验值，然后只保留后验值的均值。我们可能会对自己真正知道的东西过于自信。一种方法是执行模型选择，但每个模型都进行报告和讨论，包括信息准则值、它们的标准差值，也许还有后验预测检查。重要的是把这些数字和测试放在我们问题的背景下，这样就可以更好地感受到模型可能存在的局限性和缺点。如果你在学术界，你可以把这种方法用在演讲、论文等的讨论部分。

另一种方法是完全接受模型比较中的不确定性，并进行模型平均。现在的想法是使用每个模型的加权平均值生成一个元模型（和元预测）。计算这些权重可以使用式（5.7）：

$$w_i = \frac{e^{\frac{1}{2}dE_i}}{\sum_j^M e^{-\frac{1}{2}dE_j}} \tag{5.7}$$

在这里 dE_i 是第 i 个模型的 WAIC 值与 WAIC 最低的模型之间的差值。除了 WAIC，你可以使用任何其他你想要的信息准则，比如 AIC、LOO 等。该公式是一种启发式方法，用于根据 WAIC 值（或其他类似度量）计算每个模型（给定一组固定模型）的相对概率。注意分母只是一个标准化项，以确保权重总和为 1。你可能还记得第 4 章中的这个等式，因为它只是 softmax 函数。使用式（5.7）中的权重来计算平均模型称为**伪贝叶斯模型平均**。真正的**贝叶斯模型平均**将会使用边缘似然而不是 WAIC 或 LOO。 然而，即使使用边缘似然在理论上听起来很有吸引力，但在模型比较和模型平均方面，也有理论和经验支持选用 WAIC 或

LOO 而不是边缘似然。你将在 5.4 节中找到有关此内容的更多详细信息。

使用 PyMC3，你可以通过将 `method='pseudo-BMA'`（伪贝叶斯模型平均）参数传递给 `az.compare` 函数来计算在式（5.7）中表示的权重。这个公式的一个注意事项是，它在计算值时没有考虑不确定性。假设使用高斯近似，我们可以计算每个 E_i 的标准差。当传递 `method='pseudo-BMA'` 参数时，这些是由 `az.waic`，`az.loo` 函数以及 `az.compare` 函数返回的误差。我们还可以通过使用贝叶斯自举[①]来估计不确定性。这是一种比假设正态性更稳健的方法。如果将 `method='BB-pseudo-BMA'` 传递给 `az.compare` 函数，PyMC3 可以为你计算这个值。

计算平均模型的权重的另一种方法是预测分布的叠加或仅仅是叠加。这在 PyMC3 中通过将 `method='stacking'` 传递给 `az.compare` 来实现。其基本思想是通过最小化元模型和真实生成模型之间的差异，将多个模型组合在一个元模型中。当使用对数评分规则时，这等效于以下内容：

$$\max_n \frac{1}{n}\sum_{i=1}^{n}\log\sum_{k=1}^{K} w_k p(y_i \mid y_{-i}, M_k) \tag{5.8}$$

在这里 n 代表数据点的数量，K 是模型的数量。我们约束 w_k 满足 $w_k \geqslant 0$，$\sum w_k = 1$。$p(y_i \mid y_{-i}, M_k)$ 代表 M_k 模型的留一法预测分布。正如我们已经讨论过的，计算它需要对每个模型进行几次拟合，每次只保留一个数据点。幸运的是，我们可以使用 WAIC 或 LOO 来近似得到精确的留一法预测分布，这就是 PyMC3 所做的。

模型平均还有其他方法，例如，显式构建一个元模型，其子模型包含所有感兴趣的模型。我们可以用对每个子模型的参数进行推断的方式构建模型，同时计算每个模型的相对概率（有关示例，请参阅 5.4 节）。

除了平均离散模型，我们有时还可以考虑连续模型。举一个例子，假设对于抛硬币的问题，我们有两个不同的模型：一个先验偏向头部，另一个先验偏向尾部。它的一个连续的版本是分层模型，其中先验分布是直接从数据估计的。这种

① 自举，是一种重新采样的方法，从现有的样本数据中独立采样，并替换相同数量的样本，在这些重新采样的数据中进行推断。——译者注

分层模型包括离散模型（特殊情况）。

哪种方法更好？这取决于我们的具体问题。我们真的需要离散模型吗？还是我们的问题最好用一个连续模型来描述？对我们的问题来说，挑选出一个模型是很重要的，因为我们是从相互竞争的解释的角度来思考的。或者两者平均更好，因为我们对预测更感兴趣，或者我们真的可以把生成过程看作子过程的平均？这些问题都不是由统计学来解答的，而是由领域知识背景下的统计学来说明的。

下面的虚拟示例说明了如何从 PyMC3 获得加权后验预测样本。在这里，我们使用的是 pm.sample_posterior_predictive_w 函数（请注意，函数名末尾的 w）。pm.sample_posterior_predictive 和 pm.sample_posterior_predictive_w 的区别在于，后者接收多个轨迹和模型以及权重列表（默认情况下，所有模型的权重均相同）。你可以从 az.compare 获得这些权重或相关资料。

```
w = 0.5
y_lp = pm.sample_posterior_predictive_w([trace_l, trace_p],
                                        samples=1000,
                                        models=[model_l, model_p],
                                        weights=[w, 1-w])

_, ax = plt.subplots(figsize=(10, 6))
az.plot_kde(y_l, plot_kwargs={'color': 'C1'},
            label='linear model', ax=ax)
az.plot_kde(y_p, plot_kwargs={'color': 'C2'},
            label='order 2 model', ax=ax)
az.plot_kde(y_lp['y_pred'], plot_kwargs={'color': 'C3'},
            label='weighted model', ax=ax)

plt.plot(y_1s, np.zeros_like(y_1s), '|', label='observed data')
plt.yticks([])
plt.legend()
```

我说这是一个虚构的例子，是因为二次模型的 WAIC 值比线性模型小，第一个模型的权重基本上为 1，后者基本上为 0。为了生成图 5.9，我假设两个模型的权重相同。

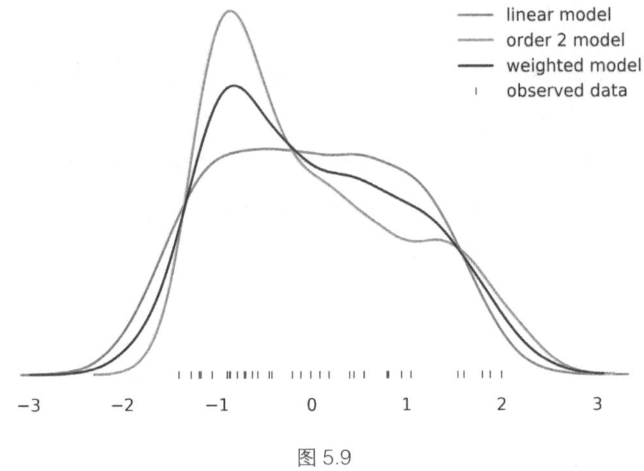

图 5.9

5.4　贝叶斯因子

在贝叶斯世界评估和比较模型的一个常见的替代方法是贝叶斯因子。为了理解贝叶斯因子是什么，让我们再写一次贝叶斯定理（我们已经有一段时间没有这样做了！）：

$$p(\theta \mid y)=\frac{p(y \mid \theta) p(\theta)}{p(y)} \tag{5.9}$$

在这里 y 代表数据。我们可以把对给定模型 M 的依赖显示写为：

$$p(\theta \mid y, M_k)=\frac{p(y \mid \theta, M_k) p(\theta \mid M_k)}{p(y \mid M_k)} \tag{5.10}$$

分母项被称为**边缘似然**（或**证据**），正如你从第 1 章所了解的。在进行推理时，我们不需要计算这个标准化常数，所以在实践中，我们经常计算一个常数因子的后验值。然而，对于模型比较和模型平均，边缘似然是一个重要的量。如果我们的主要目标是从 k 个模型中选择一个最好的模型，可以选择 $p(y \mid M_k)$ 值最大的那个。一般来说，$p(y \mid M_k)$ 数值都是很小的，它们本身不会告诉我们太多信息，就像信息准则一样，重要的是相对值。因此，在实践中，人们经常计算两个边缘似然的比值，这被称为**贝叶斯因子**：

$$\mathrm{BF}=\frac{p(y \mid M_0)}{p(y \mid M_1)} \tag{5.11}$$

当 BF ＞ 1 时，说明相比于模型 1，模型 0 对数据的解释更好。

一些作者提出了带有范围的表格，以离散化和简化 BF 解释。例如下面的清单表示支持模型 0 而不是模型 1 的证据的强度。

- [1,3)：轶事[①]。
- [3,10)：中等。
- [10,30)：强。
- [30,100)：很强。
- ＞ 100：极强。

记住，这些规则只是惯例，充其量只是简单的指南。但是，结果应始终放在上下文中，并应附有足够的细节，以便其他人可以检查他们是否同意我们的结论。提出一个论断所必需的证据在粒子物理学、法庭或疏散城镇以防止伤亡的计划中是截然不同的。

如果假设所有模型都具有相同的先验概率，则使用 $p(y \mid M_k)$ 比较模型是完全正确的。否则，我们必须计算后验概率：

$$\underbrace{\frac{p(M_0|y)}{p(M_1|y)}}_{\text{后验概率}}=\underbrace{\frac{p(y|M_0)}{p(y|M_1)}}_{\text{贝叶斯因子}}\underbrace{\frac{p(M_0)}{p(M_1)}}_{\text{先验概率}} \tag{5.12}$$

5.4.1 一些讨论

现在，我们将简要讨论一些关于边缘似然的关键事实。通过仔细考察边缘似然的定义，我们可以了解它们的性质及其实际应用的结果：

$$p(y \mid M_k)=\int_{\theta_k} p(y \mid \theta_k, M_k) p(\theta_k, M_k) \mathrm{d}\theta_k \tag{5.13}$$

① 轶事证据（anecdotal evidence）指的是这个证据来自轶事事件，由于样本较小，没有完善的科学实验证明，这种证据有可能是不可靠的。——译者注

- **优点**：参数多的模型比参数少的模型惩罚更大。贝叶斯因子有一个内置的奥卡姆剃刀！直观的原因是，参数越多，关于似然的先验就越扩散。因此，在计算式（5.13）中的积分时，你将得到一个较小的值，且先验更集中。
- **缺点**：计算边缘似然是一项艰巨的任务，因为式（5.13）是高维参数空间上高变量函数的积分。一般来说，这个积分需要用复杂的方法求解。
- **其他**：边缘似然对先验值比较敏感。

使用边缘似然来比较模型是一个好主意，因为它已经包含对复杂模型的惩罚（从而防止我们过拟合）。同时，先验知识的变化将影响边缘似然的计算。一开始，这听起来有点傻，我们已经知道先验会影响计算（否则，我们可以简单地避免它们），但这里的重点是敏感这个词。先验的变化对 θ 没有多少影响，但对边缘似然却有很大的影响。在前面的示例中，你可能已经注意到，一般来说，标准差为 100 的正态先验与标准差为 1000 的正态先验是相同的。相反，贝叶斯因子会受到这些变化的影响。

关于贝叶斯因子的另一个批评的来源是，它们可以作为进行假设检验的贝叶斯方法。这本身并没有错，但很多作者指出，推理方法（类似于本书中使用的方法和 Richard McElreath 的 *Statistical Rethinking* 等书中使用的方法）比假设检验方法（无论是否是贝叶斯方法）更适合大多数问题。

说到这里，让我们看看如何计算贝叶斯因子。

1. 计算贝叶斯因子

如图 5.10 所示，贝叶斯因子的计算可以构建为分层模型，其中高层参数是分配给每个模型并从分类分布中采样的索引。换句话说，我们同时对两个（或更多）竞争模型进行推理，并使用一个在模型之间跳跃的离散变量。我们花在每个模型上的采样时间与 $p(M_k|y)$ 成正比。然后，我们应用式（5.10）得到贝叶斯因子。

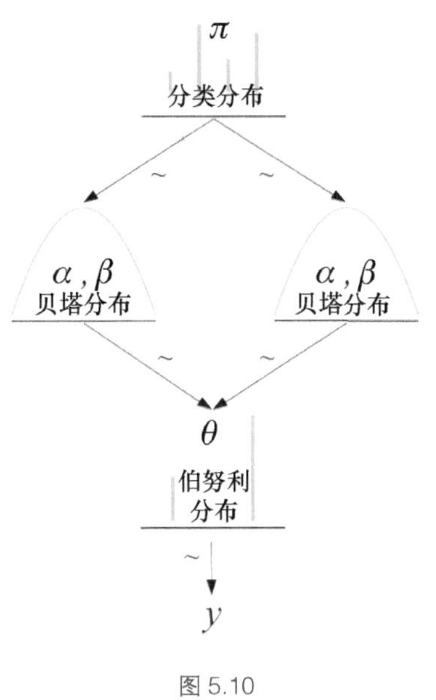

图 5.10

为了举例说明贝叶斯因子的计算方法，我们将“再掷一次硬币”。

注意，虽然我们现在计算贝叶斯因子所用

的模型仅在先验上有区别，但这些模型可能在似然上不同，甚至两者都不同。计算的思想是一样的。

让我们创建一些数据，以便在示例中使用。

```
coins = 30
heads = 9
y_d = np.repeat([0, 1], [coins-heads, heads])
```

现在，让我们看一下 PyMC3 模型。要在先验之间切换，我们使用 pm.math.switch 函数。如果这个函数的第一个参数值为 true，则返回第二个参数。否则，返回第三个参数。注意，我们还要使用 pm.math.eq 函数检查 model_index 变量是否等于 0。代码的运行结果如图 5.11 所示。

```
with pm.Model() as model_BF:
    p = np.array([0.5, 0.5])
    model_index = pm.Categorical('model_index', p=p)
    m_0 = (4, 8)
    m_1 = (8, 4)
    m = pm.math.switch(pm.math.eq(model_index, 0), m_0, m_1)

    # 一个先验
    θ = pm.Beta('θ', m[0], m[1])
    # 似然
    y = pm.Bernoulli('y', θ, observed=y_d)

    trace_BF = pm.sample(5000)
az.plot_trace(trace_BF)
```

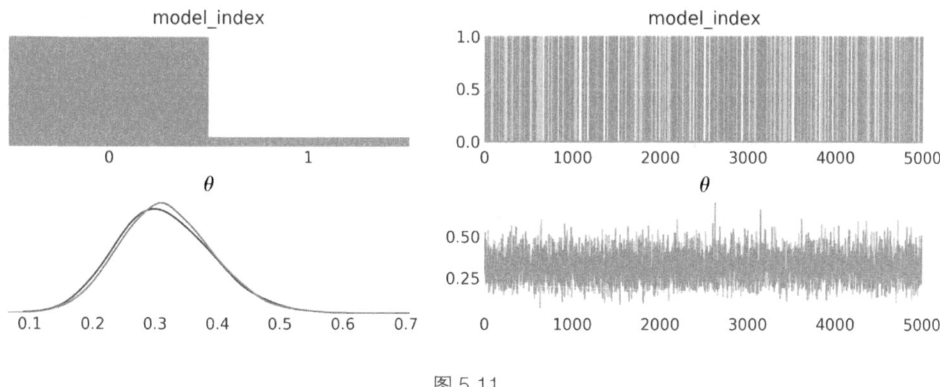

图 5.11

现在，我们需要通过 model_index 变量来计算贝叶斯因子。注意，每个模型已经包含了先验。

```
pM1 = trace_BF['model_index'].mean()
pM0 = 1 - pM1
BF = (pM0 / pM1) * (p[1] / p[0])
```

结果，我们得到了大约为 11 的值，这意味着模型 0 优于模型 1 一个数量级。这是完全有意义的，因为数据的头部值比 $\theta = 0.5$ 的预期值少，两个模型之间的唯一区别是模型 0 的先验值与 $\theta < 0.5$ 更兼容（尾部多于头部），模型 1 与 $\theta > 0.5$ 更兼容（头部多于尾部）。

2. 贝叶斯因子计算中的常见问题

用我们的方法计算贝叶斯因子时，常见的问题是，如果一个模型比另一个好，根据定义，我们将花费更多的时间用于采样。这可能是有问题的，因为我们可能会对其中一个模型采样不足。另一个问题是参数的值会被更新，即使参数不用于拟合该模型。也就是说，当选择模型 0 时，模型 1 中的参数将被更新，但由于它们不用于解释数据，因此它们只会受到先验的限制。如果先验值太模糊，那么当我们选择模型 1 时，参数值可能与先前接收的值相差太远，因此，该步骤被拒绝。所以，我们最终会遇到采样问题。

如果遇到这些问题，我们可以对模型进行两种修改以改进采样。

- 理想情况下，如果两个模型的访问量相同，我们可以获得更好的样本，因此我们可以调整每个模型的先验（前一个模型中的 p 变量），从而有利于较差的模型，而不利于有利的模型。这不会影响贝叶斯因子的计算，因为我们在计算中包含先验。
- 按照 Kruschke 等人的建议，使用伪先验。理由很简单：如果问题在于参数总是不受限制地漂移，那么当没有选择参数所属的模型时，一个解决方案就是尝试人为地限制它们（仅限于没有使用的时候）。你可以在 Kruschke 的书（*Doing Bayesian Data Analysis*）中找到一个使用伪先验的示例。

3. 用序贯蒙特卡洛方法计算贝叶斯因子

另一种计算贝叶斯因子的方法是使用**序贯蒙特卡洛（Sequential Monte Carlo，SMC）**采样方法。我们将在第 8 章中学习此方法的详细内容。现在，我们只要知道，这个采样方法会附带计算一个边缘似然的估计，可以直接用来计算贝叶斯因子。要在 PyMC3 中使用 SMC，我们只需要将 `pm.SMC()` 传递给

sample 的 step 参数。

```
with pm.Model() as model_BF_0:
    θ = pm.Beta('θ', 4, 8)
    y = pm.Bernoulli('y', θ, observed=y_d)
    trace_BF_0 = pm.sample(2500, step=pm.SMC())

with pm.Model() as model_BF_1:
    θ = pm.Beta('θ', 8, 4)
    y = pm.Bernoulli('y', θ, observed=y_d)
    trace_BF_1 = pm.sample(2500, step=pm.SMC())

model_BF_0.marginal_likelihood / model_BF_1.marginal_likelihood
```

根据 SMC 方法，贝叶斯因子也在 11 左右。如果你想用 PyMC3 计算贝叶斯因子，我强烈建议使用 SMC 方法。本书中介绍的另一种方法在计算上更麻烦，需要更多的手动调整，主要是因为模型之间的“跳跃”需要用户进行更多的试错调整。另外，SMC 是一种自动化程度更高的方法。

5.4.2 贝叶斯因子与信息准则

注意，如果我们取贝叶斯因子的对数，我们可以把边缘似然比变成一个差。比较边缘似然的差异类似于比较信息准则的差异。此外，我们可以将贝叶斯因子（或者更准确地说，是边缘似然）解释为有一个拟合项和一个惩罚项。表示模型与数据拟合程度的项是似然部分，惩罚部分来自对先验的平均。参数的数量越大，与似然量相比，先验量就越大，因此我们最终将从似然值非常小的区域中取均值。参数越多，先验就越稀薄或扩散，因此在计算证据时惩罚就越大。这就是为什么人们说贝叶斯定理对复杂模型有天然惩罚，也就是说，贝叶斯定理带有内置的奥卡姆剃刀。

前面已经说过，贝叶斯因子对先验的敏感性比许多人想象得（甚至意识到）更为强。这就像在执行推理时，差异实际上是无关紧要的，但在计算贝叶斯因子时，却变得很重要。如果有一个无限的多元宇宙，我几乎可以肯定会有一个 Geraldo 脱口秀节目，在节目上贝叶斯学者们会就着贝叶斯因子互相“争吵和诅咒”。在那个宇宙中（嗯……也在这个宇宙中）我会为反对贝叶斯因子的一方欢呼。尽管如此，现在，让我们看一个示例，这个示例有助于阐明贝叶斯因子在做什么，信息准则在做什么，以及它们如何在相似的情况下专注于两个不同的方面。回到抛硬币例子的数据定义，现在设置 300 枚硬币和 90 次正面。这与之前的比例相同，但现在的数据增加了 10 倍。然后，分别运行每个模型，得到图 5.12 所示的结果。

```
traces = []
waics = []
for coins, heads in [(30, 9), (300, 90)]:
    y_d = np.repeat([0, 1], [coins-heads, heads])
    for priors in [(4, 8), (8, 4)]:
        with pm.Model() as model:
            θ = pm.Beta('θ', *priors)
            y = pm.Bernoulli('y', θ, observed=y_d)
            trace = pm.sample(2000)
            traces.append(trace)
            waics.append(az.waic(trace))
```

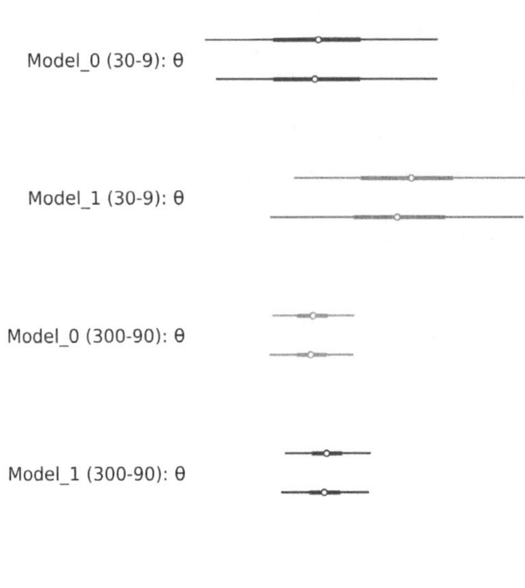

图 5.12

通过添加更多的数据，我们几乎完全克服了先验，现在两个模型都做出了相似的预测。使用 30 枚硬币和 9 次正面作为数据，我们看到了 BF 为 11。如果我们用 300 枚硬币和 90 次正面的数据重复计算（可以自己做），我们会看到 BF 大约为 25。贝叶斯因子表示模型 0 比模型 1 更受青睐。当我们增加数据时，模型之间的决策变得更清晰。这是完全有意义的，因为现在我们更确定模型 1 有一个先验与数据不符。

另外请注意，随着数据量的增加，两个模型的 θ 值趋于一致，实际上，两个模型的 θ 值都约等于 0.3。因此，如果我们决定使用 θ 来预测新的结果，那么我们用哪个模型计算 θ 的分布几乎没有任何区别。

现在，让我们比较一下 WAIC 的结果（见图 5.13）。模型 0 的 WAIC $\approx$ 368，模型 1 的 WAIC $\approx$ 368.6。从直觉上看，这似乎是一个很小的区别。比实际差异更重要的是，如果你再次计算数据的信息准则，即 30 个硬币和 9 次正面，你将得到类似模型 0 约为 38.1 和模型 1 约为 39.4 的 WAIC 值。也就是说，当增加数据时相对差变得越小，那么 θ 估计越相似，由信息准则估计的预测精度的值就越相似。如果你使用 LOO 而不是 WAIC，你将观察到基本相同的情况。

```
fig, ax = plt.subplots(1, 2, sharey=True)

labels = model_names
indices = [0, 0, 1, 1]
for i, (ind, d) in enumerate(zip(indices, waics)):
    mean = d.waic
    ax[ind].errorbar(mean, -i, xerr=d.waic_se, fmt='o')
    ax[ind].text(mean, -i+0.2, labels[i], ha='center')

ax[0].set_xlim(30, 50)
ax[1].set_xlim(330, 400)
plt.ylim([-i-0.5, 0.5])
plt.yticks([])
plt.subplots_adjust(wspace=0.05)
fig.text(0.5, 0, 'Deviance', ha='center', fontsize=14)
```

贝叶斯因子关注的是哪个模型更好，而 WAIC（和 LOO）关注的是哪个模型会给出更好的预测。如果你去检查式（5.6）和式（5.11），可以看到这些差异。与其他信息准则一样，WAIC 以某种方式使用对数似然，先验不直接参与计算。先验只能通过帮助我们估计 θ 值来间接参与。相反，贝叶斯因子直接使用先验值，因为我们需要对整个先验值范围内的可能性进行平均。

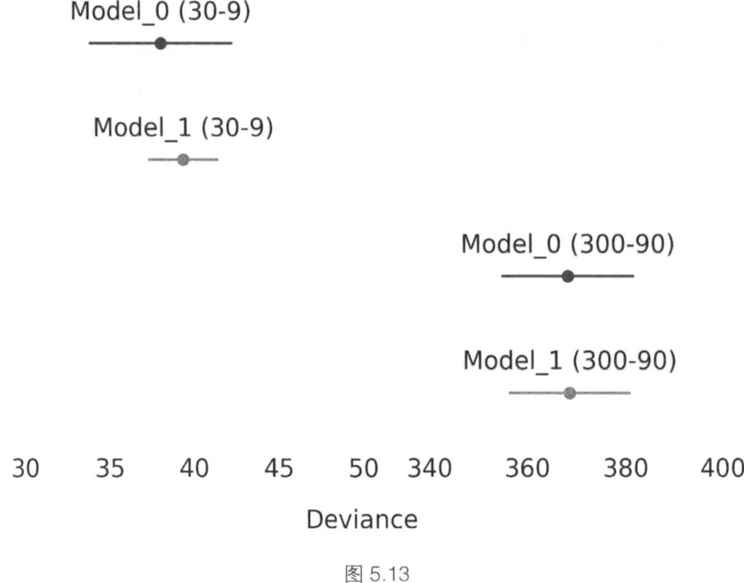

图 5.13

5.5　正则化先验

在模型中引入偏差的一种方法是使用信息性和弱信息性先验，如果操作得当，这可能是一种非常好的方法，因为偏差可以防止过拟合，从而有助于模型能够做出具有良好泛化性的预测。这种添加偏差以减少泛化误差而不影响模型对数据进行充分建模的想法称为正则化。这种正则化通常可以惩罚模型中参数较大的值。这是一种减少模型能够表示信息的方法，从而减少模型捕获噪声的机会。

正则化思想是如此强大和实用，以至于在多个领域都出现了类似的概念。在某些领域，这种思想被称为**古洪诺夫正则化**（Tikhonov regularization）。在非贝叶斯统计中，这种正则化思想是对最小二乘法的两种改进，即**岭回归**（Ridge regression）和**套索回归**（Lasso regression）。从贝叶斯的角度来看，岭回归可以解释为对 β 系数使用一个标准差较小的正态分布（线性模型），推动系数趋向于零。从这个意义上说，我们一直在为本书中的每一个线性模型做类似于岭回归的事情（除了本章中使用 SciPy 的例子！）。另外，套索回归可以从贝叶斯的角度解释为从具有 β 系数的拉普拉斯先验模型计算的 MAP。拉普拉斯分布看起来类似于高斯分布，但它的一阶导数在零处没有定义，因为它在零处有一个非常尖锐的峰（见图 5.14）。与正态分布相比，拉普拉斯分布将其概率质量集中在更接近于零的位置。使用这种先验是为了同时提供正则化和**变量选择**。我们的想法是，由于我们的峰值为零，我们期望先验会导致稀疏性。也就是说，我们创建了一个包含大量参数的模型，先验会自动将其中的大多数设为零，只保留对模型输出有贡献的相关变量。不幸的是，贝叶斯套索并不是这样工作的，主要是因为为了拥有很多参数，拉普拉斯先验迫使非零参数变小。幸运的是，并不是所有的东西都丢失了，贝叶斯模型可用于诱发稀疏性和执行变量选择。

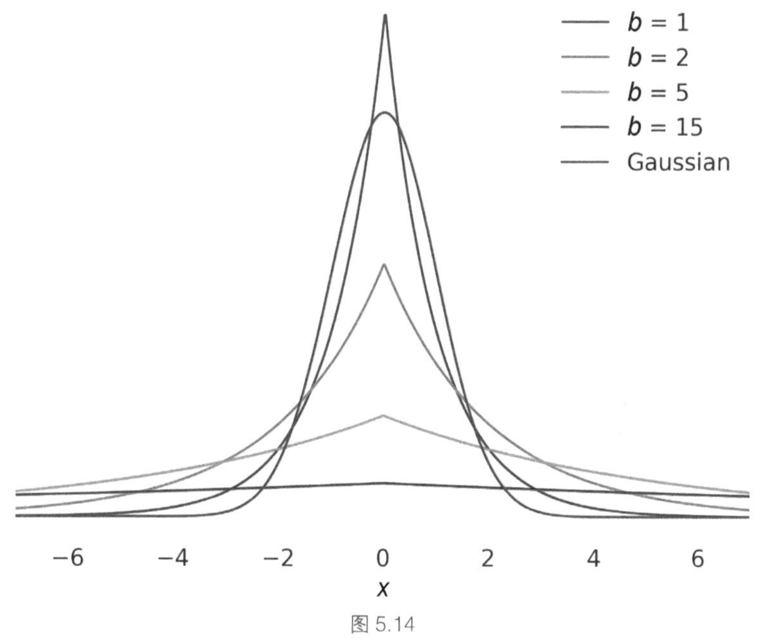

图 5.14

值得注意的是，岭回归和套索回归的经典版本对应于点估计，而贝叶斯版本给出了完整的后验分布。

5.6 深入 WAIC

如果我们展开式（5.6），会得到：

$$\text{WAIC} = -2\sum_i^n \log\left(\frac{1}{S}\sum_{s=1}^s p(y_i \mid \theta^s)\right) + 2\sum_i^n \left(V_{s=1}^S\left(\log p(y_i \mid \theta^s)\right)\right) \tag{5.14}$$

这个等式中的两项看起来非常相似。第一项是对数点预测密度（Log Pointwise Predictive Density, LPPD），用来计算后验样本 S 的平均似然。我们对每个数据点这样做，然后取对数并对所有数据点求和。请将此项与式（5.3）和式（5.4）进行比较。这正是我们所说的偏差，只是计算时考虑了后验概率误差。对数似然可以衡量模型拟合得好不好，从后验计算对数似然是贝叶斯方法的正常逻辑。我们已经说过，观测数据 y 的 LPPD 是对未来数据的 LPPD 的高估。因此，我们引入第二项来纠正高估。第二项计算后验样本的对数似然方差。我们对每个数据点计算后再求和。为什么方差会是惩罚项呢？好吧，直观地说这就类似于贝叶斯因子内置的奥卡姆剃刀。有效参数越多，后验概率分布越宽。当我们向模型添加结构时，例如具有信息 / 正则化先验或分层依赖关系，就限制了后验，从而减少了有效参数的数量。

5.6.1 熵

现在，我想简要谈谈**熵**（entropy）的概念。在数学上，我们可以定义如下：

$$H(p) = -\sum_i p_i \log(p_i) \tag{5.15}$$

直观地说，分布越宽，其熵就越大。运行以下代码，得到图 5.15。

```
np.random.seed(912)
x = range(0, 10)
q = stats.binom(10, 0.75)
r = stats.randint(0, 10)

true_distribution = [list(q.rvs(200)).count(i) / 200 for i in x]

q_pmf = q.pmf(x)
r_pmf = r.pmf(x)

_, ax = plt.subplots(1, 3, figsize=(12, 4), sharey=True,
                     constrained_layout=True)

for idx, (dist, label) in enumerate(zip([true_distribution, q_pmf, r_pmf],
['true_distribution', 'q', 'r'])):
    ax[idx].vlines(x, 0, dist, label=f'entropy =
{stats.entropy(dist):.2f}')
    ax[idx].set_title(label)
```

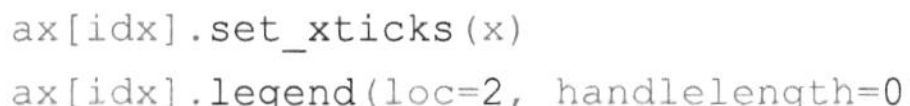

```
    ax[idx].set_xticks(x)
    ax[idx].legend(loc=2, handlelength=0)
```

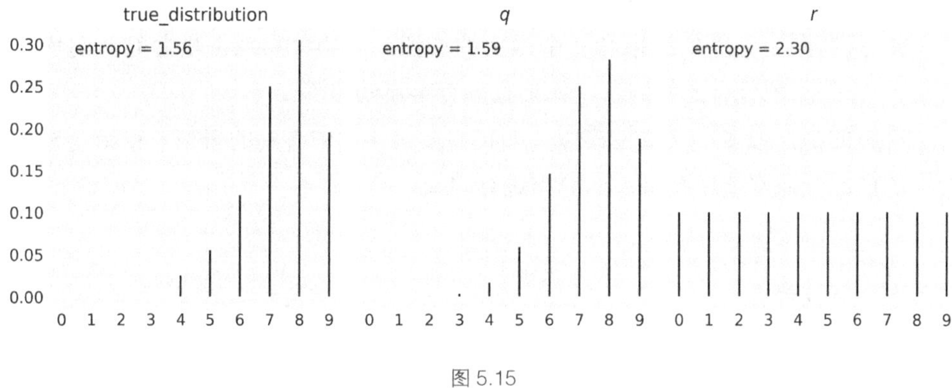

图 5.15

如图 5.15 所示，γ 分布是 3 个分布中分布最广的一个，也是熵最大的一个。我建议你修改代码探索熵是如何变化的，请参阅练习（10）。

按照前面的例子，你可能会想把熵说成是衡量分布方差的一种形式。虽然这两个概念是相关的，但它们并不相同。在某些情况下，熵的增加确实意味着方差的增加。高斯分布就是这种情况。然而，我们也可以有方差增加而熵不增加的例子，我们可以不非常严格地理解为什么会发生这种情况。假设有一个分布是两个高斯分布的混合（我们将在第 6 章中详细讨论混合分布），当我们增加模型之间的距离时，我们增加了大部分点到均值的距离，而方差恰恰是所有点到均值的平均距离。所以，如果我们继续增加距离，方差会无限地增加。熵受的影响较小，因为随着模型间距离的增加，模型间点的概率越来越小，因此它们对总熵的贡献可以忽略不计。从熵的角度来看，如果我们让两个重叠的高斯分布的其中一个相对另一个移动，在某个点上，我们将得到两个分离的高斯分布。

熵也与信息论或者与信息的不确定性有关。实际上，本书一直在传递一个观点，越分散或扁平的先验分布信息量越小。这不仅在直观上是正确的，而且有熵概念的理论支持。实际上，在贝叶斯学派中有些人使用熵来证明他们的信息量不大或正则化先验是合理的。我们希望找到熵最大（信息量最小）的分布，但我们也希望考虑到问题本身的约束。这是一个可以用数学方法解决的优化问题，但我们不讨论这些计算的细节。我将提供一些例子，在下列约束条件下实现最大熵分布。

- **无约束**：均匀分布（根据变量类型，连续或离散）。
- **正均值**：指数分布。
- **给定方差**：正态分布。
- **只有两个无序的结果和一个恒定的均值**：二项分布或泊松分布（泊松分布是二项分布的特例），如果我们有罕见的事件。

有趣的是，很多广义线性模型（如我们在第 4 章中看到的模型）在给定模型约束的情况下通常使用熵最大的分布进行定义。

5.6.2 KL 散度

现在，我想简单地谈谈 **Kullback-Leibler 散度**，也称 KL 散度。你可能会发现在有关统计、机器学习、信息理论或统计力学等领域都有类似的概念。KL 散度以及熵或边缘似然等其他概念在不同领域反复出现的原因很简单，至少部分原因是，这些学科都在讨论相同的问题集，只是角度略有不同。

KL 散度很有用，它可以测量两个分布有多接近，定义如下：

$$D_{\mathrm{KL}}(p \parallel q) = \sum_i p_i \log \frac{p_i}{q_i} \tag{5.16}$$

这读作从 q 到 p 的 KL 散度（是的，你必须从后读），其中 p 和 q 是两个概率分布。对于连续变量，你应该计算积分，而不是求和，但主要思想是一样的。

我们可以将 $D_{\mathrm{KL}}(p \parallel q)$ 散度解释为通过使用概率分布 q 来近似概率分布 p 而引入的额外熵或不确定性。事实上，KL 散度是两个熵之间的差异：

$$D_{\mathrm{KL}}(p \parallel q) = \underbrace{\sum_i p_i \log p_i}_{p\text{ 的熵}} - \underbrace{\sum_i p_i \log q_i}_{p,q\text{ 的交叉熵}} = \sum_i p_i(\log p_i - \log q_i) \tag{5.17}$$

利用对数的性质，重新排列式（5.17）就可以恢复成式（5.16）。基于这个原因，我们也可以把 $D_{\mathrm{KL}}(p \| q)$ 读作 p 相对于 q 的相对熵（这一次，我们从前读）。

举个简单的例子，我们可以使用 KL 散度来评估哪个分布 q 或者 r 更接近 `'true_distribution'`。使用 Scipy，我们可以计算 $D_{\mathrm{KL}}(\text{true\_distribution} \| q)$ 以及 $D_{\mathrm{KL}}(\text{true\_distribution} \parallel r)$。

```
stats.entropy(true_distribution, q_pmf), stats.entropy(true_distribution,
r_pmf)
```

如果你运行前面的代码块，你将得到大约 0.0096 和 0.7394。因此，我们可以得出结论：q 比 r 更接近于真实分布，因为它引入的额外不确定性较少。我希望你同意我的观点，这个数值结果你可以看图 5.15。

你可能想把 KL 散度描述为一个距离，但它不是对称的，因此不是一个真正的距离。如果你运行下面的代码块，你将得到大约为 2.7 和 0.7 的值。如你所见，这些数字是不一样的。在这个例子中，我们可以看到 r 是 q 的一个更好的近似值，代码如下。

```
stats.entropy(r_pmf, q_pmf), stats.entropy(q_pmf, r_pmf)
```

$D_{\mathrm{KL}}(p\|q)$ 表示 q 对 p 的近似程度，我们也可以把它当作惊讶程度，也就是说，当我们期望 p 时，如果我们看到 q，我们会有多惊讶。我们对一个事件的惊讶程度取决于我们用来判断那个事件的信息。我在一个非常干旱的城市长大，一年可能有一两场真正的暴雨。那么。我搬到另一个省上大学，我感到很震惊，至少在雨季，平均每周有一场真正的暴雨！我的一些同学来自阿根廷的布宜诺斯艾利斯，那个地方的气候潮湿多雨。对他们来说，降雨的频率多少是意料之中的。更重要的是，他们认为当空气不是那么潮湿时雨可以多下点。

我们可以使用 KL 散度来比较模型，因为这将给出模型更接近真实分布的后验概率。问题是我们不知道真实分布是什么样的。因此，KL 散度并不直接适用。不过，它足以支持我们使用偏差详见式（5.3）。如果我们假设真实分布存在，如式（5.18）所示。那么，真实分布独立于任何模型和常数，它将以相同的方式影响 KL 散度的值，而与我们用来近似真实分布的（后验）分布无关。因此，我们可以使用偏差，即依赖于每个模型的一部分，来估计我们与真实分布的接近程度，即使我们不知道它。基于式（5.17）做一些数学变换，可以得到以下公式：

$$
\begin{aligned}
D_{\mathrm{KL}}(p\|q)-D_{\mathrm{KL}}(p\|r)&=\left(\sum_i p_i\log p_i-\sum_i p_i\log q_i\right)-\left(\sum_i p_i\log p_i-\sum_i p_i\log r_i\right)\\
&=\sum_i p_i\log q_i-\sum_i p_i\log r_i
\end{aligned}
\tag{5.18}
$$

即使我们不知道 p，我们也可以得出这样的结论，似然或偏差较大的分布是更接近真实分布的。在实践中，对数似然或偏差是从有限样本拟合的模型中获得的。因此，我们还必须增加一个惩罚项来纠正过高估的偏差，这将涉及 WAIC 和其他信息准则。

5.7 总结

后验预测检查是一个通用的概念和实践，它可以帮助我们理解模型捕获数据的能力，以及模型捕获我们感兴趣的问题方面的效果如何。我们可以对一个或多个模型进行后验预测检查，因此可以将其作为模型比较的一种方法。后验预测检查通常通过可视化来完成，当然像贝叶斯 p 值这样的数值总结也很有用。

好的模型在复杂性和预测精度之间有很好的平衡。我们用多项式回归的经典例子来说明这个特性。我们讨论了两种在不忽略数据的情况下估计样本外精度的方法：交叉验证和信息准则。我们集中讨论后者。从实用的角度来看，信息准则是一系列方法，它们平衡了两个贡献：一个衡量模型与数据的拟合程度，另一个惩罚复杂模型。从很多可用的信息准则来看，WAIC 对贝叶斯模型最有用。另一个有用的测量方法是 PSIS-LOOCV（或 LOO），它在实践中提供了与 WAIC 非常相似的结果。这是一种用于近似留一法交叉验证的方法，而没有实际多次重新拟合模型的高计算成本。WAIC 和 LOO 可用于模型选择，也可用于模型平均。模型平均不是选择一个最佳模型，而是通过对所有可用模型进行加权平均来组合它们。

另一种用于模型选择、比较和模型平均的方法是贝叶斯因子，它是两个模型的边缘似然之比。贝叶斯因子的计算非常具有挑战性。在本章中，我们用 PyMC3 演示了两种计算它们的方法：一种是分层模型，我们直接尝试使用离散索引来估计每个模型的相对概率；另一种是称为序贯蒙特卡洛的采样方法。我们建议使用后者。

除了在计算上具有挑战性外，贝叶斯因子也很难使用，因为它们对先验的格式非常敏感。我们还通过一个示例比较了贝叶斯因子和信息准则，它们解决了两个相关但不同的问题：一个将重点放在确定正确的模型上，另一个是关注最佳预测或较低的泛化损失。这些方法都有各自的问题，但是 WAIC 和 LOO 在实践中更具鲁棒性。

在建立具有良好泛化性质的模型这一重要课题上，我们简要地讨论了先验与过拟合、偏差和正则化的关系。

最后，我们在本章结尾对 WAIC 进行了更深入的讨论，包括对熵的相关概念、最大熵原理和 KL 散度的评述。

5.8　练习

（1）这个练习是关于正则化先验的。在生成数据的代码中，将 `order=2` 更改为另一个值，例如 `order=5`。然后，拟合模型 `model_p` 并绘制结果曲线。重复这个步骤，但是现在对 β 参数使用先验，`sd=100`，而不是 `sd=1`，并绘制结果曲线。两条曲线有何不同？再用 `sd=np.array([10, 0.1, 0.1, 0.1, 0.1])` 试试。

（2）重复练习（1），将数据量增加到 500 个数据点。

（3）拟合立方模型（3 阶），计算 WAIC 和 LOO，绘制结果并与线性和二次模型进行比较。

（4）使用 `pm.sample_posterior_predictive` 重新运行，但是这次，绘制的是 y 的值而不是均值。

（5）阅读并运行 PyMC3 文档中的后验预测检查。请特别注意 Theano 共享变量的使用。

（6）返回到生成图 5.5 和图 5.6 的代码，并对其进行修改以获得 6 个数据点的新集合。直观地评估不同的多项式如何拟合这些新的数据集，将结果与本书中的讨论联系起来。

（7）阅读并运行 PyMC3 文档中的模型平均示例。

（8）使用均值先验值 beta(1,1) 和先验值 beta(0.5,0.5) 等计算抛硬币问题的贝叶斯因子。抛掷 30 个硬币，其中有 15 个正面朝上。将这个结果与我们在本书第 1 章中得到的推论进行比较。

（9）重复练习（8），这次我们依然比较贝叶斯因子和信息准则，只是减少了样本量。

（10）对于熵，改变 `q` 的分布。用这样的分布试试：`stats.binom(10, 0.5)` 和 `stats.binom(10, 0.25)`。

第 6 章 混合模型

"……父亲是狮子，母亲是蚂蚁；父亲吃肉，母亲吃草。它们繁殖了蚂蚁狮子……"

——博尔赫斯，《想象的动物》作者

拉普拉塔河是地球上最宽的河流，它是阿根廷和乌拉圭的天然分界线。在 19 世纪晚期，这条河沿岸的港口地区混居着当地人、非洲人和欧洲移民。这次混居的结果促进了欧洲音乐的融合，如华尔兹和玛祖卡，以及非洲的坎多姆和阿根廷的米隆加（这是一种舞蹈和音乐相结合的形式，是探戈的源头）。

混合已有的元素是创造新事物的好办法，不仅限于音乐。在统计学中，混合模型是一种常用的建模方法。这些模型是通过混合更简单的分布来建立的，目的是获得更复杂的分布。例如，我们可以组合两个高斯分布来描述一个双峰分布，或者混合多个高斯分布来描述任意分布。除了常见的高斯分布，原则上，我们可以混合任何分布。混合模型有多种用途，例如直接为子群体建模，或者用来处理那些不能用简单的分布来描述的复杂分布。

在本章中，我们将介绍以下主题。

- 有限混合模型。
- 非有限混合模型。
- 连续混合模型。

6.1 简介

当总群体由不同子群体组成时，混合模型天然就存在。一个常见的例子是，给定成年人口的身高分布，可以将其描述为女性身高分布和男性身高分布的混合分布。另一个经典的例子是手写数字的聚类。在这个例子中，期望得到 10 个子群体是非常合理的，至少在十进制中是这样！如果我们知道每个观测值属于哪个子群，最好使用这些信息将每个子群建模为一个单独的组。然而，当我们无法直接获得这些信息时，混合模型就派上了用场。

提示：很多数据集不能用一个单一的概率分布来正确描述，但可以把它们描述为这些分布的混合分布。假设模型的数据来自混合分布，我们称这样的模型为**混合模型**。

当建立一个混合模型时，不一定就是描述数据中真实的子群体。混合模型也可以用作统计技巧，为我们的工具箱增加灵活性。以高斯分布为例。我们可以把它用作很多单峰分布以及对称分布的合理近似。但多峰分布或偏态分布呢？我们能用高斯分布来模拟它们吗？是的，我们可以用高斯混合。在高斯混合模型中，每个分量都是具有不同均值和标准差的高斯分布。通过组合高斯分布，我们可以增加模型的灵活性，以拟合复杂的数据分布。事实上，适当的高斯混合可以近似任何分布。分布的具体数量取决于近似的准确性以及数据的细节。实际上，我们在这本书的很多地方都运用了高斯混合的思想。**核密度估计（Kernel Density Estimation, KDE）**技术是这一思想的非贝叶斯（非参数）实现。从概念上讲，当我们调用 az.plot_kde 函数后，在每个数据点的顶部放置一个高斯分布（具有固定的方差），然后将所有单个高斯分布求和，以近似数据的经验分布。图 6.1 的例子表明我们可以混合 8 个高斯分布来表示一个复杂的分布，就像一条蟒蛇消化一头大象（《小王子》）。在图 6.1 中，所有的高斯分布都有相同的方差，它们都以橙色的圆点为中心，这些圆点代表总体的样本点。如果你仔细看图 6.1，你可能会注意到两个高斯分布基本上是一个在另一个之上的。

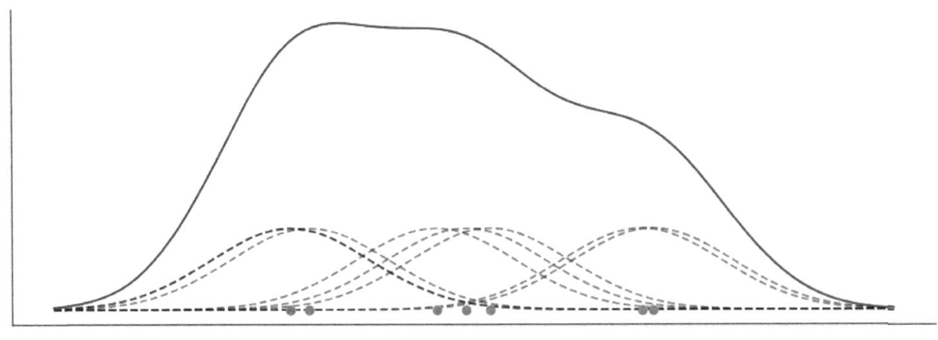

图 6.1

无论我们是真的相信有子群体，还是为了数学上的方便，混合模型都是一种有用的方法。通过使用混合分布来描述数据，为我们的模型增加了灵活性。

6.2 有限混合模型

一种建立混合模型的方法是考虑两个或多个分布的有限加权混合，即**有限混合模型**。因此，观测数据的概率密度是数据的 K 个子组的概率密度的加权和：

$$p(y \mid \theta) = \sum_{i=1}^{K} w_i p_i(y \mid \theta_i) \tag{6.1}$$

在这里，w_i 是每个组（或类别）的权重。我们可以把 w_i 解释为分量 i 的概率，因此它的值被限定在 [0, 1] 区间内，并且满足 $\sum_i^K w_i = 1$ 。$p_i(y \mid \theta_i)$ 分量几乎可以是任何我们认为有用的东西：从简单的分布，如高斯分布或泊松分布，到更复杂的对象，如分层模型或神经网络。对于有限混合模型，K 是一个有限数（通常是一个小数字 $K \lessapprox 20$，但不是必需的）。为了拟合一个有限混合模型，我们需要提供一个 K 值，它可以来自我们确实知道的值，也可以是一些有根据的猜测。

从概念上讲，要得到混合模型，我们需要做的就是将每个数据点正确分配给其中一个分量。在一个概率模型中，我们可以通过引入一个随机变量 z 来做到这一点，这个随机变量的功能是把一个特定的观测值分配给哪个分量。这个变量通常被称为潜变量。我们称之为潜在的，是因为它是不可直接观测的。

让我们用在第 2 章中已经见过的化学位移数据来构建混合模型。

```
cs = pd.read_csv('../data/chemical_shifts_theo_exp.csv')
cs_exp = cs['exp']
az.plot_kde(cs_exp)
plt.hist(cs_exp, density=True, bins=30, alpha=0.3)
plt.yticks([])
```

从图 6.2 中我们可以看到，这个数据只用一个高斯函数是不能描述的，也许 3 个或 4 个就可以。事实上，有很好的理论原因（我们将不在这里讨论）表明数据确实来自大约 40 个子群体的混合，但它们之间有很大的重叠。

为了培养对混合模型的直觉，我们可以从抛硬币的问题中得到一些启发。在那个模型中，有两种可能的结果，所以我们使用伯努利分布来描述它们。我们不知道得到正面或反面的概率，所以我们用贝塔分布作为先验。混合模型都差不多，只是我们现在有了 K 个结果（或 K 个分量），而不是两个结果（正面或反面）。伯努利分布的推广是**分类分布**，贝塔分布的推广是**狄利克雷分布**。接下来，让我来介绍这两个新的分布。

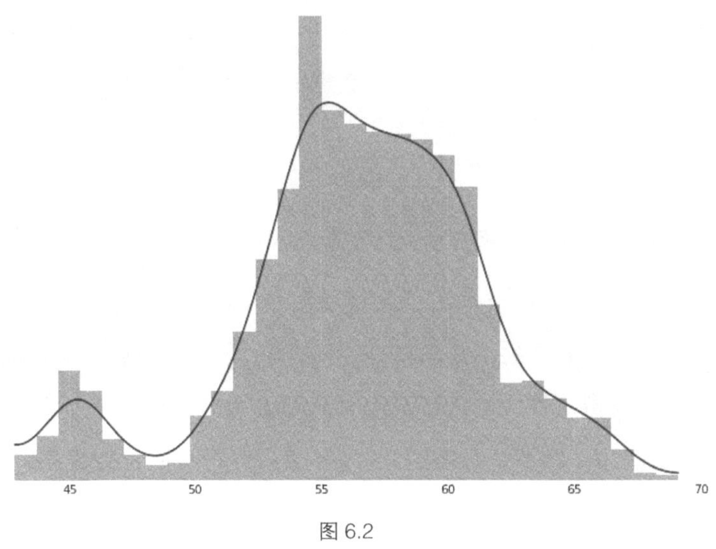

图 6.2

6.2.1 分类分布

分类分布是非常常见的离散分布，通过一个参数指定每个可能的结果概率进行参数化。图 6.3 所示为分类分布的两个实例。点代表分类分布的值，而连续的线可以帮助我们了解分布的形状。

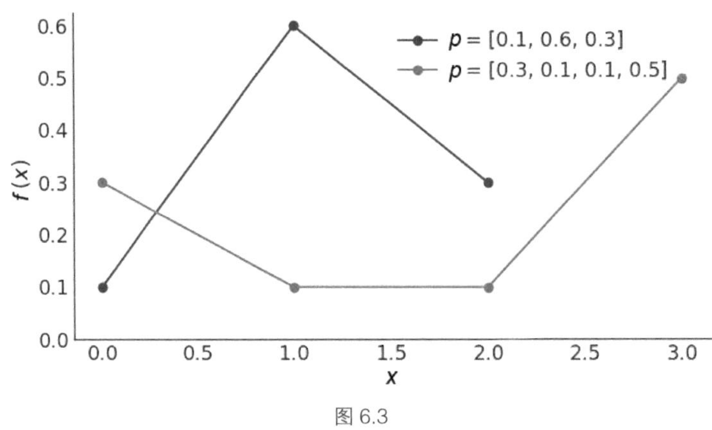

图 6.3

6.2.2 狄利克雷分布

狄利克雷分布存在于单纯形[①]中，单纯形就像一个 n 维三角形：1 维单纯形是一条线，2 维单纯形是一个三角形，3 维单纯形是一个四面体，等等。为什么是单纯形？直观地说，因为这个分布的输出是一个长度为 K 的向量，这个向量的元素取值为 0 或大于 0，和为 1。狄利克雷分布是贝塔分布的推广，所以可以通过与贝塔分布比较来理解它。我们将贝塔分布应用于两结果问题：其中一个的概率是 p，另一个的概率是 $1-p$。我们可以看到 $p+1-p=1$。贝塔分布返回一个两元素向量 $(p,1-p)$，通常我们忽略 $1-p$，因为一旦知道 p，结果就完全确定了。如果我们想把贝塔分布扩展到 3 个结果，那么我们需要一个三元素向量 (p, q, r)，其中每个元素都大于零，并且 $p+q+r=1$，因此 $r=1-(p+q)$。我们可以用 3 个标量来参数化这种分布，例如 α、β 和 γ，但是希腊字母只有 24 个，如果推广到更多个结果很容易就把它用完了。所以，另外一种方式是，我们可以用一个名为 $\boldsymbol{\alpha}$、长度为 K 的向量来表示，其中 K 是结果的数量。注意，我们可以把贝塔分布和狄利克雷分布看作比例上的分布。要了解这种分布，可以看图 6.4，并尝试把每个三角形子图和具有类似参数的贝塔分布关联起来：

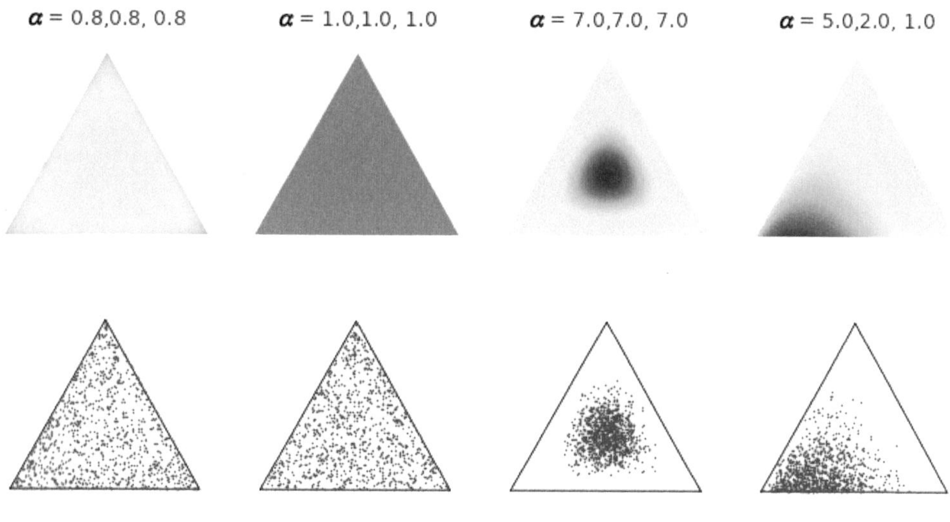

图 6.4

① 单纯形是代数拓扑中最基本的概念。单纯形是三角形和四面体的一种泛化，一个 n 维单纯形是指包含 $n+1$ 个节点的凸多面体。——译者注

现在我们对狄利克雷分布有了更好的理解，我们有了构建混合模型的全部元素。一种可视化方法是在高斯估计模型的基础上建立一个 K 维抛硬币模型。用 Kruschke 图可以表示为如图 6.5 所示。

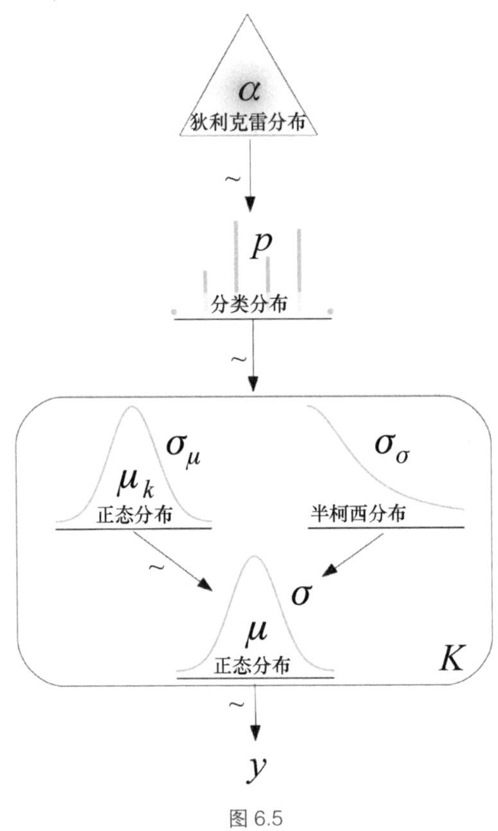

图 6.5

圆角框表示我们有 K 个分量，分类变量决定了我们使用哪一个来描述给定的数据点。

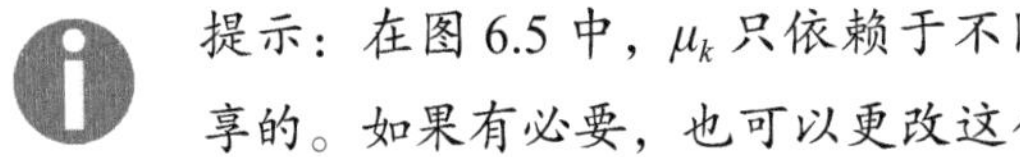

提示：在图 6.5 中，μ_k 只依赖于不同的分量，而 σ_μ 和 σ_σ 是所有分量共享的。如果有必要，也可以更改这个设置，对每个分量设置其他参数。

这个模型（假设 clusters=2）可以用 PyMC3 实现，如下所示。

```
with pm.Model() as model_kg:
    p = pm.Dirichlet('p', a=np.ones(clusters))
    z = pm.Categorical('z', p=p, shape=len(cs_exp))
    means = pm.Normal('means', mu=cs_exp.mean(), sd=10, shape=clusters)
    sd = pm.HalfNormal('sd', sd=10)
```

```
    y = pm.Normal('y', mu=means[z], sd=sd, observed=cs_exp)
    trace_kg = pm.sample()
```

如果运行这段代码，你会发现运行速度非常慢，而且轨迹看起来非常糟糕（请参阅第 8 章，了解有关诊断的更多信息）。造成这种问题的原因是，在 model_kg 模型中，我们明确地引入了潜变量 z。这种显式方法的一个问题是，对潜变量 z 进行采样通常会导致混合缓慢以及对分布尾部的无效探测。解决这些抽样问题的一种方法是对模型重新参数化。

注意，在混合模型中，观测变量 y 是在潜变量 z 条件下建模的。也就是说，$p(y \mid z, \theta)$。我们可以认为潜变量是一个麻烦的变量，可以把它忽略并得到 $p(y \mid \theta)$。PyMC3 有一个 NormalMixture 方法，我们可以用它来编写高斯混合模型，方法如下。

```
clusters = 2
with pm.Model() as model_mg:
    p = pm.Dirichlet('p', a=np.ones(clusters))
    means = pm.Normal('means', mu=cs_exp.mean(), sd=10, shape=clusters)
    sd = pm.HalfNormal('sd', sd=10)
    y = pm.NormalMixture('y', w=p, mu=means, sd=sd, observed=cs_exp)
    trace_mg = pm.sample(random_seed=123)
```

让我们用 ArviZ 来看看轨迹长什么样，后面我们会把这个轨迹与通过 model_mgp 获得的轨迹进行比较，如图 6.6 所示。

```
varnames = ['means', 'p']
az.plot_trace(trace_mg, varnames)
```

接下来计算这个模型的摘要（参见表 6.1），同样，后面我们会和通过模型 model_mgp 获得的摘要进行比较。

```
az.summary(trace_mgp, varnames)
```

表 6.1

	mean	sd	mc error	hpd 3%	hpd 97%	eff_n	r_hat
means[0]	52.12	5.35	2.14	46.24	57.68	1.0	25.19
means[1]	52.14	5.33	2.13	46.23	57.65	1.0	24.52
p[0]	0.50	0.41	0.16	0.08	0.92	1.0	68.91
p[1]	0.50	0.41	0.16	0.08	0.92	1.0	68.91

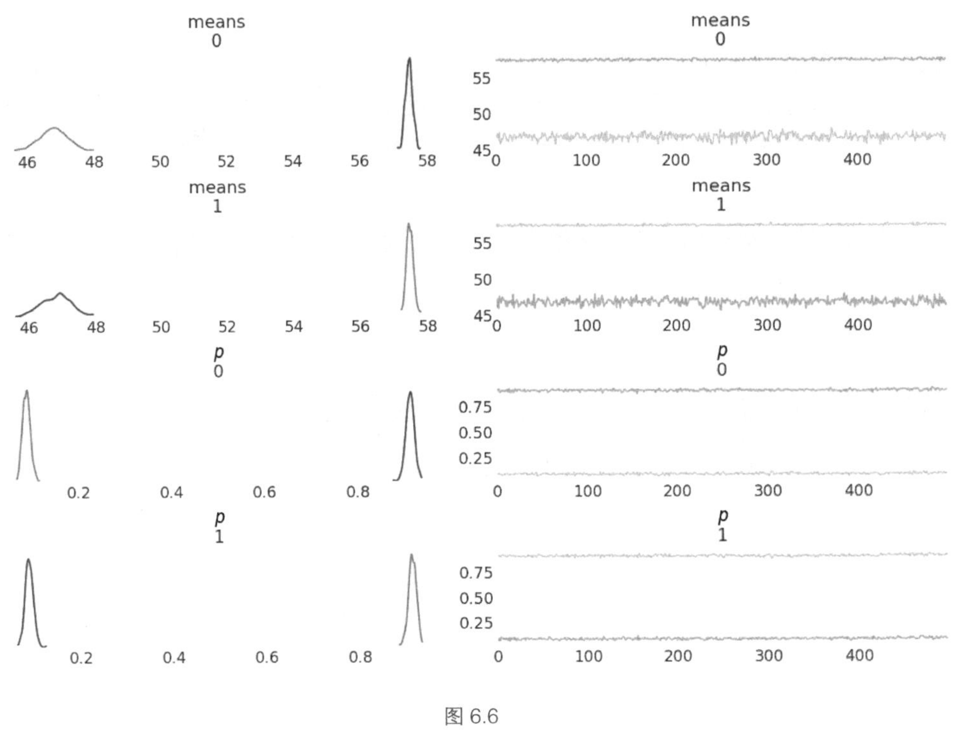

图 6.6

6.2.3 混合模型的不可辨识性

如果你仔细检查图 6.6，会发现一些有趣的事情。均值都估计为双峰分布，值在（47, 57.5）区间内，用 `az.summary` 获得摘要，你会发现均值的均值几乎相等，大约为 52。我们可以看到与 p 值类似的东西，即统计学中的**参数不可辨识性**。也就是说分量 1 的均值为 47、分量 2 的均值为 57.5，和分量 1 的均值为 57.5、分量 2 的均值为 47 的情况完全相同。在混合模型中，这也被称为**标签切换**问题。在第 3 章中，当我们讨论线性模型以及高相关性变量时，我们就已经发现了一个参数不可辨识的例子。

我们应该尽可能在定义模型时就消除不可辨识性。对于混合模型，至少有两种方法可以做到这一点。

- 强制让分量有序。例如，按严格递增的顺序排列分量的均值。
- 使用信息先验。

提示：如果模型的多个可选参数都获得了相同的似然函数，那么这些参数也不可辨别。

PyMC3 有一个简单的方法 pm.potential 可以让分量有序。**势**（Potential）是不需要在模型中加变量就能影响似然的任意因数[①]。势和似然的主要区别在于，似然取决于数据，而势不一定。我们可以用势来强制执行约束。例如，我们可以这样定义势：如果没有违反约束，我们在似然上加一个因子 0；否则，我们加一个因子 -∞。最终结果是，该模型的参数（或参数组合）不可能违反约束，而模型不受其余值的影响。

```
clusters = 2
with pm.Model() as model_mgp:
    p = pm.Dirichlet('p', a=np.ones(clusters))
    means = pm.Normal('means', mu=np.array([.9, 1]) * cs_exp.mean(),
                      sd=10, shape=clusters)
    sd = pm.HalfNormal('sd', sd=10)
    order_means = pm.Potential('order_means',
                               tt.switch(means[1]-means[0]< 0,-np.inf, 0))
    y = pm.NormalMixture('y', w=p, mu=means, sd=sd, observed=cs_exp)
    trace_mgp = pm.sample(1000, random_seed=123)

varnames = ['means', 'p']
az.plot_trace(trace_mgp, varnames)
```

我们来看下这个模型的摘要（参见表 6.2）。

```
az.summary(trace_mgp)
```

表 6.2

	mean	sd	mc error	hpd 3%	hpd 97%	eff_n	r_hat
means[0]	46.84	0.42	0.01	46.04	47.61	1328.0	1.0
means[1]	57.46	0.10	0.00	57.26	57.65	2162.0	1.0
p[0]	0.09	0.01	0.00	0.07	0.11	1365.0	1.0
p[1]	0.91	0.01	0.00	0.89	0.93	1365.0	1.0
sd	3.65	0.07	0.00	3.51	3.78	1959.0	1.0

另一个有用的约束是确保所有分量都有一个非空概率。换句话说，混合模

① 两个整数相乘，这两个数叫作积的因数。——译者注

型中的每个分量都至少有一个附加的观测值。可以按如下这样做，得到的结果如图 6.7 所示。

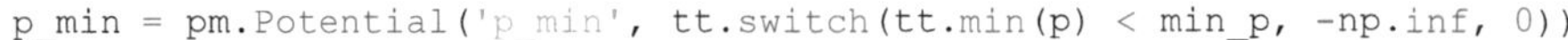

```
p_min = pm.Potential('p_min', tt.switch(tt.min(p) < min_p, -np.inf, 0))
```

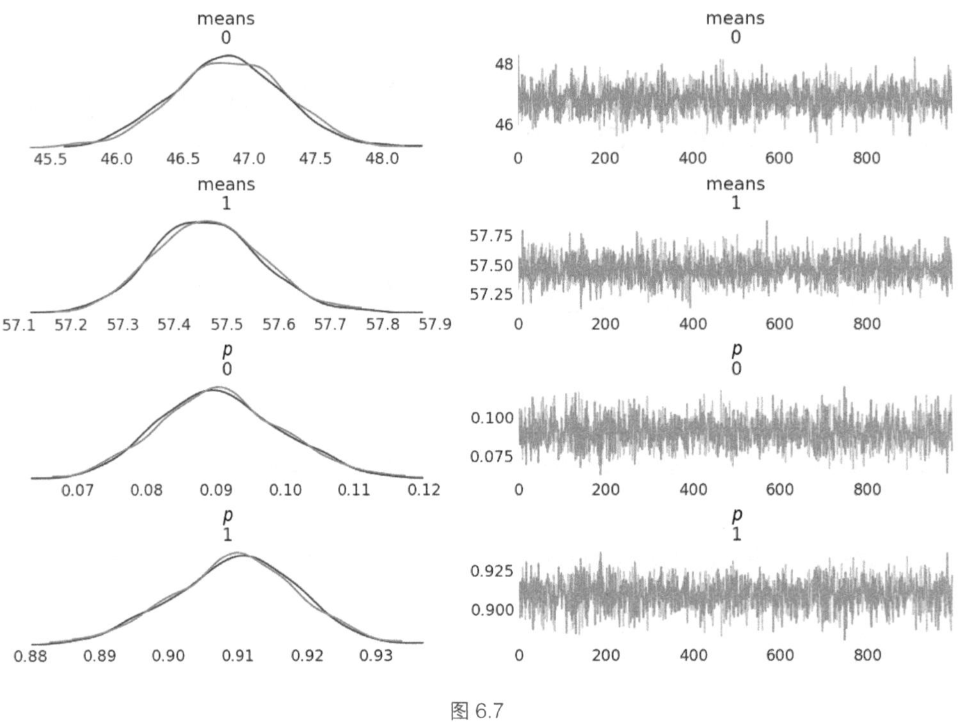

图 6.7

在这里，你可以将 `min_p` 设置为一些任意但合理的值，例如 0.1 或 0.01。

如图 6.4 所示，α 的值控制着狄利克雷分布的浓度。当 α=1 时，我们在单纯形上得到了扁平的先验分布，如 `model_mgp` 模型中所用的 α。α 值越大意味着先验知识越丰富。经验表明，$\alpha \approx 4$ 或者 10 是一个很好的默认值。因为这些值可以让后验分布中每个分量至少有一个数据点，同时避免获取过多分量。

6.2.4　怎样选择 *K*

有限混合模型的一个主要问题是如何确定分量的数量。经验是先用相对较少的分量，然后逐步增加分量数量，以改进模型拟合评估。通常，使用后验预测检查（如 WAIC 或 LOO）再加上建模者的专业知识评估模型拟合。

让我们比较一下在 $K=\{3,4,5,6\}$ 时的模型。为此，我们将对模型进行 4 次拟合，并保存轨迹和模型对象以备后用。

```
clusters = [3, 4, 5, 6]

models = []
traces = []
for cluster in clusters:
    with pm.Model() as model:
        p = pm.Dirichlet('p', a=np.ones(cluster))
        means = pm.Normal('means',
                          mu=np.linspace(cs_exp.min(), cs_exp.max(),
                                         cluster),
                          sd=10, shape=cluster,
                          transform=pm.distributions.transforms.ordered)
        sd = pm.HalfNormal('sd', sd=10)
        y = pm.NormalMixture('y', w=p, mu=means, sd=sd, observed=cs_exp)
        trace = pm.sample(1000, tune=2000, random_seed=123)
        traces.append(trace)
        models.append(model)
```

为了更好地显示 K 是如何影响推理的，我们把这些模型的拟合和用 az.plot_kde 得到的结果进行比较。再绘制混合模型的高斯分量。

```
_, ax = plt.subplots(2, 2, figsize=(11, 8), constrained_layout=True)

ax = np.ravel(ax)
x = np.linspace(cs_exp.min(), cs_exp.max(), 200)
for idx, trace_x in enumerate(traces):
    x_ = np.array([x] * clusters[idx]).T

    for i in range(50):
        i_ = np.random.randint(0, len(trace_x))
        means_y = trace_x['means'][i_]
        p_y = trace_x['p'][i_]
        sd = trace_x['sd'][i_]
        dist = stats.norm(means_y, sd)
        ax[idx].plot(x, np.sum(dist.pdf(x_) * p_y, 1), 'C0', alpha=0.1)

    means_y = trace_x['means'].mean(0)
    p_y = trace_x['p'].mean(0)
    sd = trace_x['sd'].mean()
    dist = stats.norm(means_y, sd)
    ax[idx].plot(x, np.sum(dist.pdf(x_) * p_y, 1), 'C0', lw=2)
```

```
    ax[idx].plot(x, dist.pdf(x_) * p_y, 'k--', alpha=0.7)
    az.plot_kde(cs_exp, plot_kwargs={'linewidth':2, 'color':'k'},
ax=ax[idx])
    ax[idx].set_title('K = {}'.format(clusters[idx]))
    ax[idx].set_yticks([])
    ax[idx].set_xlabel('x')
```

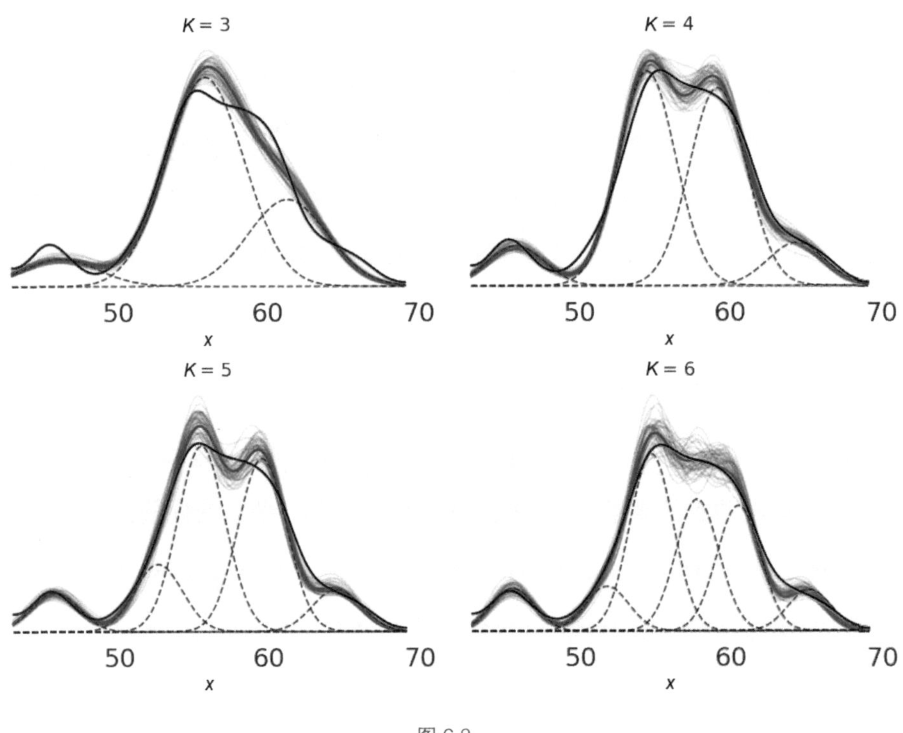

图 6.8

图 6.8 中包含几种信息：黑色实线是数据的 KDE 图，蓝色粗线是平均拟合，半透明蓝色线是后验样本，黑色虚线是平均高斯分量。在图 6.8 中，K=3 太低了，4、5 或 6 可能是更好的选择。

注意，高斯混合模型显示了两个中心峰 / 凸点（大约 55 ～ 60），而 KDE 图预测的是不太明显（更扁平）的峰。这不能说明高斯混合模型的拟合不好，因为 KDE 图通常都更平滑。你可以用直方图代替 KDE 图，但直方图也是近似密度的方法。正如我们在第 5 章中所讨论的，你可以计算相关测试量的预测后验图，并计算贝叶斯 p 值。图 6.9 显示了此类计算和可视化效果。

```
ppc_mm = [pm.sample_posterior_predictive(traces[i], 1000, models[i])
          for i in range(4)]

fig, ax = plt.subplots(2, 2, figsize=(10, 6), sharex=True,
constrained_layout=True)
ax = np.ravel(ax)
def iqr(x, a=0):
    return np.subtract(*np.percentile(x, [75, 25], axis=a))

T_obs = iqr(cs_exp)
for idx, d_sim in enumerate(ppc_mm):
    T_sim = iqr(d_sim['y'][:100].T, 1)
    p_value = np.mean(T_sim >= T_obs)
    az.plot_kde(T_sim, ax=ax[idx])
    ax[idx].axvline(T_obs, 0, 1, color='k', ls='--')
    ax[idx].set_title(f'K = {clusters[idx]} \n p-value {p_value:.2f}')
    ax[idx].set_yticks([])
```

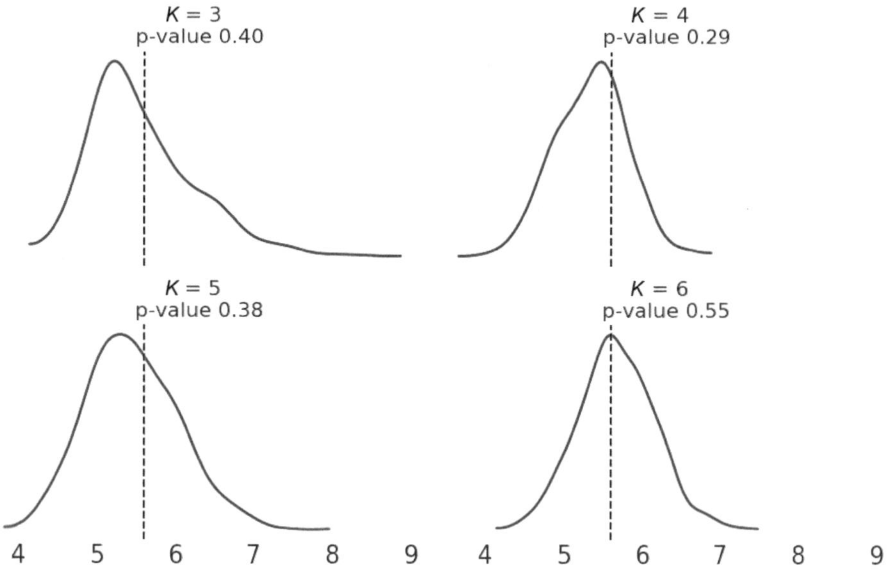

图 6.9

从图 6.9 中，我们可以看到 K=6 更好，贝叶斯 p 值很接近 0.5。正如我们在下面的 DataFrame（参见表 6.3）和图 6.10 中所见，WAIC 也表明在被评估的模型中 K=6 是更好的。

```
comp = az.compare(dict(zip(clusters, traces)), method='BB-pseudo-BMA')
comp
```

表 6.3

	waic	pwaic	dwaic	weight	se	dse	warning
6	10250	12.368	0	0.948361	62.7354	0	0
5	10259.7	10.3531	9.69981	0.0472388	61.3804	4.6348	0
4	10278.9	7.45718	28.938	0.00440011	60.7985	9.82746	0
3	10356.9	5.90559	106.926	3.19235e-13	60.9242	18.5501	0

一般来说，看图要比读表容易得多，所以让我们根据 WAIC 画一个图来看看这些模型有什么不同。如图 6.10 所示，虽然六分量模型的 WAIC 值小于其他模型的，但估计标准误差（se）存在相当大的重叠，特别是五分量模型。

```
az.plot_compare(comp)
```

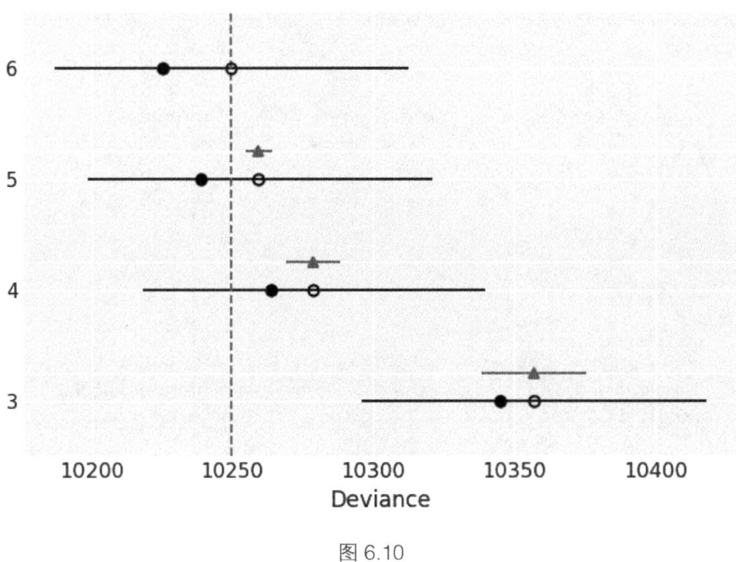

图 6.10

6.2.5　混合模型与聚类

聚类是统计或机器学习任务的无监督系列的一部分，类似于分类，但由于我们不知道正确的标签，所以要困难一些！

聚类或聚类分析是一种数据分析任务，它将对象分组，使给定组内的对象彼此之间的距离比和其他组中的对象更近，这些组叫作**类簇**。相似度有不同的计算方法，例如，使用欧几里得距离这样的度量；也可以用概率方法，那么混合模型就是很好的选择。

使用概率模型进行聚类通常称为**基于模型的聚类**。通过使用概率模型，我们可以计算每个数据点属于每个类簇的概率。这是**软聚类**，而不是硬聚类（其中每个数据点属于类簇的概率为 0 或 1）。通过引入一些规则或边界，我们可以将软聚类转化为硬聚类。事实上，你可能还记得，这正是我们将逻辑回归转化为分类方法所做的工作，当时使用的默认边界值为 0.5。对于聚类，要做的是把数据点分配给概率最大的类簇。

总而言之，当人们谈论聚类时，他们通常会谈论分组对象。当人们谈论混合模型时，他们会谈论混合简单分布来建模更复杂的分布，要么用于识别子组，要么只是用更灵活的模型来描述数据。

6.3　非有限混合模型

对于某些问题（例如手写数字聚类），分量数是很容易辨别的。对于其他问题，我们也很容易猜测。例如，我们可能知道鸢尾花数据采样自一个只有 3 种鸢尾的地区，因此使用 3 个分量是一个不错的选择。当我们不确定分量数时，可以用模型来帮助我们选择分量数。然而，对于有些问题，预先选择分量数可能是一个缺点，相反，我们更希望从数据中估计这个数目。这类问题的贝叶斯解与**狄利克雷过程**有关。

狄利克雷过程

到目前为止，我们看到的所有模型都是参数模型。这些模型具有固定数量的参数，我们感兴趣的是估计这些参数，比如固定数量的类簇。我们也可以有非参数模型，可能更好的名字是非固定参数模型，但已经有人为我们决定了名称。非参数模型是理论上有无限多个参数的模型。实际中，我们可以通过某种方式根据数据把参数变为有限个，也就是说数据决定了实际的参数个数，因此非参数模型是非常灵活的。在本书中，我们将看到这类模型的两个例子：高斯过程（这是第 7 章的主题）以及狄利克雷过程（我们将在后文开始讨论）。

正如狄利克雷分布是贝塔分布的 n 维推广，**狄利克雷过程（Dirichlet**

Process, DP）是狄利克雷分布的无限维推广。狄利克雷分布是概率空间上的概率分布，而 DP 是分布空间上的概率分布，这意味着从 DP 中采样得到的是一个分布。对于有限混合模型，我们使用狄利克雷分布为固定数量的类簇或群分配先验。DP 是一种给非固定数量的类簇分配先验分布的方法，甚至我们可以把 DP 看作一种从分布的先验分布中采样的方法。

在我们讨论实际的非参数混合模型之前，让我们花点时间讨论 DP 的一些细节。DP 的正式定义在某种程度上是模糊的，除非你非常了解概率理论。因此，为了更好地理解 DP 在混合模型建模中的作用，让我来描述一些相关属性。

- DP 是一个分布，它的实现是概率分布，而不是像高斯分布那样的实数。
- DP 由一个基分布 $\mathcal{H}$ 和一个称为**浓度参数**的正实数 α 指定（这类似于狄利克雷分布中的浓度参数）。
- $\mathcal{H}$ 是 DP 的期望值，这意味着 DP 将在基分布周围生成分布，这在某种程度上等同于高斯分布的均值。
- 随着 α 的增加，实现变得越来越不集中。
- 在实践中，DP 总是产生离散分布。
- 当 $\alpha\to\infty$，DP 的实现将等于基分布，因此，如果基分布是连续的，DP 将生成连续分布。所以，数学家们说，DP 产生的分布几乎肯定是离散的。在实践中，α 是一个有限数，所以我们总是使用离散分布。

为了使这些属性更具体，让我们再看看图 6.3 中的分类分布。我们完全可以通过 x 轴上的位置和 y 轴上的高度来指定这种分布。对于分类分布，x 轴上的位置被限制为整数，高度之和必须为 1。让我们保留最后一个限制，但放宽前一个限制。为了生成 x 轴上的位置，我们将从基分布中采样。原则上可以是任何分布，因此，如果我们选择高斯分布，位置原则上可以是实轴上的任何值；相反，如果我们选择贝塔分布，位置将被限制在 [0,1] 区间内；如果我们选择泊松分布作为基分布，位置将被限制在非负整数 $\{0,1,2,\cdots\}$ 范围内。

到目前为止一切表现还不错，我们如何选择 y 轴上的值？可以遵循一个被称为**断棒过程**的思维实验。想象我们有一根单位长度为 1 的棍子，然后把它折断分成两部分（不一定相等）。我们把一部分放在一边，把另一部分分成两部分，然后我们一直这样做。在实践中，由于我们不能无限地重复这个过程，所以我们在

某个预定义的值 K 处停止，但总的想法是成立的。为了控制断棒过程，我们使用了一个参数 α。当我们增加 α 的值时，我们将把棍子分成越来越小的部分。因此，$\lim_{\alpha \to 0}$ 在过程中我们不会截断棍子，当 $\lim_{\alpha \to \infty}$ 时我们把它截断成无限的碎片。图 6.11 显示了 DP 的 4 个图，其中有 4 个不同的 α 值。稍后我再解释生成该图的代码，我们先看这些例子。

```
def stick_breaking_truncated(α, H, K):
    """
    截断的 DP 断棒过程视图
    参数
    ----------
    α : 浮点型
        浓度参数
    H : scipy 分布
        基分布
    K : 整型
        分量数
    返回值
    -------
    locs : 数组
         位置
    w : 数组
        概率
    """
    βs = stats.beta.rvs(1, α, size=K)
    w = np.empty(K)
    w = βs * np.concatenate(([1.], np.cumprod(1 - βs[:-1])))
    locs = H.rvs(size=K)
    return locs, w

# DP 参数
K = 500
H = stats.norm
alphas = [1, 10, 100, 1000]

_, ax = plt.subplots(2, 2, sharex=True, figsize=(10, 5))
ax = np.ravel(ax)
for idx, α in enumerate(alphas):
    locs, w = stick_breaking_truncated(α, H, K)
    ax[idx].vlines(locs, 0, w, color='C0')
    ax[idx].set_title('α = {}'.format(α))

plt.tight_layout()
```

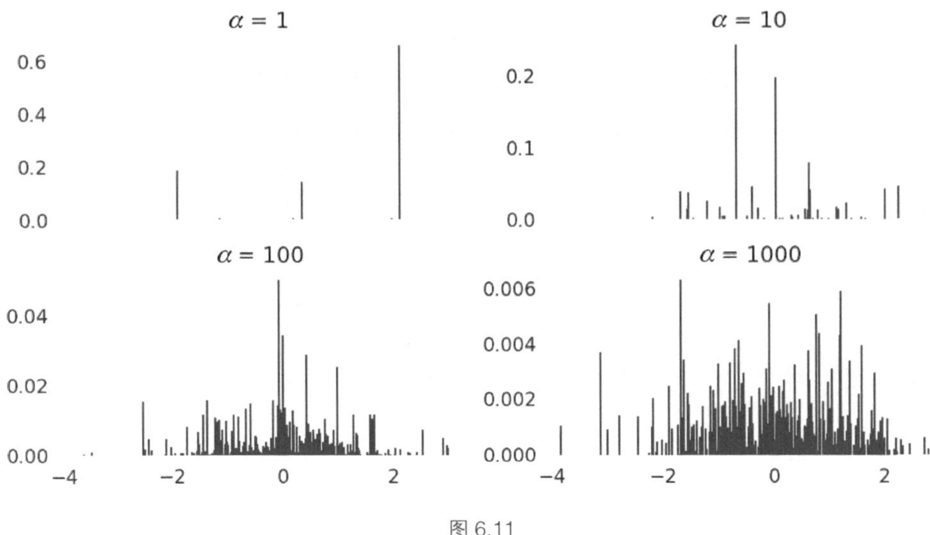

图 6.11

从图 6.11 可以看出，DP 是一个离散分布。当 α 增大时，分布更分散，棍子也更短，注意 y 轴刻度的变化，记住总长度固定为 1。基分布控制着位置，当位置从基分布中抽样时，我们可以从图 6.11 中看到，随着 α 的增加，DP 分布的形状越来越趋向于基分布 $\mathcal{H}$，由此我们可以推测，当 $\lim_{\alpha\to\infty}$，我们应该可以准确地获得基分布。

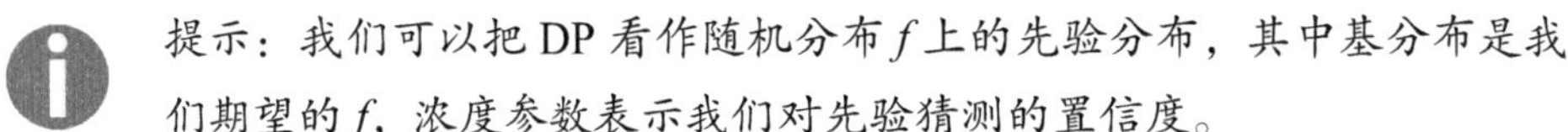

提示：我们可以把 DP 看作随机分布 f 上的先验分布，其中基分布是我们期望的 f，浓度参数表示我们对先验猜测的置信度。

图 6.1 显示，如果在每个数据点的顶部放置一个高斯分布，然后对所有高斯分布求和，就可以近似地得到数据的分布。我们可以使用 DP 来做类似的事情，但是我们不需要在每个数据点上放置一个高斯分布，而是在 DP 实现的每节棍子的位置放置一个高斯分布，我们可以根据每节棍子的长度来对高斯分布缩放或加权。这个过程提供了一个无限高斯混合模型的一般方法。或者，我们可以把高斯函数替换为任何其他分布，这样将得到一个通用无限混合模型的通用公式。图 6.12 所示为一个拉普拉斯分布混合模型的示例。我选用拉普拉斯分布，只是为了强调不必局限于高斯混合模型。

```
α = 10
H = stats.norm
K = 5
```

```
x = np.linspace(-4, 4, 250)
x_ = np.array([x] * K).T
locs, w = stick_breaking_truncated(α, H, K)

dist = stats.laplace(locs, 0.5)
plt.plot(x, np.sum(dist.pdf(x_) * w, 1), 'C0', lw=2)
plt.plot(x, dist.pdf(x_) * w, 'k--', alpha=0.7)
plt.yticks([])
```

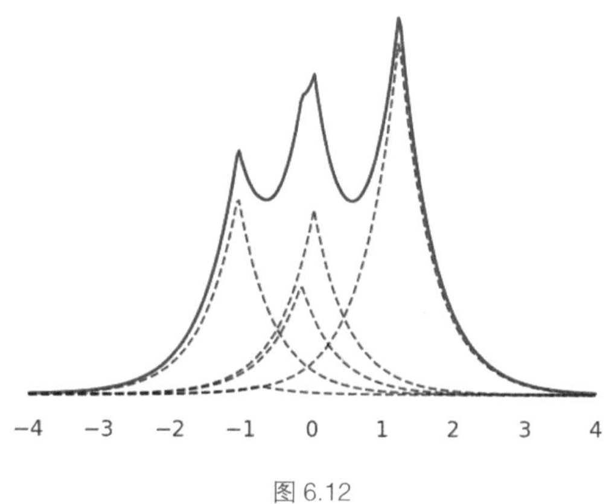

图 6.12

我希望此时你对 DP 已经建立了很好的直觉，现在唯一缺少的是对 `stick_break_truncated` 函数的理解。从数学上讲，DP 的断棒过程可以表示为：

$$\sum_{k=1}^{\infty} w_k \cdot \delta_{\theta_k}(\theta) = f(\theta) \sim \mathrm{DP}(\alpha, H) \tag{6.2}$$

其中具体的参数说明如下。

- δ_{θ_k} 是指示函数，除 $\delta_{\theta_k}(\theta_k)$=1 外，其计算结果都为零，这表示从基本分布 $\mathcal{H}$ 中采样的位置。
- w_k 的概率由下式给出：

$$w_k = \beta_k{}' \cdot \prod_{i=1}^{k-1}(1-\beta_i{}') \tag{6.3}$$

其中具体的参数说明如下。

- w_k 是子棒的长度。

- $\prod_{i=1}^{k-1}(1-\beta_i')$ 是剩余部分的长度，即我们需要不断截断的部分。
- β_k' 指示剩余部分怎么拆。
- $\beta_k' \sim \text{Beta}(1,\alpha)$，从这个表达式我们可以看出，当 α 增加时，β_k' 平均值会更小。

现在我们更愿意尝试在 PyMC3 中实现 DP。首先定义一个适用于 PyMC3 的 stick_breaking 函数。

```
N = cs_exp.shape[0]
K = 20

def stick_breaking(α):
    β = pm.Beta('β', 1., α, shape=K)
    w = β * pm.math.concatenate([[1.],
                                  tt.extra_ops.cumprod(1. - β)[:-1]])
    return w
```

我们为 α 定义一个先验值，即浓度参数。通常的选择是伽马分布。

```
with pm.Model() as model:
    α = pm.Gamma('α', 1., 1.)
    w = pm.Deterministic('w', stick_breaking(α))
    means = pm.Normal('means', mu=cs_exp.mean(), sd=10, shape=K)
    sd = pm.HalfNormal('sd', sd=10, shape=K)
    obs = pm.NormalMixture('obs', w, means, sd=sd, observed=cs_exp.values)
    trace = pm.sample(1000, tune=2000, nuts_kwargs={'target_accept':0.9})
```

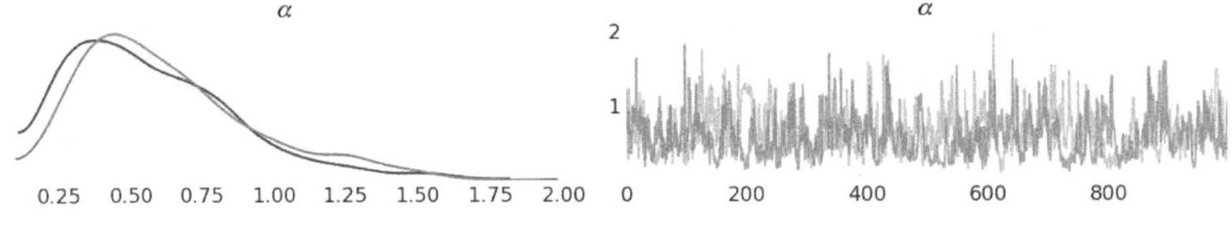

图 6.13

从图 6.13 中我们可以看出，α 的值相当小，这表明需要一些分量来描述数据。

因为我们是通过截断的断棒过程来近似无限趋近于 DP，所以检查截断值（本例中的 K=20）没有引入任何偏差是很重要的。一个简单的方法是绘制每个分量的平均权重。为了安全起见，我们应该有几个分量的权重可以忽略不计，否则我们必须增加截断值。如图 6.14 所示，第一个分量只有少数是重要的，因此我们可以确信 K=20 这个上限值对于当前的模型和数据已经足够大了。

```
plt.figure(figsize=(8, 6))
plot_w = np.arange(K)
plt.plot(plot_w, trace['w'].mean(0), 'o-')
plt.xticks(plot_w, plot_w+1)
plt.xlabel('Component')
plt.ylabel('Average weight')
```

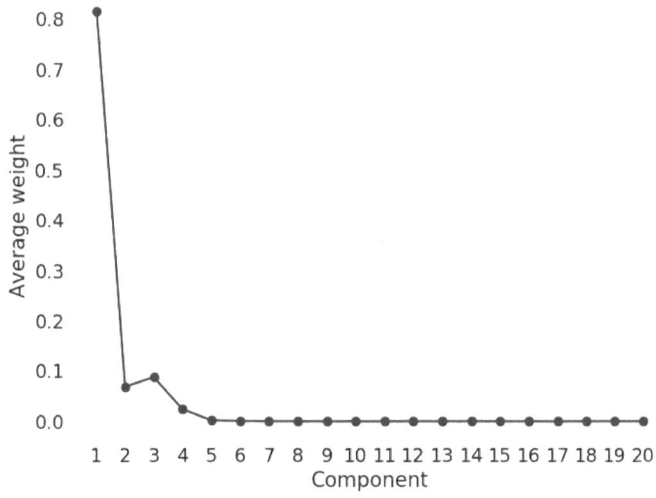

图 6.14

图 6.15 显示了使用 DP 模型（黑色线）和后验样本（灰色线）估算的平均密度，以反映估算中的不确定性。与图 6.2 和图 6.8 中的 KDE 相比，该模型的密度曲线不太平滑。

```
x_plot = np.linspace(cs.exp.min()-1, cs.exp.max()+1, 200)

post_pdf_contribs = stats.norm.pdf(np.atleast_3d(x_plot),
                                   trace['means'][:, np.newaxis, :],
                                   trace['sd'][:, np.newaxis, :])

post_pdfs = (trace['w'][:, np.newaxis, :] *
             post_pdf_contribs).sum(axis=-1)

plt.figure(figsize=(8, 6))
```

```
plt.hist(cs_exp.values, bins=25, density=True, alpha=0.5)
plt.plot(x_plot, post_pdfs[::100].T, c='0.5')
plt.plot(x_plot, post_pdfs.mean(axis=0), c='k')

plt.xlabel('x')
plt.yticks([])
```

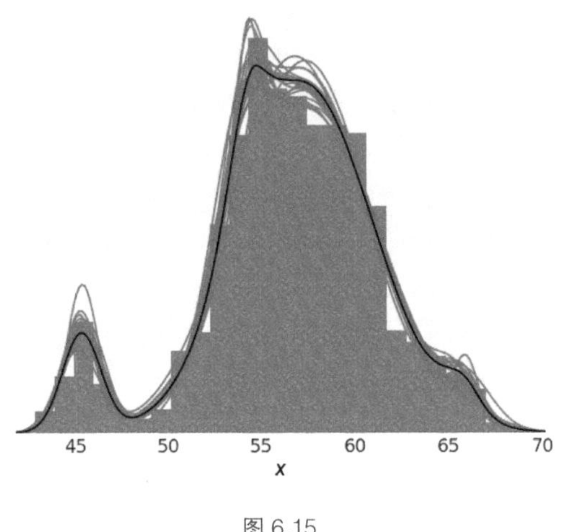

图 6.15

6.4　连续混合模型

本章的重点是介绍离散混合模型，但我们也可以有连续混合模型。事实上，我们已经知道其中的一些模型，比如第 4 章中的零膨胀分布，那是一个泊松分布和零生成过程的混合模型。另一个例子是来自同一章的鲁棒逻辑回归模型，该模型由两部分组成：逻辑回归和随机猜测。注意，参数 π 不是一个二值开关，而是更像一个混合旋钮，控制混合模型中有多少随机猜测和逻辑回归。只有 π 取极值时，我们才有纯随机猜测或纯逻辑回归。

分层模型也可以解释为连续混合模型，其中每组中的参数都来自上层的连续分布。为了让它更具体，可以考虑对几个组执行线性回归。我们可以假设每个组都有自己的斜率，或者所有组都有相同的斜率。或者，可以把这些极端选项建立成连续混合模型，这样一来极端选项只是这个更大的分层模型的特例。

6.4.1 贝塔 - 二项分布和负二项分布

贝塔 - 二项分布是一种离散分布，通常用于描述 n 次伯努利试验的成功次数 y（当每次试验的成功概率 p 未知时，并假设遵循参数为 α 和 β 的贝塔分布）：

$$\text{BetaBinonial}(y|n,\alpha,\beta)=\int_0^1 \text{Bin}(y\mid p,n)\text{Beta}(p\mid\alpha,\beta)\text{d}p \tag{6.4}$$

也就是说，为了找到观察结果 y 的概率，我们对 p 的所有可能（和连续）值进行平均运算，因此贝塔 - 二项分布可以看作连续的混合模型。如果你觉得贝塔 - 二项分布模型听起来很熟悉，那是因为你一直在关注本书的前两章！这是我们用于处理抛硬币问题的模型，尽管当时是显式地用贝塔分布和二项分布，而不是用已经混合的贝塔 - 二项分布。

以类似的方式，我们有负二项分布，这可以理解为伽马 - 泊松混合。这个模型是一个泊松分布的模型，其速率参数是伽马分布。此分布通常用于避免处理计数数据时常遇到的问题，即**超散度**（over-dispersion）。假设你正在用泊松分布对计数数据建模，然后你意识到数据中的方差超过了模型中的方差。使用泊松分布的问题是均值和方差是相关联的（事实上，它们是由相同的参数描述的）。因此，解决这个问题的一种方法是将数据建模为泊松分布的（连续）混合，其中速率来自伽马分布，这为我们使用负二项分布提供了理论基础。由于我们现在考虑的是混合分布，我们的模型具有更大的灵活性，能够更好地适应观测数据的均值和方差。贝塔 - 二项分布和负二项分布都可以作为线性模型的一部分，都有零膨胀的版本，而且这两个在 PyMC3 都是现成可用的。

6.4.2 t 分布

我们引入 t 分布作为高斯分布的一种鲁棒替代。结果表明，t 分布也可以看作一个连续的混合模型。在这种情况下，我们有：

$$t_v(y\mid\mu,\sigma)=\int_0^\infty N(y\mid\mu,\sigma)\text{Inv}\chi^2(\sigma\mid v)\text{d}v \tag{6.5}$$

注意，这类似于前面的负二项分布，除了这里我们有一个参数为 μ 和 v 的正态分布以及一个参数为 v 的 $\text{Inv}\chi^2$ 分布。其中我们从 σ 中采样的 v 值被称为自由度，或者我们更喜欢称之为正态性参数。对于有限混合模型，参数 v 和贝塔 - 二项分布的 p 等价于 z 潜变量。对于某些有限混合模型，在进行推断之前，也可能会将潜变量的分布边缘化，这可能会得到一个更容易取样的模型，正如我们已经在边缘化混合模型示例中看到的那样。

6.5 总结

很多问题都可以描述为由不同的子群体组成的总体。当我们知道每个观测值属于哪个子群体时，我们可以将每个亚群具体建模为一个单独的组。然而，很多时候我们无法直接得到这些信息，因此使用混合模型对数据进行建模可能更合适。我们可以用混合模型来捕捉数据中真实的子群体，或者作为一种通用的统计技巧，通过组合更简单的分布来模拟复杂的分布，也可以折中做一些事情。

本章将混合模型分为 3 类：有限混合模型、无限混合模型和连续混合模型。有限混合模型是两个或多个分布的有限加权混合，每个分布或分量代表数据的一个子组。原则上，这些分量实际上可以是任何我们认为有用的东西，从简单分布（如高斯分布或泊松分布）到更复杂的对象（如分层模型或神经网络）。从概念上讲，要解决一个混合模型，我们所需要做的就是将每个数据点适当地分配给其中一个分量，可以通过引入一个潜变量 z 来实现这一点。我们为 z 使用一个分类分布（这是最普遍的离散分布）和一个狄利克雷先验（这是贝塔分布的 n 维推广）。对潜变量 z 进行采样可能会有问题，因此将其边缘化可能会更方便。PyMC3 包括一个正态混合分布和一个为我们执行这种边缘化的混合分布，使得用 PyMC3 建立混合模型更容易。混合模型一个常见问题是可能导致标签切换，这是一种不可识别的形式。一种消除不可辨识性的方法是强制让分量有序，使用 PyMC3 我们可以通过使用 `pm.potential` 或有序转换实现（参见本书附带的 Jupyter Notebook）。

有限混合模型的一个挑战是如何确定分量的数量。一种解决方案是围绕估计的分量数量对一组模型进行比较，在可能的情况下，应该基于我们对当前问题的了解进行估计。另一种解决方案是尝试从数据中自动估计分量的数量。为此，我们引入了 DP 的概念，DP 是狄利克雷分布的无限维版本，我们可以用它来建立一个非参数混合模型。

在本章结尾，我们简要讨论了有哪些模型可以解释为连续混合模型，如贝塔 - 二项分布（一个用于抛硬币问题）、负二项分布、t 分布，甚至分层模型。

6.6 练习

（1）用 3 个高斯模型生成混合模型。查看本章附带的 Jupyter Notebook 示例，了解如何执行此操作。拟合具有 2、3 或 4 个分量的有限高斯混合模型。

（2）使用 WAIC 和 LOO 比较练习（1）的结果。

（3）阅读并运行 PyMC3 文档中关于混合模型的以下示例。

- 边缘化高斯混合模型。
- 密度依赖回归。
- 带 ADVI 的高斯混合模型（你将在第 8 章中找到有关 ADVI 的更多信息）。

（4）使用 DP 重复练习（1）。

（5）假设你暂时不知道鸢尾花数据集的正确物种 / 标签数，用你选择的一个特征（如萼片的长度）和一个混合模型来聚类 3 个鸢尾花物种。

（6）重复练习（5），但这次使用两个分量。

第 7 章 高斯过程

“孤单？老兄，你有你自己……无数个你自己。”[①]

——瑞克·桑切斯（Rick Sanchez）

在第 6 章中，我们了解了狄利克雷过程，这是狄利克雷分布的无限维推广，可用于设置未知连续分布的先验。在本章中，我们将学习高斯过程，这是高斯分布的无限维推广，可用于设置未知函数的先验。在贝叶斯统计中，DP 和高斯过程都用于建立灵活的模型，即参数的数量会随着数据量的增加而增加。

在本章中，我们将介绍以下主题。

- 作为概率对象的函数。
- 核函数。
- 具有高斯似然的高斯过程。
- 具有非高斯似然的高斯过程。

7.1 线性模型和非线性数据

在第 3 章和第 4 章中，我们学习了建立一般形式的模型：

$$\theta = \psi(\phi(X)\beta) \tag{7.1}$$

在这里，θ 是某些概率分布的参数。例如，高斯分布的均值、二项式的 p 参数、泊松分布的速率等。我们称 ψ 为逆连接函数，ϕ 是一个平方根函数或多项式函数。对于一元线性回归，ψ 是恒等函数。

---

① 这句话出自美国动画科幻情景喜剧《瑞克和莫蒂》，是瑞克对第 137 号瑞克所说的话，背景是只需要一个瑞克发明了传送器，那么所有的瑞克都会拥有这个工具，这就相当于复制了无数个瑞克，因而瑞克成为宇宙最聪明的人。——译者注

拟合（或学习）一个贝叶斯模型可以看作找出权重为 β 的后验分布，因此，这也可以看作近似函数的权重视图。正如我们在多项式回归的例子中看到的，通过把 ϕ 变成非线性函数，可以将输入映射到特征空间。然后，在特征空间中拟合出一个在实际空间中非线性的线性关系。我们看到，通过使用适当程度的多项式，完全可以拟合任何函数。但是，除非我们应用某种正则化（例如，使用先验分布），否则模型只能记住数据而不能泛化数据。

高斯过程通过让数据决定函数的复杂性，避免或至少减少过拟合，为任意函数的建模提供了一个原则性的解决方案。

以下部分从非常实用的角度解释了高斯过程。我们尽量回避相关的数学推导。要获得更正式的解释，请查看第 9 章中列出的参考资料。

7.2 建模函数

首先介绍一种把函数表示为概率对象的方法，以此为基础进行高斯过程的讨论。我们可以把函数 f 看作从一组输入 x 到一组输出 y 的映射。因此，我们可以这样写：

$$y = f(x) \tag{7.2}$$

表示函数的一种方法是列出每个 x_i 值对应的 y_i 值。事实上，你可能还记得最初学习函数时，就是这样表示函数的，如表 7.1 所示。

表 7.1

x	y
0.00	0.46
0.33	2.60
0.67	5.90
1.00	7.91

一般来说，x 和 y 的值将位于实轴上。因此，我们可以将函数看作成对值 (x_i, y_i) 的无限有序列表。这个顺序很重要，因为如果我们把这些值打散重排，将得到不一样的函数。

函数也可以表示为无限数组，其索引为 x 的值，区别是 x 的值不限于整数，可以是实数。

基于上述描述，我们可以用数字表示任何特定函数。但是，如果我们想概率地表示函数呢？好吧，我们可以让映射具有概率性质。让我来解释一下，我们可以把每个 y_i 值都看作一个随机变量，服从给定的均值和方差的高斯分布。这样，我们就不再有单个特定函数的描述，而是一系列分布的描述。

为了使讨论具体化，让我们使用一些 Python 代码来构建这类函数的两个示例。

```
np.random.seed(42)
x = np.linspace(0, 1, 10)

y = np.random.normal(0, 1, len(x))
plt.plot(x, y, 'o-', label='the first one')

y = np.zeros_like(x)
for i in range(len(x)):
    y[i] = np.random.normal(y[i-1], 1)
plt.plot(x, y, 'o-', label='the second one')

plt.legend()
```

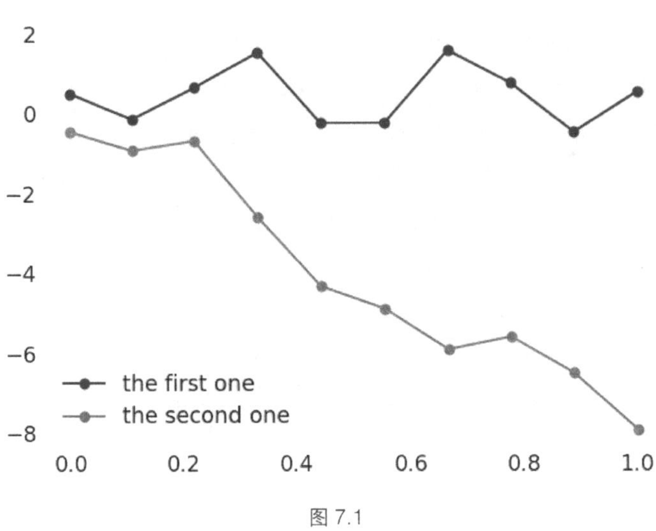

图 7.1

图 7.1 显示，使用高斯分布的样本对函数进行编码并没有那么疯狂或愚蠢，

因此我们应该没有偏离正轨。然而，生成图 7.1 的方法有限且不够灵活。虽然我们期望实际函数具有某种结构或模式，但我们用来表示**第一个函数**的方式不能编码任何数据点之间的关系。事实上，每个点都完全独立于其他点，因为我们只是从一个普通的一维高斯分布中得到 10 个独立的样本。对于**第二个函数**，我们引入了一些依赖关系。点 y_{i+1} 的均值是 y_i。尽管如此，我们接下来将看到有一种更通用的方法来捕获依赖关系（不仅在连续点之间）。

现在，让我们停下来思考一个问题，为什么我们使用高斯分布而不是其他概率分布？首先，高斯分布可以灵活地为每个点设置不同的均值和方差；其次，从数学角度来看，高斯分布更普适。

7.2.1 多元高斯函数

在图 7.1 中，我们用一元高斯分布表示函数获得了 n 个样本。另一种方法是使用多元高斯分布来获得长度为 n 的样本向量。实际上，你可能希望通过把 `np.random.normal(0, 1, len(x))` 替换为 `np.random.multivariate_normal(np.zeros_like(x), np.eye(len(x)))` 来得到类似图 7.1 的图。

第一个语句与第二个语句等效，但现在我们可以使用协方差矩阵来表示数据点之间的关联。通过协方差矩阵 `np.eye(len(x))`，基本上我们可以说 10 个点中的每一个方差都是 1，它们之间的方差（即协方差）是 0（因此，它们是独立的）。如果我们用其他（正）数替换这些零，可以得到不同的协方差。因此，为了概率地表示函数，我们只需要一个具有适当协方差矩阵的多元高斯函数，7.2.2 节我们会详细阐述。

7.2.2 协方差函数与核函数

实际上，协方差矩阵是用**核函数**来指定的。在统计文献中，你可能会发现不止一个核函数的定义，它们的数学性质略有不同。为了便于讨论，我们要说的是，核函数基本上是一个对称函数，它接收两个输入并在输入相同或为正数时返回零值。如果满足这些条件，我们可以将核函数的输出解释为两个输入之间的相似性度量。

在很多可用的核函数中，常用的是指数二次核函数：

$$K(x,x') = \exp\left(-\frac{\|x-x'\|^2}{2\ell^2}\right) \tag{7.3}$$

在这里，$\|x-x'\|^2$ 是欧几里得距离的平方。

$$\|x-x'\|^2 = (x_1-x_1')^2 + (x_2-x_2')^2 + \cdots + (x_n-x_n')^2 \tag{7.4}$$

乍一看可能并不明显，但指数二次核函数具有与高斯分布相似的公式，参见式（1.3）。因此，人们称之为高斯核函数。l 称为长度尺度（带宽或方差），它控制核函数的宽度。

为了更好地理解核函数的作用，让我们定义一个 Python 函数来计算指数二次核函数。

```
def exp_quad_kernel(x, knots, ℓ=1):
    """exponentiated quadratic kernel"""
    return np.array([np.exp(-(x-k)**2 / (2*ℓ**2)) for k in knots])
```

下面的代码和图 7.2 旨在展示对于不同的输入，4×4 协方差矩阵会是什么样。我选择的输入非常简单，由值 [-1, 0, 1, 2] 组成。一旦你理解了这个例子，就可以尝试使用其他输入，参见练习（1）。

```
data = np.array([-1, 0, 1, 2])
cov = exp_quad_kernel(data, data, 1)

_, ax = plt.subplots(1, 2, figsize=(12, 5))
ax = np.ravel(ax)

ax[0].plot(data, np.zeros_like(data), 'ko')
ax[0].set_yticks([])
for idx, i in enumerate(data):
    ax[0].text(i, 0+0.005, idx)
ax[0].set_xticks(data)
ax[0].set_xticklabels(np.round(data, 2))
#ax[0].set_xticklabels(np.round(data, 2), rotation=70)

ax[1].grid(False)
im = ax[1].imshow(cov)
colors = ['w', 'k']
for i in range(len(cov)):
```

```
        for j in range(len(cov)):
            ax[1].text(j, i, round(cov[i, j], 2),
                       color=colors[int(im.norm(cov[i, j]) > 0.5)],
                       ha='center', va='center', fontdict={'size': 16})
ax[1].set_xticks(range(len(data)))
ax[1].set_yticks(range(len(data)))
ax[1].xaxis.tick_top()
```

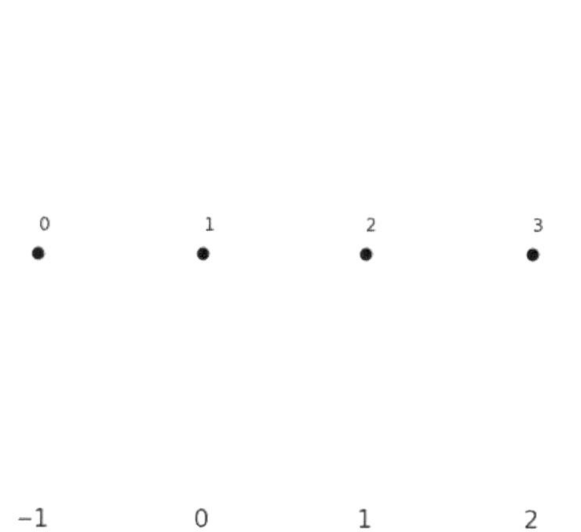

图 7.2

在图 7.2 中，左图显示输入，x 轴上的值表示每个数据点的值，文本标签显示了数据点的顺序（从 0 开始）。右图是一个热力图，表示使用指数二次核函数得到的协方差矩阵，颜色越浅意味着协方差越大。热力图是对称的，对角线取较大的值。协方差矩阵中每个元素的值与点之间的距离成反比，因为对角线是每个数据点与自身比较的结果。从这个核函数中，我们得到最近距离是 0，最高协方差是 1。其他核函数可能有其他值。

提示：核函数将数据点沿 x 轴的距离转换为期望函数值的协方差值（在 y 轴上）。因此，两点在 x 轴上距离越近，我们期望它们在 y 轴上的值也越近。

总之，到目前为止，我们已经看到可以使用具有给定协方差的多元正态分布来建模。我们可以用核函数来建立协方差。在下面的示例中，我们使用 `exp_quad_kernel` 核函数来定义多元正态分布的协方差矩阵，然后使用该分布的样本来表示函数。

```
np.random.seed(24)
test_points = np.linspace(0, 10, 200)
fig, ax = plt.subplots(2, 2, figsize=(12, 6), sharex=True,
                       sharey=True, constrained_layout=True)
ax = np.ravel(ax)
for idx, ℓ _in enumerate((0.2, 1, 2, 10)):
    cov = exp_quad_kernel(test_points, test_points, ℓ)
     ax[idx].plot(test_points, stats.multivariate_normal.rvs(cov=cov,
size=2).T)
    ax[idx].set_title(f'ℓ _={ℓ}')
fig.text(0.51, -0.03, 'x', fontsize=16)
fig.text(-0.03, 0.5, 'f(x)', fontsize=16)
```

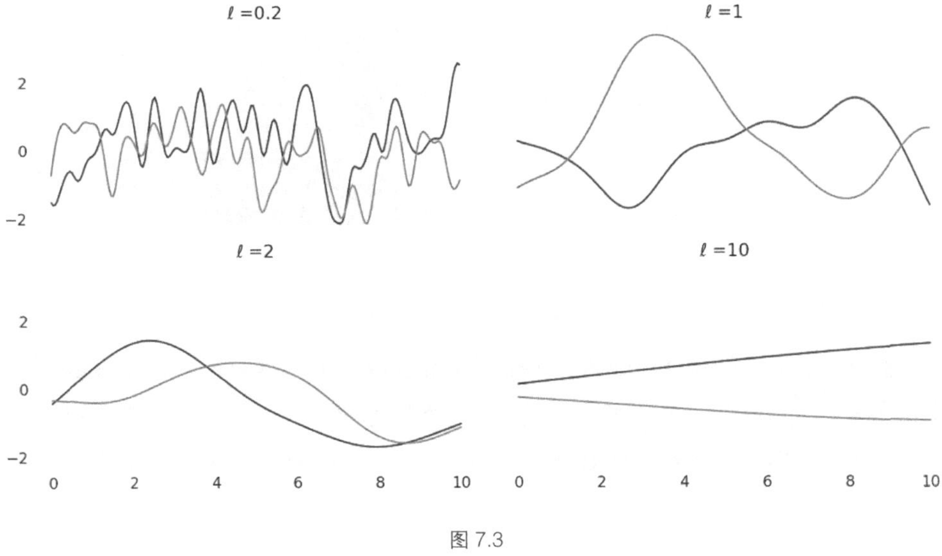

图 7.3

如图 7.3 所示，高斯核函数可以表示各种各样的函数，参数 ℓ 控制函数的**平滑度**。值越大，函数越平滑。

现在我们已经准备好了解什么是**高斯过程（Gaussian Process, GP）**以及它们在实践中是如何使用的。摘自维基百科的 GP 有点儿正式的定义如下。

“时间或空间索引的随机变量集合，使得这些随机变量的每个有限集合都具有多元正态分布，即它们的每个有限线性组合都是服从正态分布的。”

理解高斯过程的诀窍是要知道到 GP 的概念是一个心理（和数学）脚手架，在实践中我们不需要直接处理这个无限的数学对象。相反，我们只在有数据的地方评估 GP。通过这样，我们将无限维的 GP“折叠”成一个有限的多元高斯分布，其维数与数据点一样多。从数学上讲，这种“折叠”是由无限未观察到的维度上的边缘化造成的。理论上可以保证，除了我们正在观测的那些点之外，忽略（实际上是边缘化）所有的点是可以的。这也保证了我们总是得到一个多元高斯分布。因此，我们可以严格地将图 7.3 看作高斯过程的实际样本！

注意，我们将多元高斯函数的均值设置为 0，并通过指数二次核函数，仅使用协方差矩阵对函数进行建模。在处理高斯过程时，将多元高斯均值设置为 0 是常见的做法。

提示：高斯过程对于建立贝叶斯非参数模型是很有用的，因为我们可以把它们作为函数的先验分布。

7.3 高斯过程回归

假设我们可以将值 y 建模为 x 的函数 f，再加上一点儿噪声：

$$y \sim \mathcal{N}(\mu = f(x), \sigma = \varepsilon) \tag{7.5}$$

在这里，$\varepsilon \sim \mathcal{N}(0, \sigma_\varepsilon)$

这类似于我们在第 3 章中对线性回归模型所做的假设。主要的区别是，现在我们对 f 加入了一个先验分布。高斯过程可以作为先验，因此我们可以写：

$$f(x) \sim \mathcal{GP}(\mu_x, K(x, x')) \tag{7.6}$$

在这里 GP 表示高斯过程分布，其中 μ_x 是均值函数，$K(x, x')$ 是核函数或协方差函数。在这里，我们使用“函数”这个词，在数学上，均值和协方差是无限的对象，即使在实践中我们总是处理有限的对象。

如果先验分布是 GP，似然服从正态分布，那么后验分布也是 GP，我们可以知道：

$$p(f(X_*) \mid X_*, X, y) \sim \mathcal{N}(\mu, \Sigma) \tag{7.7}$$

$$\mu = K_*^T K^{-1} y \tag{7.8}$$

$$\Sigma = K_{**} - K_*^T K^{-1} K_*$$

相关的等式如下。

- $K = K(X, X)$。
- $K_* = K(X_*, X)$。
- $K_{**} = K(X_*, X_*)$。

X 表示观测到的数据点，X_* 表示测试点。也就是说，我们想知道推断函数值的“新”点。

像往常一样，PyMC3 为我们处理了几乎所有的数学细节，高斯过程也不例外。那么，让我们继续创建一些数据，然后创建一个 PyMC3 模型。

```
np.random.seed(42)
x = np.random.uniform(0, 10, size=15)
y = np.random.normal(np.sin(x), 0.1)
plt.plot(x, y, 'o')
true_x = np.linspace(0, 10, 200)
plt.plot(true_x, np.sin(true_x), 'k--')
plt.xlabel('x')
plt.ylabel('f(x)', rotation=0)
```

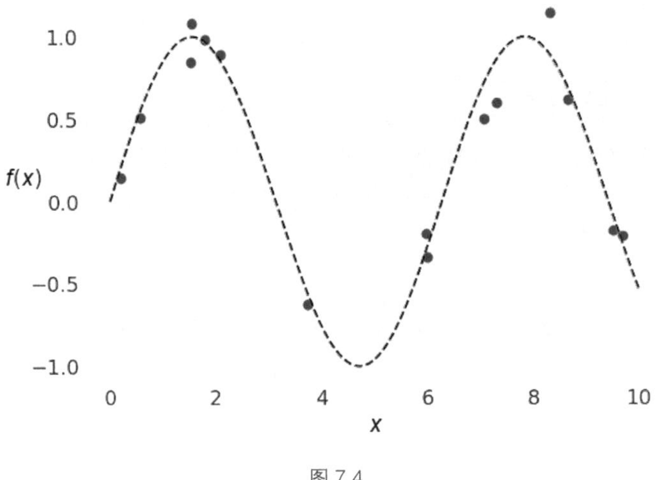

图 7.4

在图 7.4 中，我们看到“真正”的未知函数是一条黑色虚线，而点代表未知函数的样本（带有噪声）。

注意，为了将式（7.7）和式（7.8）编码到 PyMC3 模型中，我们只需要找出参数：正态似然方差 ε 和指数二次核函数的长度尺度参数 ℓ。

在 PyMC3 中，GP 被实现为一系列的 Python 类，这些类和我们在以前的模型中看到的有些不同。尽管如此，代码仍然是极具 PyMC3 风格的。我在以下代码中添加了一些注释，以指导你用 PyMC3 定义 GP。

```
# 输入一维列向量
X = x[:, None]

with pm.Model() as model_reg:
    # 长度尺度核参数的超先验
    ℓ = pm.Gamma('ℓ', 2, 0.5)
    # 协方差函数实例
    cov = pm.gp.cov.ExpQuad(1, ls=ℓ)
    # 实例化一个 GP 先验
    gp = pm.gp.Marginal(cov_func=cov)
    # 先验
    ε = pm.HalfNormal('ε', 25)
    # 似然
    y_pred = gp.marginal_likelihood('y_pred', X=X, y=y, noise=ϵ)
```

注意，与式（7.7）中预期的正态似然不同的是，我们使用了 `gp.marginal_likelihood` 方法。你可能还记得，在第 1 章的式（1.1）和第 5 章的式（5.13）中，边缘似然是似然和先验的积分：

$$p(y \mid X,\theta) \sim \int p(y \mid f,X,\theta)p(y \mid X,\theta)\,\mathrm{d}f \tag{7.9}$$

通常，θ 表示所有的未知参数，X 是自变量，y 是因变量。注意，我们正在边缘化函数 f 的值。对于 GP 先验和正态似然，可以执行边缘化。

根据 PyMC3 的核心开发人员、GP 模块的主要贡献者 Bill Engels 的说法，通常对长度尺度参数来说，避免先验值为 0 效果更好。ℓ 的一个有用的默认值是 pm.Gamma(2, 0.5)。

```
az.plot_trace(trace_reg)
```

上述代码的运行结果如图 7.5 所示。现在我们通过图 7.5 已经找到了 ℓ 和 ε 的值，接下来可能想从 GP 后验中得到样本，即拟合数据的函数样本。我们可以通过使用 `gp.conditional` 函数计算在新输入位置上评估的条件分布。

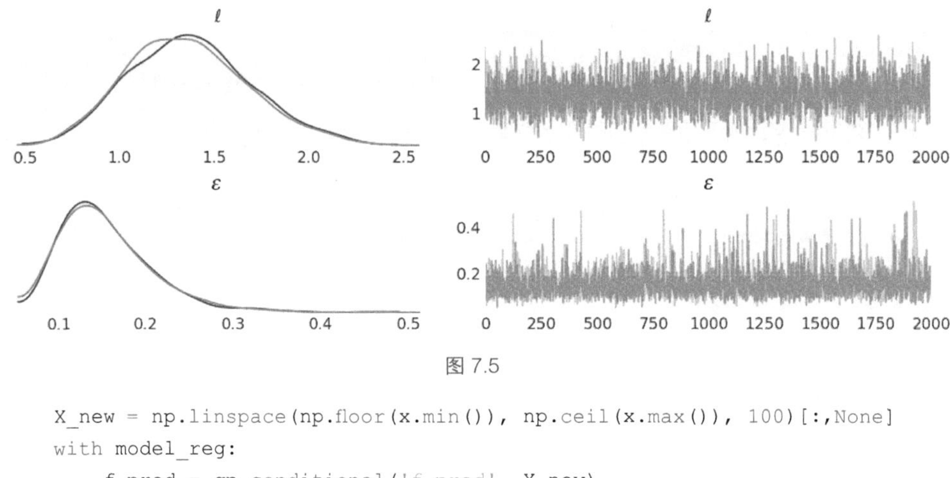

图 7.5

```
X_new = np.linspace(np.floor(x.min()), np.ceil(x.max()), 100)[:,None]
with model_reg:
    f_pred = gp.conditional('f_pred', X_new)
```

因此，我们得到了一个新的 PyMC3 随机变量 f_pred，我们可以用它从后验预测分布（在 X_new 处评估）中获得样本。

```
with model_reg:
    pred_samples = pm.sample_posterior_predictive(trace_reg, vars= [f_pred],
samples=82)
```

现在我们可以在原始数据上绘制拟合函数，以直观地检查它们与数据的拟合程度以及我们预测中的相关不确定性。

```
_, ax = plt.subplots(figsize=(12,5))
ax.plot(X_new, pred_samples['f_pred'].T, 'C1-', alpha=0.3)
ax.plot(X, y, 'ko')
ax.set_xlabel('X')
```

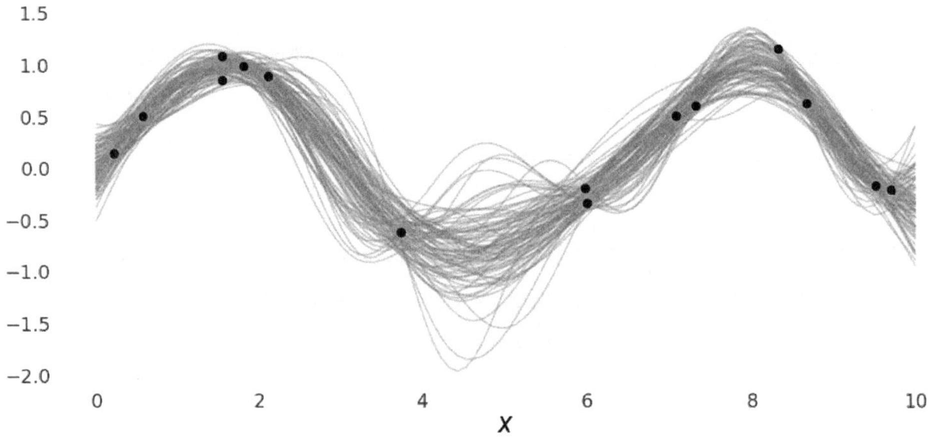

图 7.6

或者，我们可以使用 pm.gp.util.plot_gp_dist 函数来获得一些好看的图。图 7.7 中颜色由浅到深对应了包含 51%（浅颜色）到 99%（深颜色）的数据。

```
_, ax = plt.subplots(figsize=(12,5))

pm.gp.util.plot_gp_dist(ax, pred_samples['f_pred'], X_new,
palette='viridis', plot_samples=False);

ax.plot(X, y, 'ko')
ax.set_xlabel('x')
ax.set_ylabel('f(x)', rotation=0, labelpad=15)
```

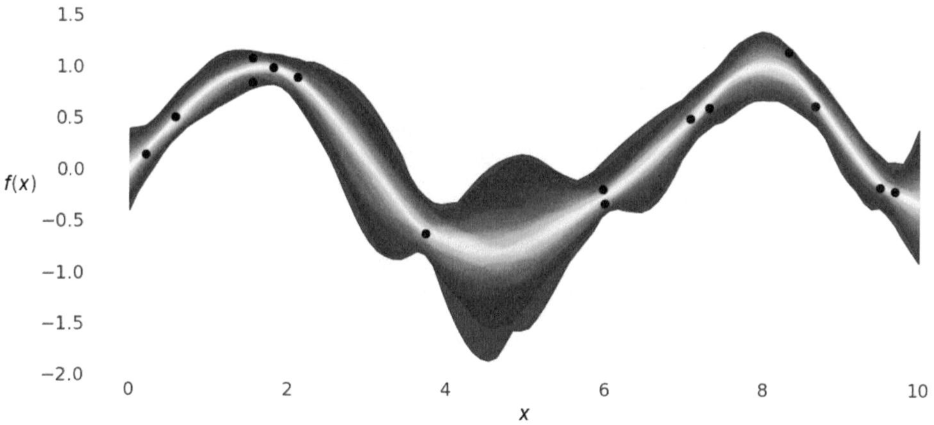

图 7.7

另一种方法是计算在参数空间中给定点处估计的条件分布的平均向量和标准差。在下面的示例中，我们使用 ℓ 和 ε 的均值（在轨迹中的样本上）。我们可以用 gp.predict 函数计算均值和方差。我们可以这样做的原因是 PyMC3 已经计算了后验概率。以下代码的运行结果如图 7.8 所示。

```
_, ax = plt.subplots(figsize=(12,5))

point = {'ℓ': trace_reg['ℓ'].mean(), 'ε': trace_reg['ε'].mean()}
mu, var = gp.predict(X_new, point=point, diag=True)
sd = var**0.5

ax.plot(X_new, mu, 'C1')
ax.fill_between(X_new.flatten(),
                 mu - sd, mu + sd,
                 color="C1",
```

```
                    alpha=0.3)

ax.fill_between(X_new.flatten(),
                mu - 2*sd, mu + 2*sd,
                color="C1",
                alpha=0.3)

ax.plot(X, y, 'ko')
ax.set_xlabel('X')
```

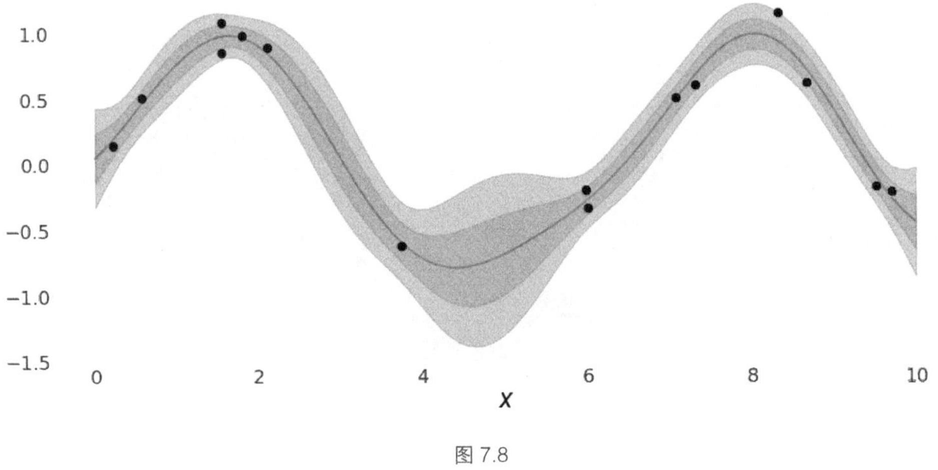

图 7.8

正如我们在第 4 章中所看到的，我们可以使用具有非高斯似然的线性模型和适当的逆连接函数来扩展线性模型的范围。我们也可以为 GP 做同样的事情。比如，我们可以使用泊松似然和指数逆连接函数。对于这样的模型，后验概率不再是分析可处理的，但是，尽管如此，我们可以使用数值方法来近似处理。接下来，我们将讨论这种模型。

7.4 空间自相关回归

本节示例摘自 Richard McElreath 的 *Statistical Rethinking* 一书。作者善意地允许我在这里重复他的例子。我强烈建议你读他的书，因为你会发现很多这样的好例子和非常好的解释。唯一需要注意的是，Richard 书中的例子都是 R/Stan 格式的，但是不要担心，这些示例在 GitHub 上都有 Python/PyMC3 版本。

好吧，回到这个例子，我们有 10 个不同的岛屿，以及每个岛屿用到的工具数量。一些理论预测表示，人口数量较多的岛屿比人口数量较少的会开发和使用更多的工具。人口之间的接触率也是一个重要因素。

因为我们有很多工具作为因变量，所以我们可以用总体的泊松回归作为自变量。事实上，我们可以使用人口数量的对数，因为真正重要的（根据理论）是人口的数量级，而不是绝对规模。在我们的模型中包含接触率的一种方法是，收集有关这些社会在历史上接触的频率的信息，并创建一个分类变量，如低 / 高比率（请参见 islands 数据框架中的 contact 列）。另一种方法是使用社会之间的距离代替接触率，因为可以假设距离近的社会比距离远的社会接触得更频繁，这是合理的。

通过读取岛屿数据，我们可以访问一个以“千千米”为单位的距离矩阵。参考本书附带的文件 islands_dist.csv。

```
islands_dist = pd.read_csv('../data/islands_dist.csv',
                           sep=',', index_col=0)
islands_dist.round(1)
```

表 7.2

	Ml	Ti	SC	Ya	Fi	Tr	Ch	Mn	To	Ha
Malekula	0.0	0.5	0.6	4.4	1.2	2.0	3.2	2.8	1.9	5.7
Tikopia	0.5	0.0	0.3	4.2	1.2	2.0	2.9	2.7	2.0	5.3
Santa Cruz	0.6	0.3	0.0	3.9	1.6	1.7	2.6	2.4	2.3	5.4
Yap	4.4	4.2	3.9	0.0	5.4	2.5	1.6	1.6	6.1	7.2
Lau Fiji	1.2	1.2	1.6	5.4	0.0	3.2	4.0	3.9	0.8	4.9
Trobriand	2.0	2.0	1.7	2.5	3.2	0.0	1.8	0.8	3.9	6.7
Chuuk	3.2	2.9	2.6	1.6	4.0	1.8	0.0	1.2	4.8	5.8
Manus	2.8	2.7	2.4	1.6	3.9	0.8	1.2	0.0	4.6	6.7
Tonga	1.9	2.0	2.3	6.1	0.8	3.9	4.8	4.6	0.0	5.0
Hawaii	5.7	5.3	5.4	7.2	4.9	6.7	5.8	6.7	5.0	0.0

如你所见，表 7.2 所示的矩阵主对角线上元素的值都为 0。每一个岛屿社会与它自己的距离都是 0。矩阵也是对称的，上三角和下三角都有相同的信息。这也反映了点 A 到 B 的距离与点 B 到 A 的距离相同这一事实。

工具数量和人口数量存储在另一个文件中，参考本书附带的文件 islands.csv。

```
islands = pd.read_csv('../data/islands.csv', sep=',')
islands.head().round(1)
```

表 7.3

	culture	population	contact	total_tools	mean_TU	lat	lon	lon2	logpop
0	Malekula	1100	low	13	3.2	−16.3	167.5	−12.5	7.0
1	Tikopia	1500	low	22	4.7	−12.3	168.8	−11.2	7.3
2	Santa Cruz	3600	low	24	4.0	−10.7	166.0	−14.0	8.2
3	Yap	4791	high	43	5.0	9.5	138.1	-41.9	8.5
4	Lau Fiji	7400	high	33	5.0	−17.7	178.1	−1.9	8.9

从表 7.3 所示的 DataFrame 中我们只需要挑选出以下列：`culture`、`total_tools`、`lat`、`lon2` 和 `logpop`。

```
islands_dist_sqr = islands_dist.values**2
culture_labels = islands.culture.values
index = islands.index.values
log_pop = islands.logpop
total_tools = islands.total_tools
x_data = [islands.lat.values[:, None], islands.lon.values[:, None]]
```

我们要建立的模型是：

$$f \sim \mathcal{GP}([0, \cdots, 0], K(x, x')) \tag{7.10}$$

$$\mu \sim \exp(\alpha + \beta x + f) \tag{7.11}$$

$$y \sim \text{Poisson}(\mu) \tag{7.12}$$

在这里，我们省略了 α 和 β 的先验，以及核函数的超先验。x 是人口数量的对数，y 是工具总数。

基本上，与第 4 章中的模型相比这个模型是一个新颖的泊松回归，即线性模型中的一个项来自 GP。为了计算 GP 的核函数，我们将使用距离矩阵 islands_dist。通过这种方式，我们将有效地利用相似性度量（根据距离矩阵估计）。因此，我们将每个社会中工具的数量建模为其地理位置的函数，而不是假设总数仅仅是人口的结果，并且两个社会间彼此独立。

以下就是这个包含先验的模型的 PyMYC3 代码。

```
with pm.Model() as model_islands:
    η = pm.HalfCauchy('η', 1)
    ℓ = pm.HalfCauchy('ℓ', 1)
    cov = η * pm.gp.cov.ExpQuad(1, ls=ℓ)
    gp = pm.gp.Latent(cov_func=cov)
    f = gp.prior('f', X=islands_dist_sqr)

    α = pm.Normal('α', 0, 10)
    β = pm.Normal('β', 0, 1)
    μ = pm.math.exp(α + f[index] + β * log_pop)
    tt_pred = pm.Poisson('tt_pred', μ, observed=total_tools)
    trace_islands = pm.sample(1000, tune=1000)
```

为了理解协方差函数在距离上的后验分布，我们可以从后验分布中绘制一些样本。

```
trace_η = trace_islands['η']
trace_ℓ = trace_islands['ℓ']

_, ax = plt.subplots(1, 1, figsize=(8, 5))
xrange = np.linspace(0, islands_dist.values.max(), 100)

ax.plot(xrange, np.median(trace_η) *
        np.exp(-np.median(trace_ℓ) * xrange**2), lw=3)

ax.plot(xrange, (trace_η[::20][:, None] * np.exp(- trace_ℓ[::20][:, None] *
xrange**2)).T,
        'C0', alpha=.1)

ax.set_ylim(0, 1)
ax.set_xlabel('distance (thousand kilometers)')
ax.set_ylabel('covariance')
```

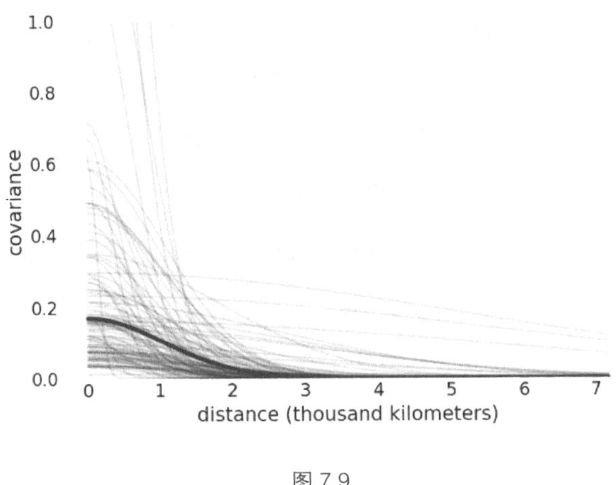

图 7.9

图 7.9 中的粗线是距离函数的成对社群之间协方差的后验中位数。使用中位数的原因是 l 和 η 的分布很偏斜。我们可以看到，协方差平均来说并没有那么高，而且在大约 2000 千米处几乎下降到 0。细线代表不确定性，我们可以看到有很多不确定性。

你可能会发现，用本书配套资源中的 m_10_10 模型和 model_islands 以及它的后验计算相比较会很有趣。你可能想用 ArviZ 的函数，例如 az.summary 或 az.plot_forest。m_10_10 模型和 model_islands 有点儿像，但不包括高斯过程项。

根据我们的模型，我们现在可以探讨岛屿之间的关联程度。为此，我们必须将协方差矩阵转化为相关矩阵。

```
# 计算社会间的后验中位数协方差
Σ = np.median(trace_η) * (np.exp(-np.median(trace_ℓ) * islands_dist_sqr))
# 转换为相关矩阵
Σ_post = np.diag(np.diag(Σ)**-0.5)
ρ = Σ_post @ Σ @ Σ_post
ρ = pd.DataFrame(ρ, index=islands_dist.columns,
columns=islands_dist.columns)
ρ.round(2)
```

由以上代码得到的相关矩阵如表 7.4 所示。

表 7.4

	Ml	Ti	SC	Ya	Fi	Tr	Ch	Mn	To	Ha
Ml	1.00	0.9	0.84	0.00	0.5	0.16	0.01	0.03	0.21	0.00
Ti	0.9	1.00	0.96	0.00	0.5	0.16	0.02	0.04	0.18	0.00
SC	0.84	0.96	1.00	0.00	0.34	0.27	0.05	0.08	0.1	0.00
Ya	0.00	0.00	0.00	1.00	0.00	0.07	0.34	0.31	0.00	0.00
Fi	0.5	0.5	0.34	0.00	1.00	0.01	0.00	0.00	0.77	0.00
Tr	0.16	0.16	0.27	0.07	0.01	1.00	0.23	0.72	0.00	0.00
Ch	0.01	0.02	0.05	0.34	0.00	0.23	1.00	0.52	0.00	0.00
Mn	0.03	0.04	0.08	0.31	0.00	0.72	0.52	1.00	0.00	0.00
To	0.21	0.18	0.1	0.00	0.77	0.00	0.00	0.00	1.00	0.00
Ha	0.00	0.00	0.00	0.00	0.00	0.00	0.00	0.00	0.00	1.00

最后一行和一列显示夏威夷非常“孤独”。这是有道理的，因为夏威夷离其他岛屿社会很远。此外，我们可以看到**马勒库拉岛（Ml）**、**蒂科皮亚岛（Ti）**和**圣克鲁斯岛（SC）**这 3 个小岛彼此的相关性很强。这也是有道理的，因为这些社会的联系非常紧密，而且它们的工具数量比较接近。

现在，我们将使用经纬度信息来绘制岛屿社会的相对位置。

```
# 将点大小缩放为 logpop
logpop = np.copy(log_pop)
logpop /= logpop.max()
psize = np.exp(logpop*5.5)
log_pop_seq = np.linspace(6, 14, 100)
lambda_post = np.exp(trace_islands['α'][:, None] +
                     trace_islands['β'][:, None] * log_pop_seq)

_, ax = plt.subplots(1, 2, figsize=(12, 6))

ax[0].scatter(islands.lon2, islands.lat, psize, zorder=3)
ax[1].scatter(islands.logpop, islands.total_tools, psize, zorder=3)

for i, itext in enumerate(culture_labels):
    ax[0].text(islands.lon2[i]+1, islands.lat[i]+1, itext)
    ax[1].text(islands.logpop[i]+.1, islands.total_tools[i]-2.5, itext)

ax[1].plot(log_pop_seq, np.median(lambda_post, axis=0), 'k--')
```

```
az.plot_hpd(log_pop_seq, lambda_post, fill_kwargs={'alpha':0},
            plot_kwargs={'color':'k', 'ls':'--', 'alpha':1})

for i in range(10):
    for j in np.arange(i+1, 10):
        ax[0].plot((islands.lon2[i], islands.lon2[j]),
                   (islands.lat[i], islands.lat[j]), 'C1-',
                    alpha=ρ.iloc[i, j]**2, lw=4)
        ax[1].plot((islands.logpop[i], islands.logpop[j]),
                   (islands.total_tools[i], islands.total_tools[j]), 'C1-',
                    alpha=ρ.iloc[i, j]**2, lw=4)
ax[0].set_xlabel('longitude')
ax[0].set_ylabel('latitude')

ax[1].set_xlabel('log-population')
ax[1].set_ylabel('total tools')
ax[1].set_xlim(6.8, 12.8)
ax[1].set_ylim(10, 73)
```

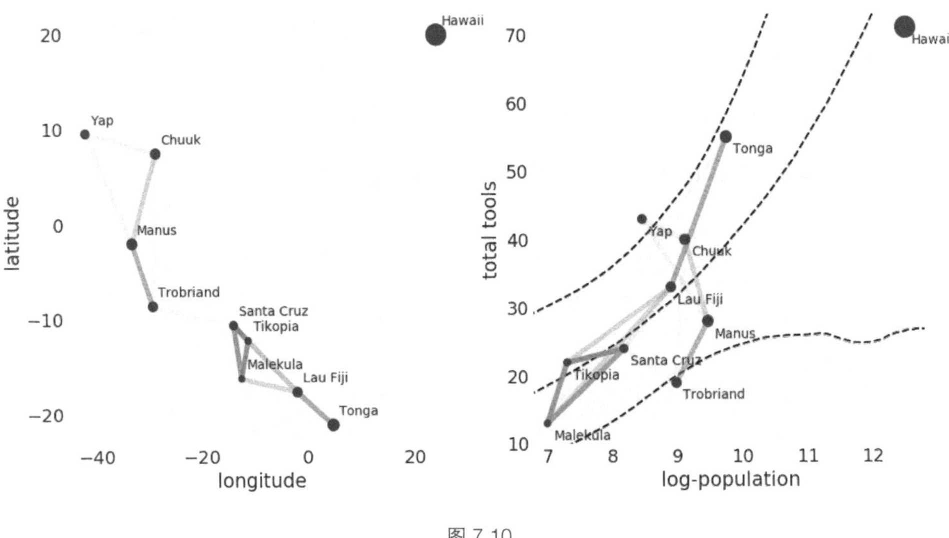

图 7.10

在图 7.10 中，左图显示的这些线是我们之前在相对地理位置背景下计算的社会之间的后验中位数相关性。有些线条是不可见的，因为我们已经用相关性的值来设置线条的不透明度（使用 Matplotlib 的 `alpha` 参数）。在右图中，我们又得到了后验中位数相关性，但这次是根据对数总人口与工具总数的关系绘制的。虚线表示工具的中位数和作为对数总人口函数的 94%HPD 区间。在这两个面板中，圆点的大小与每个岛屿社会的人口成正比。

注意马勒库拉岛、蒂科皮亚岛和圣克鲁斯岛之间的相关性是如何描述了这样一个事实，即它们拥有的工具数量非常少，接近中位数，或者低于其人口预期的工具数量。类似的事情也发生在特罗布里恩群岛和马努斯岛上，它们的地理位置相近，而且对它们的人口规模而言，拥有的工具数量比预期的要少。汤加岛拥有的工具比人口规模预期的要多，而且与斐济群岛的相关性相对较高。在某种程度上，这个模型告诉我们汤加群岛对斐济群岛有积极的影响，增加了工具的总数，抵消了它对近邻马勒库拉岛、蒂科皮亚岛和圣克鲁斯岛的影响。

7.5 高斯过程分类

高斯过程不限于回归，也可以用于分类。正如在第 4 章中所看到的，通过使用带有逻辑逆连接函数的伯努利似然，将线性模型转化为合适的模型来将数据分类（然后应用一个决策边界规则来分类）。我们将尝试重述第 4 章中的 `model_0`，对于其中的鸢尾花数据集，这次使用 GP 而不是线性模型。

让我们再次把鸢尾花数据集加载进来，代码运行结果如表 7.5 所示。

```
iris = pd.read_csv('../data/iris.csv')
iris.head()
```

表 7.5

	sepal_length	sepal_width	petal_length	petal_width	species
0	5.1	3.5	1.4	0.2	setosa
1	4.9	3	1.4	0.2	setosa
2	4.7	3.2	1.3	0.2	setosa
3	4.6	3.1	1.5	0.2	setosa
4	5	3.6	1.4	0.2	setosa

我们将从最简单的分类问题开始：两个类（刚毛鸢尾和变色鸢尾）以及一个自变量（萼片长度）。按照惯例，我们将用数字 0 和 1 对分类变量刚毛鸢尾和变色鸢尾进行编码。

```
df = iris.query( "species == ('setosa', 'versicolor')" )
```

```
y = pd.Categorical(df['species']).codes
x_1 = df['sepal_length'].values
X_1 = x_1[:, None]
```

对于这个模型，我们不使用 pm.gp.Marginal 类来实例化 GP 先验，而是使用 pm.gp.Latent 类。因为前者仅限于高斯似然，而后者一般可以与任何似然一起使用，并且在数学上，GP 先验与高斯似然相结合更易处理，也更高效。

```
with pm.Model() as model_iris:
    ℓ = pm.Gamma('ℓ', 2, 0.5)
    cov = pm.gp.cov.ExpQuad(1, ℓ)
    gp = pm.gp.Latent(cov_func=cov)
    f = gp.prior("f", X=X_1)
    # 逻辑逆连接函数和伯努利似然
    y_ = pm.Bernoulli("y", p=pm.math.sigmoid(f), observed=y)
    trace_iris = pm.sample(1000, chains=1,
compute_convergence_checks=False)
```

现在我们找到了 ℓ 值，我们可能想从 GP 后验中获取样本。正如我们对 marginal_gp_model 模型所做的那样，我们还可以借助 gp.conditional 函数计算一组新输入位置上的条件分布值，如下代码所示。

```
X_new = np.linspace(np.floor(x_1.min()), np.ceil(x_1.max()), 200)[:, None]

with model_iris:
    f_pred = gp.conditional('f_pred', X_new)
    pred_samples = pm.sample_posterior_predictive
        (trace_iris, vars= [f_pred], samples=1000)
```

为了显示此模型的结果，我们将创建一个类似于图 4.4 的图。用下面这个便利的函数直接从 f_pred 计算决策边界，而不是通过分析获得。

```
def find_midpoint(array1, array2, value):
    """
    This should be a proper docstring :-)
    """
    array1 = np.asarray(array1)
    idx0 = np.argsort(np.abs(array1 - value))[0]
    idx1 = idx0 - 1 if array1[idx0] > value else idx0 + 1
    if idx1 == len(array1):
        idx1 -= 1
    return (array2[idx0] + array2[idx1]) / 2
```

下面代码与第 4 章中用于生成图 4.4 的代码非常相似。

```
_, ax = plt.subplots(figsize=(10, 6))

fp = logistic(pred_samples['f_pred'])
fp_mean = np.mean(fp, 0)

ax.plot(X_new[:, 0], fp_mean)
# 绘制数据（带有一些抖动）和真实的隐藏函数
ax.scatter(x_1, np.random.normal(y, 0.02),
           marker='.', color=[f'C{x}' for x in y])

az.plot_hpd(X_new[:, 0], fp, color='C2')

db = np.array([find_midpoint(f, X_new[:, 0], 0.5) for f in fp])
db_mean = db.mean()
db_hpd = az.hpd(db)
ax.vlines(db_mean, 0, 1, color='k')
ax.fill_betweenx([0, 1], db_hpd[0], db_hpd[1], color='k', alpha=0.5)
ax.set_xlabel('sepal_length')
ax.set_ylabel('θ', rotation=0)
plt.savefig('B11197_07_11.png')
```

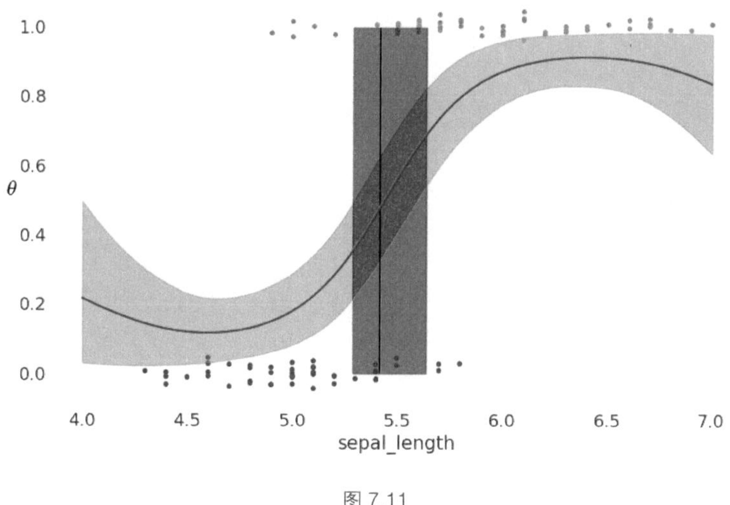

图 7.11

如你所见，图 7.11 看起来与图 4.4 很相似。f_pred 看起来像一条 S 形曲线，其尾部在 x_1 的较小值时呈上升趋势，在 x_1 的较大值时呈下降趋势。这是在没有数据（或数据很少）时预测函数向先验移动的结果。如果我们只关心决策边界，这应该不是问题，但是如果我们想为不同的萼片长度（sepal_length）

值建立属于刚毛鸢尾或变色鸢尾的概率模型，就应该改进模型。有一种方法是在高斯过程中增加更多的结构。可以使用组合协方差函数以便更好地捕获细节。

以下模型 model_iris2 与 model_iris 除了协方差矩阵外都相同，我们将其建模为 3 个核函数的组合。

```
cov = K_{ExpQuad} + K_{Linear} + K_{whitenoise}(1E-5)
```

通过添加线性核函数，我们解决了尾部问题，如图 7.12 所示。白噪声核函数只是一个用来稳定协方差矩阵的计算技巧。我们限制了高斯过程的核函数，以保证得到的协方差矩阵是正定的。然而，数值误差可能会违反这个条件。这个问题的一个表现是，我们在计算拟合函数的后验预测样本时得到了 nans。减小这个误差的一种方法是通过添加一点儿噪声来稳定计算。事实上，PyMC3 已经在“底层”实现了这一点，但有时需要更多的噪声，如下代码所示。

```
with pm.Model() as model_iris2:
    ℓ = pm.Gamma('ℓ', 2, 0.5)
    c = pm.Normal('c', x_1.min())
    τ = pm.HalfNormal('τ', 5)
    cov = (pm.gp.cov.ExpQuad(1, ℓ) +
           τ * pm.gp.cov.Linear(1, c) +
            pm.gp.cov.WhiteNoise(1E-5))
    gp = pm.gp.Latent(cov_func=cov)
    f = gp.prior("f", X=X_1)
    # 逻辑逆连接函数与伯努利似然
    y_ = pm.Bernoulli("y", p=pm.math.sigmoid(f), observed=y)
    trace_iris2 = pm.sample(1000, chains=1,
compute_convergence_checks=False)
```

现在，我们为之前生成的 X_new 值生成 model_iris2 的后验预测样本。

```
with model_iris2:
    f_pred = gp.conditional('f_pred', X_new)
    pred_samples = pm.sample_posterior_predictive(trace_iris2,
                                                  vars=[f_pred],
                                                  samples=1000)


_, ax = plt.subplots(figsize=(10,6))


fp = logistic(pred_samples['f_pred'])
fp_mean = np.mean(fp, 0)


ax.scatter(x_1, np.random.normal(y, 0.02), marker='.',
```

```
        color=[f'C{ci}' for ci in y])

db = np.array([find_midpoint(f, X_new[:,0], 0.5) for f in fp])
db_mean = db.mean()
db_hpd = az.hpd(db)
ax.vlines(db_mean, 0, 1, color='k')
ax.fill_betweenx([0, 1], db_hpd[0], db_hpd[1], color='k', alpha=0.5)
ax.plot(X_new[:,0], fp_mean, 'C2', lw=3)
az.plot_hpd(X_new[:,0], fp, color='C2')

ax.set_xlabel('sepal_length')
ax.set_ylabel('θ', rotation=0)
```

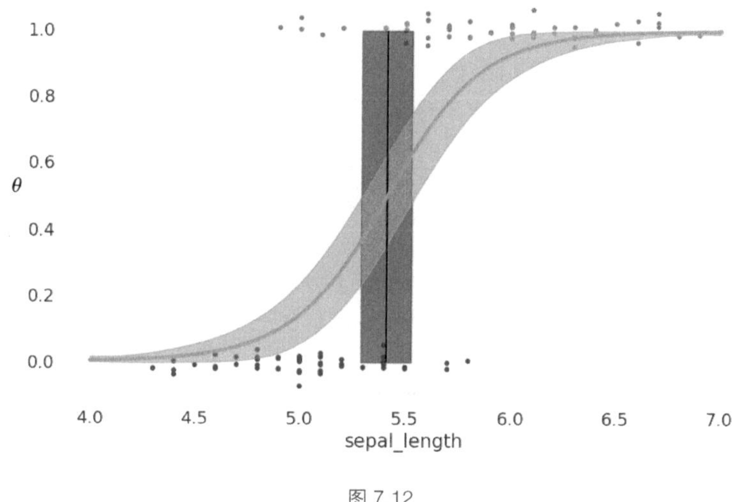

图 7.12

与图 7.11 相比，图 7.12 看起来更像图 4.4。这个例子主要有以下两个目的。

- 展示如何轻松地组合核函数以获得更具表现力的模型。
- 展示如何使用高斯过程复原逻辑回归。

关于第二个目的，逻辑回归确实是高斯过程的特例，因为一元线性回归只是高斯过程的一个特例。事实上，很多已知的模型都可以看作 GP 的特例，或者它们至少以某种方式与 GP 相关联。你可以阅读 Kevin P. Murphy 的 *Machine Learning: A Probabilistic Perspective* 的第 15 章来了解更多细节。

在实践中，如果一个问题只能使用逻辑回归来解决，那么用 GP 来建模并没有太大意义。相反，我们希望使用 GP 对更复杂的数据建模，因为这些数据用其他不灵活的模型是不容易捕获的。例如，假设我们想把患病的概率建模为年龄的函数。例如，我们虚构一个流感伪数据集 space_flu.csv，其中年轻人和老人比中年人有更高的患病风险。先来加载这个数据集，代码运行结果如图 7.13 所示。

```
df_sf = pd.read_csv('../data/space_flu.csv')
age = df_sf.age.values[:, None]
space_flu = df_sf.space_flu

ax = df_sf.plot.scatter('age', 'space_flu', figsize=(8, 5))
ax.set_yticks([0, 1])
ax.set_yticklabels(['healthy', 'sick'])
```

图 7.13

下面的模型与 model_iris 基本相同。

```
with pm.Model() as model_space_flu:
    ℓ_ = pm.HalfCauchy('ℓ', 1)
    cov = pm.gp.cov.ExpQuad(1, ℓ) + pm.gp.cov.WhiteNoise(1E-5)
    gp = pm.gp.Latent(cov_func=cov)
    f = gp.prior('f', X=age)
    y_ = pm.Bernoulli('y', p=pm.math.sigmoid(f), observed=space_flu)
    trace_space_flu = pm.sample(1000, chains=1, compute_convergence_checks=False)
```

现在我们为 model_space_flu 生成后验预测样本，然后绘制结果。

```
X_new = np.linspace(0, 80, 200)[:, None]
with model_space_flu:
    f_pred = gp.conditional('f_pred', X_new)
    pred_samples = pm.sample_posterior_predictive(trace_space_flu,
                                                  vars=[f_pred],
                                                  samples=1000)
```

```
_, ax = plt.subplots(figsize=(10, 6))

fp = logistic(pred_samples['f_pred'])
fp_mean = np.nanmean(fp, 0)

ax.scatter(age, np.random.normal(space_flu, 0.02),
           marker='.', color=[f'C{ci}' for ci in space_flu])

ax.plot(X_new[:, 0], fp_mean, 'C2', lw=3)

az.plot_hpd(X_new[:, 0], fp, color='C2')
ax.set_yticks([0, 1])
ax.set_yticklabels(['healthy', 'sick'])
ax.set_xlabel('age')
```

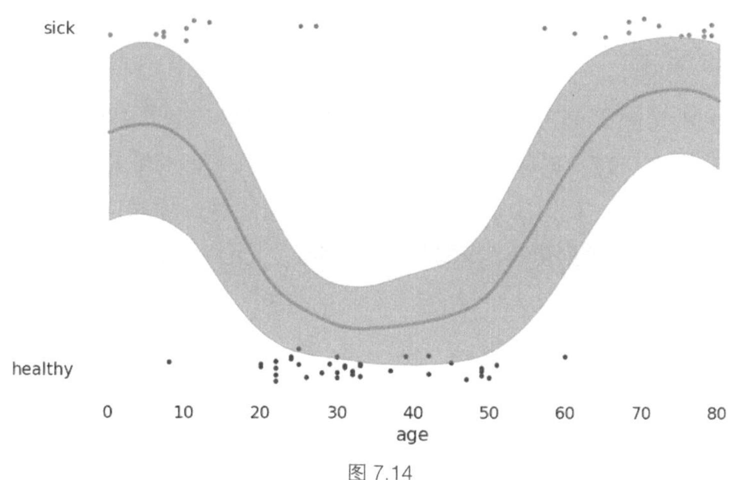

图 7.14

请注意，如图 7.14 所示，GP 能够很好地拟合该数据集，即使数据集要求的函数比逻辑函数更复杂。对一个简单的逻辑回归来说，很好地拟合这个数据集是不可能的，除非我们引入一些“特别的”修改来帮助它，关于这种修改的讨论见练习（6）。

7.6 Cox 过程

现在让我们回到对计数数据建模的示例。我们将看到两个例子：一个随时间变化的速率，另一个随二维空间变化的速率。我们将使用泊松似然，并用高斯过程给速率建模。由于泊松分布的速率仅限于正值，因此我们将使用指数作为逆连接函数，正如我们在第 4 章中对零膨胀泊松回归所做的操作。

在有些文献中，“速率”也称为“强度”。因此，这类问题称为**强度估计**（intensity estimation）。此外，这种模型通常被称为 Cox 模型[①]。Cox 模型是一种泊松过程，其速率本身就是一个随机过程。正如高斯过程是随机变量的集合，这些随机变量的每个有限集合都服从多元正态分布一样，泊松过程也是随机变量的集合，其中这些随机变量的每个有限集合都服从泊松分布。我们可以把泊松过程看作给定空间中点集合上的分布。当泊松过程的速率本身是一个随机过程（例如，高斯过程），那么我们就得到了所谓的 **Cox 过程**。

7.6.1　煤矿灾害

第一个例子是煤矿灾害的例子。这个例子包括 1851 年至 1962 年英国煤矿灾害的记录。据说，在这一时期安全法规的变化影响了灾害的数量。我们想把灾害率建模为时间的函数。我们的数据集只有一列数据，每一项对应于灾害发生的时间。 让我们加载这个数据集，看看其中的一些值，如表 7.6 所示。

```
coal_df = pd.read_csv('../data/coal.csv', header=None)
coal_df.head()
```

表 7.6

	0
0	1851.2026
1	1851.6324
2	1851.9692
3	1851.9747
4	1852.3142

我们将用于拟合 coal_df 数据帧中的数据的模型是：

$$f(x) \sim \mathcal{GP}(\mu_x, K(x, x')) \tag{7.13}$$

① Cox 模型的名称源于其提出者，英国统计学家 D.R.Cox。——译者注

$$y \sim \text{Poisson}(f(x)) \tag{7.14}$$

如你所见，这是一个泊松回归问题。你可能想知道，如果我们只有一列包含灾害发生的日期数据，将如何执行回归。答案是将数据离散化，就像我们构建直方图一样，x 变量是箱子的位置，y 变量是每个箱子的计数。

```
# 离散化数据
years = int(coal_df.max().values - coal_df.min().values)
bins = years // 4
hist, x_edges = np.histogram(coal_df, bins=bins)
# 计算离散数据中心的位置
x_centers = x_edges[:-1] + (x_edges[1] - x_edges[0]) / 2
# 将 x_data 排列成适合 GP 的形状
x_data = x_centers[:, None]
# 将数据表示为每年发生的灾害数
y_data = hist / 4
```

现在用 PyMC3 定义并求解模型。

```
with pm.Model() as model_coal:
    ℓ = pm.HalfNormal('ℓ', x_data.std())
    cov = pm.gp.cov.ExpQuad(1, ls=ℓ) + pm.gp.cov.WhiteNoise(1E-5)
    gp = pm.gp.Latent(cov_func=cov)
    f = gp.prior('f', X=x_data)

    y_pred = pm.Poisson('y_pred', mu=pm.math.exp(f), observed=y_data)
    trace_coal = pm.sample(1000, chains=1)
```

画出结果。

```
_, ax = plt.subplots(figsize=(10, 6))

f_trace = np.exp(trace_coal['f'])
rate_median = np.median(f_trace, axis=0)

ax.plot(x_centers, rate_median, 'w', lw=3)
az.plot_hpd(x_centers, f_trace)

az.plot_hpd(x_centers, f_trace, credible_interval=0.5,
            plot_kwargs={'alpha': 0})

ax.plot(coal_df, np.zeros_like(coal_df)-0.5, 'k|')
ax.set_xlabel('years')
ax.set_ylabel('rate')
```

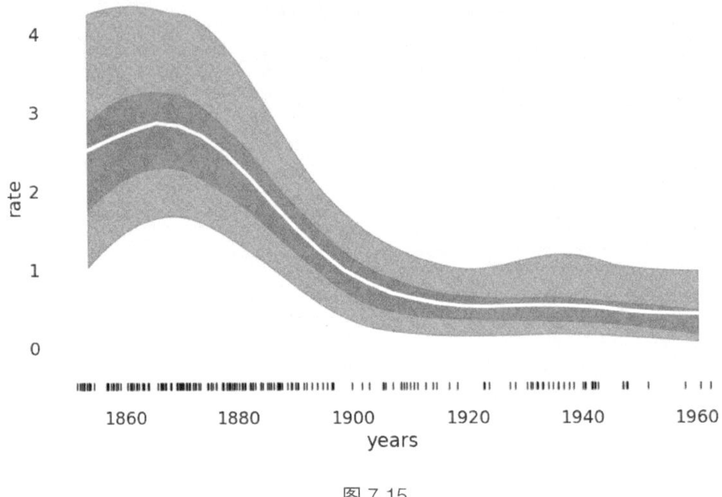

图 7.15

图 7.15 用白线显示了灾害率的中位数随时间的变化。这些条带对应 50%HPD 区间（较暗）和 94%HPD 区间（较亮）。在图的底部，每一条黑线标记了一个灾难（也被称为地毯图）。正如我们所看到的，除了最初的短暂上升，灾害率随着时间的推移而下降。PyMC3 文档中就包括煤矿灾害示例，但是从其他角度建模的。我强烈建议看看这个示例，因为它本身非常有用，然后把它和我们刚刚用 `model_coal` 模型实现的方法进行比较。

请注意，即使我们将数据组合在一起，也会得到一条平滑的曲线。从这个意义上说，我们可以将 `model_coal` 及这类模型看作构建直方图，然后对其进行平滑处理。

7.6.2　红杉数据集

现在我们把刚刚所做模型应用在红杉数据集这个二维空间问题上。我从 **GPstuff** 包中获取这个数据集（使用 GPL 许可协议分发），GPstuff 包是一个用于 MATLAB、Octave 和 R 的高斯过程包。数据集由给定区域内红杉的位置组成。推断的目的是确定某个区域内树木的比率是怎么分布的。像往常一样，加载数据并绘制它，如图 7.16 所示。

```
rw_df = pd.read_csv('../data/redwood.csv', header=None)
_, ax = plt.subplots(figsize=(8, 8))
```

```
ax.plot(rw_df[0], rw_df[1], 'C0.')
ax.set_xlabel('x1 coordinate')
ax.set_ylabel('x2 coordinate')
```

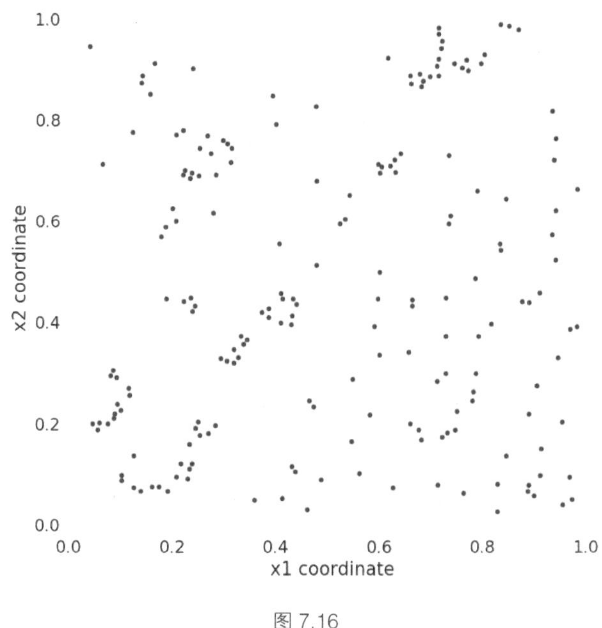

图 7.16

就像煤矿灾害的例子一样，我们需要将数据离散化。

```
# 离散化空间数据
bins = 20
hist, x1_edges, x2_edges = np.histogram2d(rw_df[1].values,
      rw_df[0].values, bins=bins)
# 计算离散化数据中心的位置
x1_centers = x1_edges[:-1] + (x1_edges[1] - x1_edges[0]) / 2
x2_centers = x2_edges[:-1] + (x2_edges[1] - x2_edges[0]) / 2
# 将 x_data 排列成适当 GP 的形状
x_data = [x1_centers[:, None], x2_centers[:, None]]
# 将 y_data 排列成适合 GP 的形状
y_data = hist.flatten()
```

请注意，我们不使用网格，而是将 x1 和 x2 数据分开。这允许我们为每个坐标建立协方差矩阵，有效地减少计算 GP 所需的矩阵的大小。我们只需要在使用 LatentKron 类定义 GP 时小心。需要注意的是，这不是一个数值技巧，而是这类矩阵结构的一个数学性质，所以我们没有在模型中引入任何近似或误差，只是用一种可以更快计算的方式来表达它。

```
with pm.Model() as model_rw:
    ℓ = pm.HalfNormal('ℓ', rw_df.std().values, shape=2)
    cov_func1 = pm.gp.cov.ExpQuad(1, ls=ℓ[0])
    cov_func2 = pm.gp.cov.ExpQuad(1, ls=ℓ[1])

    gp = pm.gp.LatentKron(cov_funcs=[cov_func1, cov_func2])
    f = gp.prior('f', Xs=x_data)

    y = pm.Poisson('y', mu=pm.math.exp(f), observed=y_data)
    trace_rw = pm.sample(1000)
```

最后，我们把这个结果画出来。

```
rate = np.exp(np.mean(trace_rw['f'], axis=0).reshape((bins, -1)))
fig, ax = plt.subplots(figsize=(6, 6))
ims = ax.imshow(rate, origin='lower')
ax.grid(False)
ticks_loc = np.linspace(0, bins-1, 6)
ticks_lab = np.linspace(0, 1, 6).round(1)
ax.set_xticks(ticks_loc)
ax.set_yticks(ticks_loc)
ax.set_xticklabels(ticks_lab)
ax.set_yticklabels(ticks_lab)
cbar = fig.colorbar(ims, fraction=0.046, pad=0.04)
```

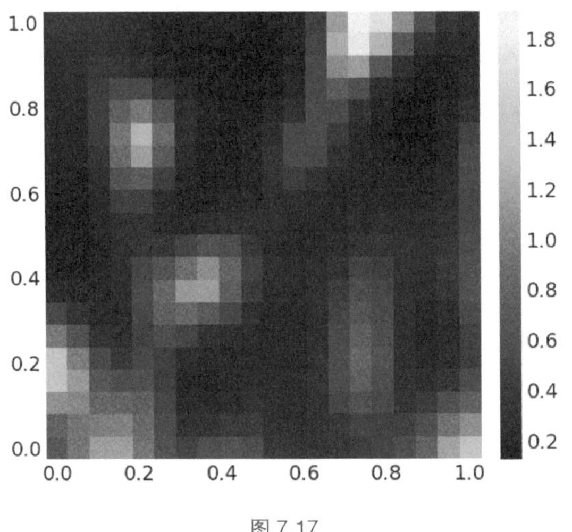

图 7.17

在图 7.17 中，颜色越浅意味着树木越多。我们可以想象一些应用场景：寻找树木高生长率区域，研究树木如何从火灾中恢复，或者可以用树木的分布研究土壤的性质等。

7.7 总结

高斯过程是高斯分布的无限维推广，完全由均值函数和协方差函数指定。因为我们可以在概念上把函数看作无限长的向量，所以我们可以将高斯过程作为函数的先验。实际上，我们不处理无限大的对象，而是处理与数据点一样多维度的多元高斯分布。为了定义它们相应的协方差函数，我们使用了适当的参数化核函数，通过学习这些超参数，我们最终可以学习任意复杂的函数。

在本章中，我们简要介绍了 GP。内容涵盖回归、半参数模型（岛屿示例）、组合两个或多个核函数以更好地描述未知函数，以及如何将 GP 用于分类任务，还有很多其他的话题需要讨论。不过，我希望这些关于 GP 的介绍足够激励你继续使用、阅读和学习高斯过程和非参数模型。

7.8 练习

（1）对于协方差函数和核函数部分中的示例，请确保你已经了解输入数据和生成的协方差矩阵之间的关系。尝试使用其他输入，如 `data = np.random.normal(size=4)`。

（2）重新运行生成图 7.3 的代码，并将从 GP 先验获得的样本数增加到 200 左右（在原来的图中，样本数是 2）。生成 y 值的范围是什么？

（3）对于练习（2）中生成的图，计算每个点上值的标准差。按以下形式进行。

- 只在视觉上观察图表。
- 直接从 `stats.multivariate_normal.rvs` 得到值。
- 通过检查协方差矩阵。如果你有疑问，请返回练习（1）。

你从这 3 种方法中得到的值是否一致？

（4）重新运行 `model_reg` 模型并改变绘图方式获得新的图表：`test_`

points X_new np.linspace(np.floor(x.min()), 20, 100)[:,None]。你观察到了什么？这与 GP 先验的规范有何关系？

（5）回到练习（1），但这次使用线性核函数（请参阅线性核函数的附带代码）。

（6）去看看 PyMC3 文档中的 GP-MeansAndCovs 部分。

（7）对 space_flu 数据集进行逻辑回归分析。你看到了什么？你能解释结果吗？

（8）改变逻辑回归模型以拟合数据。提示：使用二阶多项式。

（9）将煤矿灾害模型与 PyMC3 文档中的模型进行比较，描述两个模型在模型规范和结果方面的差异。

第 8 章
推断引擎

“首要原则是你一定不要欺骗自己，你自己正是最容易被欺骗的人。”

——理查德·费曼（Richard Feynman）

到目前为止，我们的重点是模型的建立、结果的解释和模型的评价。我们曾依靠 `pm.sample` 函数的“魔力”来计算后验分布。接下来重点学习这个函数背后的推断引擎的一些细节。概率编程工具（如 PyMC3）的目的是，用户不应该关心如何进行采样，而是了解如何从后验数据中获取样本。这对于充分理解推理过程很重要，也可以帮助我们了解这些方法什么时候失败、是如何失败的以及如何应对。如果你对理解后验样本的近似计算方法不感兴趣，你可以跳过本章的大部分内容，但我强烈建议你至少阅读 8.4 节，因为这一节提供了一些指导，可以帮助你检查后验样本是否可靠。

计算后验分布的方法有很多。在本章中，我们将讨论一些通用的办法，并将重点关注 PyMC3 中实现的方法上。

在本章中，我们将学习以下主题。

- 变分法。
- 梅特罗波利斯 - 黑斯廷斯算法。
- 哈密顿蒙特卡洛。
- 序贯蒙特卡洛。
- 样本诊断。

8.1 简介

贝叶斯方法虽然概念简单，但在数学和数值上都具有挑战性。主要原因是，边缘似然，即贝叶斯定理［见式（1.4）］中的分母，通常采用难以处理或计算量大的积分形式来求解。为此，后验通常是使用**马尔可夫链蒙特卡洛（MCMC）**家族的算法或最近的变分算法来进行数值估计。这些方法有时被称为**推断引擎**，因为至少在原则上，它们能够近似任何概率模型的后验分布。即使在实践中推理并不总是那么有效，这些方法的存在也推动了概率编程语言（如 PyMC3）的发展。

概率编程语言的目标是将模型构建过程与推理过程分开，以简化模型构建、评估和模型修改/扩展的迭代步骤（如第 1 章和第 2 章所述）。通过把推理过程（而不是模型构建过程）视为黑盒，概率编程语言（如 PyMC3）的用户可以自由地专注于特定的问题，让 PyMC3 为他们处理计算细节。这就是我们目前正在做的。所以，你可能会片面地认为这是“现成”的方法。但需要注意的是，在概率编程语言出现之前，做概率模型的人也习惯于编写自己的采样方法，这些方法通常是为他们的模型定制的，或者他们习惯于简化模型，使之适用于某些数学近似。事实上，这在一些学术界仍然是正确的。这种定制的方法可以更优雅，甚至可以提供一种更有效的方法来计算后验，但它也容易出错，而且非常耗时，即使对于专家也是如此。此外，定制的方法不适用于大多数对用概率模型解决问题感兴趣的实践者。像 PyMC3 这样的软件允许有着广泛背景的人们来使用概率模型，降低了数学和计算的门槛。我个人认为这是非常棒的，它允许我们学习更多关于统计建模的良好实践，所以我们应该尽量使用它。前几章主要是关于贝叶斯建模的基础知识。现在我们要学习在概念层面上自动推理是如何实现的，什么时候失败，为什么失败，失败后怎么办。

后验的数值计算方法有几种。我把它们分成两大类。

一类是非马尔可夫方法，又包含以下方法。

- 网格计算。
- 二次近似法。
- 变分法。

另一类是马尔可夫方法，又包含以下方法。

- 梅特罗波利斯 - 黑斯廷斯算法。
- 哈密顿蒙特卡洛。
- 序贯蒙特卡洛。

8.2 非马尔可夫方法

让我们从非马尔可夫方法开始讨论推断引擎。在某些情况下，这些方法可以对后验提供快速和准确的近似。

8.2.1 网格计算

网格计算（Grid Computing）是一种简单、“粗暴”的方法。虽然你不能计算整个后验，但可以逐点计算先验概率和似然概率。这是很常见的。假设我们要计算单参数模型的后验，网格计算方法如下。

（1）定义一个合理的参数区间（先验应该会给你一些提示）。

（2）在该区间上放置一个点网格（通常是等距的）。

（3）对于网格中的每个点，将似然值和先验值相乘。

或者，我们可以对计算值进行归一化，也就是把每个点的结果除以所有点的总和。

下面的代码块实现了网格计算方法并将其用于计算抛硬币模型的后验。

```
def posterior_grid(grid_points=50, heads=6, tails=9):
    """
    A grid implementation for the coin-flipping problem
    """
    grid = np.linspace(0, 1, grid_points)
    prior = np.repeat(1/grid_points, grid_points) # uniform prior
    likelihood = stats.binom.pmf(heads, heads+tails, grid)
    posterior = likelihood * prior
    posterior /= posterior.sum()
    return grid, posterior
```

假设把一枚硬币抛 13 次，并观测到 3 次正面朝上，如图 8.1 所示。

```
data = np.repeat([0, 1], (10, 3))
points = 10
h = data.sum()
t = len(data) - h
grid, posterior = posterior_grid(points, h, t)
plt.plot(grid, posterior, 'o-')
```

```
plt.title(f'heads = {h}, tails = {t}')
plt.yticks([])
plt.xlabel('θ');
```

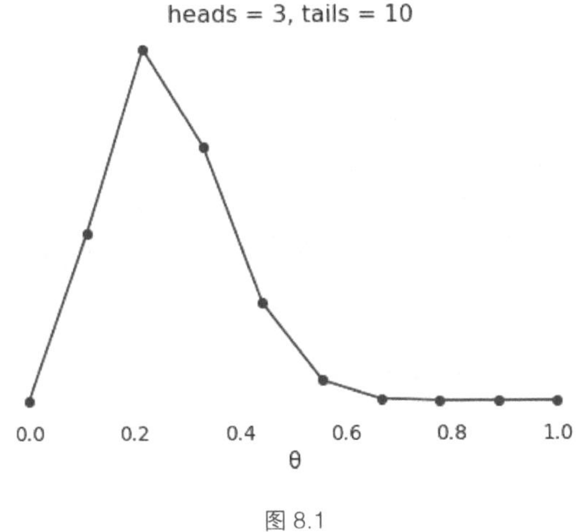

图 8.1

显然，更多的点（或等效的情况：网格的缩小）会得到更好的近似值。实际上，当点无限增加时，为了得到精确的后验值，我们的计算资源也要增加。

网格方法的最大问题是，这种方法对参数数量（也称为维度）的伸缩性很差。举个简单的例子。假设我们要像抛硬币问题一样对单位区间（见图 8.2）进行采样，并得到等距的 4 个点。这意味着分辨率为 0.25 个单位。现在假设我们有一个二维问题（图 8.2 中的正方形），要得到一个相同分辨率的网格，则需要 16 个点。以此类推，对一个三维问题，我们需要 64 个点（参见图 8.2 中的立方体）。在这个例子中，相比长度为 1 的线，从边为 1 的立方体采样我们需要 16 倍的资源。假设现在我们要把分辨率缩小为 0.1 个单位，那么线就要采样 10 个点，而立方体则要采样 1000 个点。

除了采样点数增加之外，还有一种现象不是网格方法或任何其他方法所特有的，而是高维空间的特性。随着参数数量的增加，与采样体积相比，参数空间中大部分后验集中的区域变得越来越小。这是统计学和机器学习中普遍存在的现象，通常被称为“**维度诅咒**（curse of dimensionality）”，数学家更喜欢称之为**度量集中**（concentration of measure）。

维度诅咒，用来展示低维空间中不存在但高维空间中存在的各种相关现象。

图 8.2

- 随着维数的增加，任意一对样本之间的欧氏距离变得越来越近。也就是说，在高维空间中，大多数点之间的距离基本相同。
- 对于超立方体，大部分的体积是在其角部，而不是在中部。对于超球体，大部分的体积在其表面，而不是在中部。
- 在高维情况下，多元高斯分布的大部分团块并不接近均值（或模），而是在其周围的“壳层”中。随着维数的增加，壳层从均值向尾部移动。这个壳接收的数据称为“典型集”（typical set）。

其中一些事实的代码示例，请查阅本书配套源码。

就我们目前的讨论而言，这些事实都意味着，如果我们没有选择好评估后验的位置，那么将会花费大部分时间来计算对后验贡献几乎为零的值，从而浪费宝贵的资源。对选择评估后验分布的位置来说，网格计算不是很“聪明”的方法，因此它并不能作为一个高维问题的通用方法。

8.2.2 二次近似法

二次近似（quadratic approximation），也称为拉普拉斯近似（Laplace method）或正态近似（normal approximation），由近似后验值 $p(x)$ 和高斯分布 $q(x)$ 组成。此方法包括如下两个步骤。

（1）找到后验分布的众数。这将是 $q(x)$ 的均值。

（2）计算海森矩阵（Hessian matrix）。由此，可以计算 $q(x)$ 的标准差。

第一步可以用最优化方法计算，即寻找函数的最大值或最小值的方法。为此，有很多现成的方法可以用。由于高斯分布中众数和均值相等，所以可以用众数作为近似分布 $q(x)$ 的均值。第二步不是那么“明显”。可以通过计算 $q(x)$ 的众数 / 均值处的曲率得到近似的标准差。曲率可以通过计算海森矩阵的平方根的逆得到。海森矩阵是函数二阶导数的矩阵，其逆矩阵给出协方差矩阵。使用 PyMC3，可以执行以下操作。

```
with pm.Model() as normal_approximation:
    p = pm.Beta('p', 1., 1.)
    w = pm.Binomial('w',n=1, p=p, observed=data)
    mean_q = pm.find_MAP()
    std_q = ((1/pm.find_hessian(mean_q, vars=[p]))**0.5)[0]
mean_q['p'], std_q
```

提示：在 PyMC3 中使用 pm.find_MAP 函数，会返回一条警告消息。这是因为“维数诅咒”的影响，用**最大后验（MAP）**来表示后验或者只是初始化采样方法通常都不是一个好方法。

让我们来看看二次近似对贝塔 - 二项模型的表现如何。

```
# 解析计算
x = np.linspace(0, 1, 100)
plt.plot(x, stats.beta.pdf(x , h+1, t+1),label='True posterior')
# 二次近似
plt.plot(x, stats.norm.pdf(x, mean_q['p'], std_q),label='Quadratic
approximation')
plt.legend(loc=0, fontsize=13)

plt.title(f'heads = {h}, tails = {t}')
plt.xlabel('θ', fontsize=14)
plt.yticks([]);
```

图 8.3 显示了二次近似并没有那么糟糕，至少在这个例子中是这样。严格地说，我们只能在无界变量，即存在于$\mathbb{R}^N$中的变量中使用拉普拉斯近似。这是因为高斯分布是个无界分布，如果我们用它来模拟一个有界分布（比如贝塔分布），最终会估计出一个正的密度，但实际上应该是零（在贝塔分布的 [0,1] 区间之外）。当然，如果我们一开始就把有界变量变换为无界变量，那也是可以用拉普拉斯近似的。例如，我们通常用半正态分布为标准差建模，因为它的定义域为 $[0, \infty)$

区间，对半正态变量取对数可以让它的值无界。

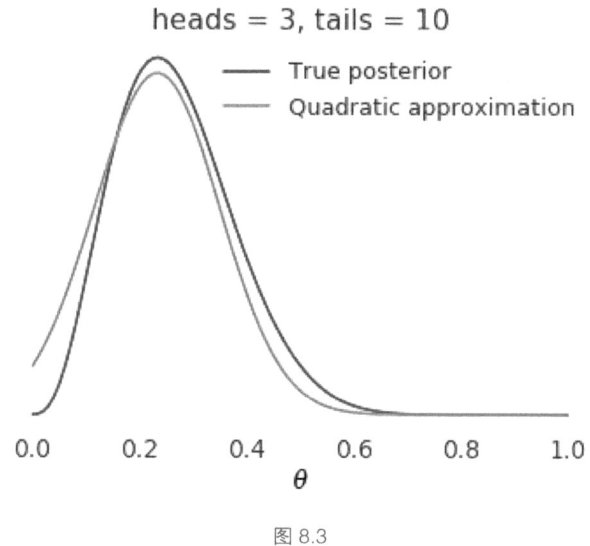

图 8.3

拉普拉斯方法有一定局限性，但可以很好地适用于某些模型，并且得到近似后验的解析等式。它也是一种更高级的方法，即**集成嵌套拉普拉斯近似（Integrated Nested Laplace Approximation，INLA）**的组成部分。

在 8.2.3 节中，我们将讨论变分法（variational method），这些方法与拉普拉斯近似类似，但更灵活，也更强大，其中一些可以自动应用于各种模型。

8.2.3 变分法

大多数现代贝叶斯统计都是用马尔可夫方法（见 8.3 节），但对于一些问题，这些方法可能太慢。对于大数据集以及计算成本太高的后验，变分法是一种更好的选择。

变分法的基本思想是用一个更简单的分布来近似后验分布，与拉普拉斯方法类似，但更为精细。我们可以通过求解一个优化问题来找到这个更简单的分布，即在某种度量接近度的方式下找到最接近后验分布的可能分布。衡量分布之间“接近度”的一种常用方法是使用 **Kullback-Leibler（KL）**散度（如第 5 章中所讨论的）。利用 KL 散度，我们可以写出：

$$D_{\mathrm{KL}}(q(\theta) \| p(\theta \mid y)) = \int q(\theta) \log \frac{q(\theta)}{p(\theta \mid y)} \mathrm{d}\theta \tag{8.1}$$

其中 q 是我们用来近似后验分布 $p(\theta \mid y)$ 的简单分布，常被称为变分分布（variational distribution）。我们试图通过一个优化方法找出 q 的参数（**变分参数**），使得 q 尽可能接近 KL 散度的后验分布。注意我们写的是 $D_{\mathrm{KL}}(q(\theta) \| p(\theta \mid y)$ 而不是 $D_{\mathrm{KL}}(p(\theta \mid y) \| q(\theta))$。这样做是因为它能得到一种更便捷的表达方式以及更好的解决方案。尽管我应该明确指出，在另一个方向上写 KL 散度也可能是有用的，事实上这引出了另一套方法，我们不在这里讨论。

式（8.1）的问题是我们不知道后验，所以不能直接使用它。我们需要另一种方式来表达我们的问题。下面的步骤说明了如何做到这一点。如果你不关心中间的步骤，请跳到式（8.7）。

首先，基于条件概率公式，我们把条件分布换掉（如果你不记得怎么做，请查阅第 1 章相关内容）：

$$D_{\mathrm{KL}}(q(\theta) \| p(\theta \mid y)) = \int q(\theta) \log \frac{q(\theta)}{\frac{p(\theta, y)}{p(y)}} \mathrm{d}\theta \tag{8.2}$$

然后，我们重新排列，得到：

$$\int q(\theta) \log \frac{q(\theta)}{p(\theta, y)} p(y) \mathrm{d}\theta \tag{8.3}$$

根据对数的性质，我们得到：

$$\int q(\theta)\left(\log \frac{q(\theta)}{p(\theta, y)} + \log p(y)\right) \mathrm{d}\theta \tag{8.4}$$

再重新排列，得到：

$$\int q(\theta) \log \frac{q(\theta)}{p(\theta, y)} \mathrm{d}\theta + \int q(\theta) \log p(y) \mathrm{d}\theta \tag{8.5}$$

$q(\theta)$ 的积分是 1，我们可以把 $\log p(y)$ 移出积分，然后得到：

$$\int q(\theta) \log \frac{q(\theta)}{p(\theta, y)} \mathrm{d}\theta + \log p(y) \tag{8.6}$$

利用对数的性质：

$$D_{\mathrm{KL}}(q(\theta) \parallel p(\theta, y)) = \underbrace{-\int q(\theta) \log \frac{p(\theta, y)}{q(\theta)} \mathrm{d}\theta}_{\text{证据下界（ELBO）}} + \log p(y) \tag{8.7}$$

既然 $D_{\mathrm{KL}} \geqslant 0$，那么 $\log p(y) \geqslant \mathrm{ELBO}$，或者换句话说，证据（或者边缘似然）总是大于或者等于 ELBO，这就是它命名的原因。因为 $\log p(y)$ 是一个常数，我们可以只关注 ELBO。最大化 ELBO 等价于最小化 KL 散度。因此，最大化 ELBO 是一种使 $q(\theta)$ 尽可能接近后验 $p(\theta \mid y)$ 的方法。

注意，到目前为止，我们还没有引入任何近似，我们只是在做一些代数运算。当我们选择 $q(\cdot)$ 时，就引入了近似。原则上，$q(\cdot)$ 可以是我们想要的任何东西，但实际上我们应该选择易于处理的分布。一种方案是假设高维后验分布可以用独立的一维分布来描述。数学上，这可以表示为：

$$q(\theta) = \prod_j q_j(\theta_j) \tag{8.8}$$

这就是所谓的平均场近似（mean-field approximation）。平均场近似在物理学中很常见，它用于将具有很多交互部分的复杂系统建模为根本不交互的更简单子系统的集合，或者仅考虑了平均交互作用。

我们可以为每个参数 θ_j 选择不同的分布 q_j。一般来说，q_j 分布取自指数族分布，因为它们易于处理。本书中使用的很多分布都是指数族分布，如正态分布、指数分布、贝塔分布、狄利克雷分布、伽马分布、泊松分布、分类分布和伯努利分布。

万事俱备，我们将推理问题有效地转化为了优化问题。因此，至少在概念上，我们需要解决的是用一些现成的优化方法让 ELBO 最大化。在实践中，事情稍微复杂一点，但我们已经有了基本思路。

自动微分变分推理

刚才描述的平均场近似的主要缺点是必须为每个模型提出一个特定的算法。我们没有通用的推断引擎，而是生成了需要用户干预的特定于模型的方法。幸运的是，很多人已经意识到这个问题，并提出了解决变分法自动化的方案。例如，最近提出的**自动微分变分推理（Automatic Differentiation Variational Inference, ADVI）**。在概念层面上，ADVI 所采取的主要步骤如下。

- 将所有有界分布转换到实数域上，如我们讨论过的拉普拉斯方法。
- 用高斯分布近似无界参数，如式（8.8）中的 q_j。注意，变换后参数空间上的高斯分布在原始参数空间上是非高斯分布。
- 用自动微分使 ELBO 最大化。

PyMC3 文档提供了很多关于如何在 PyMC3 中使用变分推理的示例。

8.3 马尔可夫方法

有一系列相关的方法，统称为马尔可夫链蒙特卡洛（Markov Chain Monte Carlo, MCMC）方法。只要我们能够逐点计算似然和先验，这些随机方法允许我们从真实的后验分布中获取样本。虽然这与网格方法所需的条件相同，但 MCMC 方法的性能优于网格近似。这是因为 MCMC 方法能够从高概率区域采集比低概率区域更多的样本。事实上，MCMC 方法将根据它们的相对概率访问参数空间的每个区域。如果 A 区的概率是 B 区的两倍，那么我们将从 A 区得到两倍于 B 区的样本。因此，即使我们无法分析计算整个后验，我们也可以使用 MCMC 方法从中采样。

在最基础的层面上，在统计中我们关心的大都是期望值，比如：

$$\mathbb{E}[f]=\int_\theta p(\theta)f(\theta)\mathrm{d}\theta \tag{8.9}$$

下面是这个等式的一些特例。

- 后验，如式（1.14）。
- 后验预测分布，如式（1.17）。
- 给定模型的边缘似然，如式（5.13）。

有了 MCMC 方法，我们可以使用有限样本近似公式（8.9）：

$$\lim_{N\to\infty} \mathbb{E}_\pi[f]=\frac{1}{N}\sum_{n=1}^{N} f(\theta_n) \tag{8.10}$$

式（8.10）的一个大问题是等式只能渐近成立，也就是说，只适用于无限多的样本！在实践中，我们的样本数总是有限的，因此我们希望 MCMC 方法能以尽可能少的样本数，尽快收敛到正确的答案。

通常，要确保 MCMC 中的一个特定样本已经收敛并不容易。因此，在实践中，我们必须依靠实证检验，以确保我们有一个可靠的 MCMC 近似。我们将在 8.4 节讨论 MCMC 样本的此类测试。当然其他近似方法（包括本章讨论的非马尔可夫方法）也需要实证检验，但我们这里不讨论它们，因为本书的重点是 MCMC 方法。

对 MCMC 方法有概念性的理解可以帮助我们从中诊断样本。那么，让我问一下，这个方法的名字里有什么？嗯，有时候不多，有时候又很多。为了理解 MCMC 方法是什么，我们将把 MCMC 方法分成两部分——“蒙特卡洛”部分和“马尔可夫链”部分。

8.3.1 蒙特卡洛

随机数的使用解释了名称中的蒙特卡洛部分。蒙特卡洛方法是一个非常广泛的算法家族，它使用随机采样来计算或模拟给定的过程。蒙特卡洛位于摩纳哥公国。蒙特卡洛方法的开发者之一是斯坦尼斯拉夫・乌拉姆。“斯坦”的关键想法是，虽然很多问题很难解决，甚至难以精确地表述，但通过从中采样，可以高效地研究这些问题。事实上，正如故事所说，他们的动机是回答关于在纸牌接龙（Solitary）游戏中获得特定牌的概率的问题。解决这个问题的方法之一是用解析组合。“斯坦”认为，另一种方法是玩几局游戏再数一下与我们感兴趣的牌相匹配的有多少！这听起来好像很明显，或者至少相当合理。甚至可以用重新采样的方法来解决统计问题。但是，要知道心理实验是在大约 70 年前才有的！

蒙特卡洛方法的首次应用是解决一个核物理问题，用当时的工具这是很难解决的。如今，个人计算机也足够强大，可以用蒙特卡洛方法解决很多有趣的问题。因此，这些方法适用于科学、工程、工业和艺术中的各种各样的问题。有一个经典的示例是使用蒙特卡洛方法估算 π 的值。在实践中，对于这种特殊的计算有更好的方法，但其教学价值仍然存在。

我们可以通过以下步骤估计 π 的值。

（1）在边长为 $2R$ 的一个正方形中随机抛 N 个点。

（2）画一个半径为 R 的圆，内接在正方形上，并计算圆内的点数，记为 inside。

（3）估计 $\hat{\pi}$ 为比率 $4\frac{\text{inside}}{N}$。

以下是一些注意事项。

- 圆和正方形的面积分别与圆内的点数和总点数 N 成正比。
- 如果关系 $\sqrt{x^2+y^2)} \leqslant R$ 成立，则点在圆内。
- 正方形的面积是 $(2R)^2$，圆形的面积是 πR^2。因此我们可以从正方形的面积与圆的面积之比知道 π 的大小。

使用几行 Python 代码，我们可以运行这个简单的蒙特卡洛模拟并计算 π，以及获得估计值与 π 的真实值的相对误差。

```
N = 10000

x, y = np.random.uniform(-1, 1, size=(2, N))
inside = (x**2 + y**2) <= 1
pi = inside.sum()*4/N
error = abs((pi - np.pi) / pi) * 100

outside = np.invert(inside)

plt.figure(figsize=(8, 8))
plt.plot(x[inside], y[inside], 'b.')
plt.plot(x[outside], y[outside], 'r.')
plt.plot(0, 0, label=f'π*= {pi:4.3f}\nerror = {error:4.3f}', alpha=0)
plt.axis('square')
plt.xticks([])
plt.yticks([])
plt.legend(loc=1, frameon=True, framealpha=0.9);
```

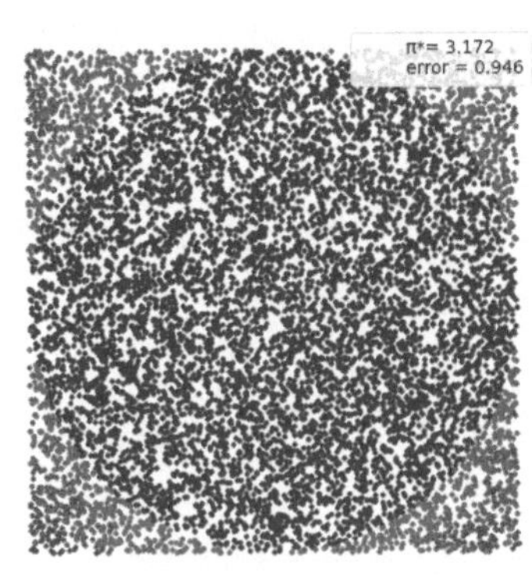

图 8.4

在前面的代码中，我们可以看到 `outside` 变量只用于绘图。我们不需要它来计算 $\hat{\pi}$。还请注意，因为我们的计算仅限于单位圆，在计算 `inside` 变量时，我们可以省略平方根的计算。

8.3.2 马尔可夫链

马尔可夫链（Markov Chain）是一个数学概念，包含一系列状态和一组描述如何在状态之间移动的转移概率。如果一个链中移动到任何其他状态的概率仅取决于当前状态，那么它就是马尔可夫链。给定这样一个链，我们可以这样执行随机游走：选择一个起点并根据转移概率移动到其他状态。如果我们找到一个马尔可夫链，它的状态转移与我们要从中采样的分布成比例（贝叶斯分析中的后验分布），那么采样就变成在这个链中的状态之间移动的问题。

如果我们一开始不知道后验，即怎么找到这个链呢？有一种叫作**细致平衡条件**（detailed balance condition）的东西。直观地说，这个条件是说我们应该以可逆的方式运动（可逆过程是物理学中常见的近似）。也就是说，处于状态 i 并向状态 j 移动的概率应该与处于 j 状态并向 i 状态移动的概率相同。这个条件并不是真正必要的，但它是充分的，而且通常更容易证明，因此它通常被用作 MCMC 方法的设计指南。

总之，如果我们设法创建一个满足这种细致平衡的马尔可夫链，我们就可以从中采样，同时保证我们可以从正确的分布中获得样本。这真是一个了不起的结果！这是像 PyMC3 这类软件的基本引擎。

最流行的马尔可夫链蒙特卡洛方法可能是梅特罗波利斯 - 黑斯廷斯算法，我们将在 8.3.3 节讨论它。

8.3.3 梅特罗波利斯 - 黑斯廷斯算法

对于某些分布，如高斯分布，我们有非常有效的采样算法；但对于其他分布，情况并非如此。梅特罗波利斯 - 黑斯廷斯（Metropolis-Hastings）算法使我们能够从任何概率分布 $p(x)$ 中获得样本，假设我们至少可以计算一个与其成正比的值，就可以忽略归一化因子。这非常有用，因为不仅仅是贝叶斯统计，很多问题难的部分都是计算归一化因子。

我们举个例子来理解这个方法。假设我们要估计一个湖的水量，找到湖的最深点。现在湖水很浑浊，所以仅通过观察是不能估计湖水有多深的，而且湖面也很大，所以网格近似法也不是一个好办法。为了制定采样策略，我们向两个好友（马尔科维亚和蒙蒂）求助。经过卓有成效的讨论，他们提出了只需要一艘船和一根很长的棍子就能做到的办法。看看下面的步骤。

（1）在湖中随机选择一个位置，把船移到那里。

（2）用棍子测量湖水深度。

（3）把船移到另一个位置，重新测量。

（4）用以下两种方法比较。

- 如果新位置比第一个深，在笔记本上记下新位置的深度，然后从第（2）步开始重复。
- 如果新位置比第一个浅，我们有两种选择：接受或拒绝。接受意味着我们记下新位置的深度并从第（2）步开始重复，拒绝意味着我们回到第一个位置并再次记下它的深度。

决定接受还是拒绝的规则被称为梅特罗波利斯 - 黑斯廷斯准则，它大体上是说我们必须以一个概率来接受新位置，这个概率与新位置和旧位置的深度之比成正比。

如果我们遵循这个迭代过程，我们不仅可以得到湖的总体积和最深点，还可以得到湖底整个曲率的近似值。你可能已经猜到了，在这个例子中，湖底的曲率是后验分布，最深的点是状态。根据马尔科维亚的说法，迭代次数越多，近似效果越好。事实上，这个理论能保证在某些一般情况下，如果我们得到无限多的样本，我们将得到准确的答案。幸运的是，在实践中，对于很多问题，我们可以使用有限且相对较少的样本得到非常精确的近似值。

前面的解释足以从概念层面理解梅特罗波利斯 - 黑斯廷斯算法。接下来的几段是更详细和正式的解释，便于你深入挖掘。 梅特罗波利斯 - 黑斯廷斯算法的步骤如下。

（1）为参数 x_i 选择初始值。这可以是随机的，也可以是有依据的猜测。

（2）通过从易于采样的分布 $Q(x_{i+1}|x_i)$（如高斯分布或均匀分布）采样，选择一个新的参数值 x_{i+1}。我们可以把这一步看作在某种程度上对 x_i 状态的扰动。

（3）使用梅特罗波利斯 - 黑斯廷斯标准计算接受新参数值的概率：

$$p_a(x_{i+1} \mid x_i) = \min\left(1, \frac{p(x_{i+1})q(x_i \mid x_{i+1})}{p(x_i)q(x_{i+1} \mid x_i)}\right) \tag{8.11}$$

（4）如果第（3）步计算的概率大于从 [0, 1] 区间上的均匀分布中获取的值，我们接受新状态；否则，我们就停留在旧的状态。

（5）我们从第（2）步开始迭代，直到有“足够”的样本。

以下是需要考虑的几个注意事项。

- 如果分布 $Q(x_{i+1}|x_i)$ 是对称的，我们得到梅特罗波利斯准则（注意我们去掉了黑斯廷斯部分）：

$$p_a(x_{i+1} \mid x_i) = \min\left(1, \frac{p(x_{i+1})}{p(x_i)}\right) \tag{8.12}$$

- 第（3）步和第（4）步意味着我们将总是接受移动到最可能的状态。如果给定新参数值 x_{i+1} 的概率与旧参数值 x_i 的概率之比，则从概率角度接受概率较小的参数值。与网格近似法相比，这种标准为我们提供了更有效的采样方法，同时确保了正确的采样。
- 目标分布（贝叶斯统计中的后验分布）由一系列采样参数值来近似。如果我们接受，我们把新的采样值 x_{i+1} 添加到列表中。如果我们拒绝，我们把 x_i 的值添加到列表中（即使该值重复）。

在这个过程的最后，我们会有一个值列表。如果一切都做对了，这些样本将是后验的近似值。根据后验概率，在我们轨迹中最频繁的值将是最可能的值。这个过程的一个优点是，分析后验值很简单，正如你在前面所有章节中已经进行过的实验一样。

下面的代码演示了梅特罗波利斯算法的一个基本实现。它并不意味着解决任何实际问题，只是为了表明如果我们知道如何逐点计算其密度，就可以从概率分布中进行采样。还要注意以下实现中没有贝叶斯，没有先验，甚至没有数据！请记住，MCMC 方法是非常通用的，可以应用于更广泛的问题。

梅特罗波利斯函数的第一个参数是一个 SciPy 分布。假设我们不知道如何直接从这个分布中获取样本。

```
def metropolis(func, draws=10000):
    """ 一个非常简单的梅特罗波利斯实现 """
    trace = np.zeros(draws)
    old_x = 0.5 # func.mean()
    old_prob = func.pdf(old_x)

    delta = np.random.normal(0, 0.5, draws)
    for i in range(draws):
        new_x = old_x + delta[i]
        new_prob = func.pdf(new_x)
        acceptance = new_prob / old_prob
        if acceptance >= np.random.random():
            trace[i] = new_x
            old_x = new_x
            old_prob = new_prob
        else:
            trace[i] = old_x
    return trace
```

下一个示例中，我们将 func 定义为贝塔函数，因为很容易更改它们的参数并获得不同的形状。我们将梅特罗波利斯函数获得的样本绘制为直方图，并将真实分布绘制为橙色线。

```
np.random.seed(3)
func = stats.beta(2, 5)
trace = metropolis(func=func)
x = np.linspace(0.01, .99, 100)
y = func.pdf(x)
plt.xlim(0, 1)
plt.plot(x, y, 'C1-', lw=3, label='True distribution')
plt.hist(trace[trace > 0], bins=25, density=True, label='Estimated
distribution')
plt.xlabel('x')
plt.ylabel('pdf(x)')
plt.yticks([])
plt.legend();
```

上述代码生成图 8.5。

算法的效率在很大程度上取决于我们所采用的分布。如果所分布的状态离当前状态很远，则拒绝的概率很大；如果分布的状态离当前状态很近，则对提议参数空间的探索非常缓慢。在这两种情况下，我们都需要比正常情况更多的样本。建议采用多元高斯分布，因为其协方差矩阵是在调整阶段确定的。PyMC3 遵循经验法则自适应地调整协方差，即对于一维高斯分布，理想接受率在 50% 左右；对于 n 维高斯目标分布，理想接受率在 23% 左右。

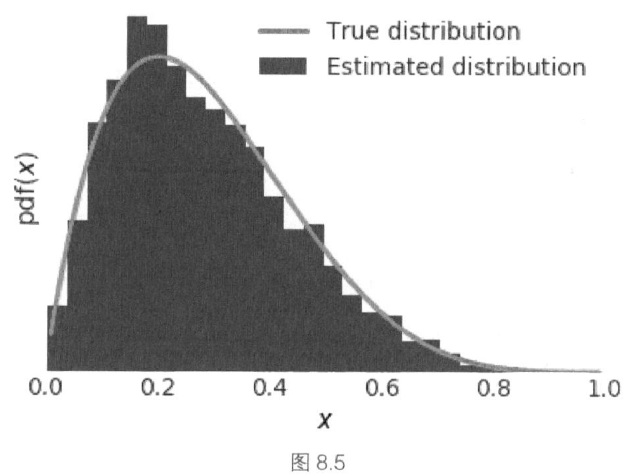

图 8.5

MCMC 方法在从目标分布获取样本之前通常需要一些时间。因此，在实践中，人们会执行一个老化步骤，即消除样本的第一部分。这是个实践技巧，而不是马尔可夫理论的一部分。实际上，对一个无限样本来说，这是不必要的。因此，如果我们只能计算有限的样本，那么移除样本的第一部分只是获得更好结果的一个特殊技巧。有理论保证或指导总比没有好，但对于任何实际问题，理论和实践是有区别的。记住，我们不应该把数学对象和这些对象的近似值混为一谈。绝对的球体、高斯分布、马尔可夫链以及所有的数学对象只存在于柏拉图的理想世界中，而不存在于我们“不完美”的现实世界中。

到这里，我希望你在概念上已经掌握了梅特罗波利斯 - 黑斯廷斯算法。你可能需要多次重读本节，以更好地理解和巩固知识点。本节的主要思想很简单，但也很微妙。

8.3.4 哈密顿蒙特卡洛

MCMC 方法包括梅特罗波利斯 - 黑斯廷斯算法，从理论上保证了如果我们选取足够多的样本，就能得到正确分布的准确近似值。然而，在实践中，我们可能需要更多的时间来获得足够的样本。为此，人们提出了通用的梅特罗波利斯 - 黑斯廷斯算法的替代方案。

很多替代方法（如梅特罗波利斯 - 黑斯廷斯算法）最初是为了解决统计力学中的问题而开发的，统计力学是研究原子和分子系统性质的物理学分支，因此用物理系统的类比法来解释更自然。其中一个方案被称为**哈密顿蒙特卡洛（Hamiltonian Monte Carlo）**或**混合蒙特卡洛（Hybrid Monte Carlo, HMC）**。简而言之，哈密顿量是对物理系统总能量的描述。之所以使用混合这个名字，也是因为它最初被认为是分子力学（一种广泛使用的分子系统模拟技术）和梅特罗波利斯 - 黑斯廷斯算法的混合。

HMC 方法基本上与梅特罗波利斯 - 黑斯廷斯算法相同，一个非常重要的区别是 HMC 中的新位置不是随机的。为了在不深入数学细节的情况下获得对 HMC 的一般概念性理解，让我们再次使用湖和船的类比。现在我们不随机移动船，而是沿着湖底的弧度移动。为了决定把船移到哪里，我们让一个球从我们现在的位置滚到湖底。这个球是一个非常特别的球：它不仅是“完美”的球形，而且是没有摩擦力的，因此不会被水或泥拖慢。我们把球扔出去，让它滚一会儿，直到突然停下来。然后，我们使用梅特罗波利斯准则来接受或拒绝这个提议步骤，就像我们使用“普通的”梅特罗波利斯 - 黑斯廷斯算法所做的那样，整个过程重复了“很多次”。这种修改后的过程有更大的机会接受新的位置，即使它们相对前一位置更远。

根据参数空间的曲率移动是一种更“聪明”的移动方式，因为它避免了梅特罗波利斯 - 黑斯廷斯的一个主要缺点：对样本空间的有效探索需要拒绝大多数提议的步骤。相反，使用 HMC，即使对于参数空间中的距离远的点，也可以获得较高的接受率，从而产生非常有效的采样方法。

让我们离开实验，回到现实世界。我们必须为这个非常聪明的基于哈密顿量的提议“付出代价”。我们需要计算函数的梯度。**梯度**是导数概念在多维上的推广。计算一个函数在某一点上的导数可以告诉我们函数在哪个方向上增加，在哪个方向上减少。利用梯度信息模拟球在弯曲空间中的运动。事实上，我们使用与经典物理学相同的运动定律和数学来模拟经典的机械系统，例如滚珠滚动、行星系统中的轨道和分子抖动。

计算梯度使我们面临一个权衡：每个 HMC 步骤的计算成本都比梅特罗波利斯 - 黑斯廷斯步骤的计算成本高，但是接受 HMC 步骤的概率要比梅特罗波利斯 - 黑斯廷斯步骤大得多。为了平衡这种有利于 HMC 的权衡情况，我们需要调整 HMC 模型的一些参数（类似于如何调整一个高效的梅特罗波利斯 - 黑斯廷斯采样器的提议分布宽度）。当这个调整是手动完成的时候，它需要反复尝试，并且还需要一个有经验的用户，使得这个过程不像我们想要的那样通用。幸运的是，PyMC3 配备了一个相对较新的采样器，称为**无 U 形转弯采样器**（**No-U-Turn Sampler, NUTS**）。这种方法已经被证明是非常有用的，可以在不需要人为干预（或者至少最小化干预）的情况下为解决贝叶斯模型提供非常好的效率。NUTS 的一个问题是，它只适用于连续分布，原因是我们不能计算离散分布的梯度。PyMC3 通过将 NUTS 分配给连续参数，和将梅特罗波利斯分配给离散参数的方式解决这个问题。

8.3.5 序贯蒙特卡洛

梅特罗波利斯 - 黑斯廷斯和 NUTS（以及其他哈密顿蒙特卡洛变体）存在的一个问题是，如果后验峰有多个峰，并且这些峰被概率非常小的区域分开，这些方法可能会陷入单一模式而错过其他模式。

为解决这种多个最小值问题而开发的很多方法都是基于“回火”的思想。这种思想再一次借鉴了统计力学。物理系统可以存在的状态数取决于系统的温度：在 0 开尔文（可能的最低温度）时，每个系统都处于单一状态。在另一个极端上，当温度无限高时，所有可能的状态都是等可能的。一般来说，我们感兴趣的系统处于一些中间温度。对贝叶斯模型来说，有一种非常直观的方法可以适应这种回火的思想，即编写变形的贝叶斯定理：

$$p(\theta \mid y)_{\beta} = p(y \mid \theta)^{\beta} \, p(\theta) \tag{8.13}$$

式（1.4）和式（8.13）之间的唯一区别是参数 β 的格式，β 被称为“逆温度”（inverse temperature）或回火参数（tempering parameter）。注意，对于 β=0 我们得到 $p(y \mid \theta)_{\beta}=1$，因此回火后验 $p(\theta \mid y)_{\beta}$ 就是 $p(\theta)$ 先验；当 β=1 时，回火后验就是实际的完全后验。由于从前面采样通常比从后面采样更容易（通过增加 β 值），我们从一个更容易的分布开始采样，然后慢慢地将其“变形”为我们真正关心的更复杂的分布。

这一思想被很多方法采用，其中一个便是**序贯蒙特卡洛（Sequential Monte Carlo, SMC）**。PyMC3 中实现的 SMC 方法可总结如下。

（1）初始化 β 为 0。

（2）从回火后验生成 N 个样本 S_β。

（3）稍微增加一点儿 β。

（4）计算集合 N 的权重 W。这个权重是根据新回火后验计算出来的。

（5）根据 w 对 S_β 重新采样得到 S_w。

（6）运行 N 个梅特罗波利斯链，每个链从 S_w 中的不同样本开始。

（7）重复第（3）步，直到 $\beta \geqslant 1$。

重采样步骤的工作原理是移除概率较小的样本，然后用概率较大的样本替换它们。梅特罗波利斯 - 黑斯廷斯步骤可以扰动这些样本，帮助探索参数空间。

回火法的效率在很大程度上取决于 β 的中间值，即通常所说的冷却进度表。两个连续的 β 值之间的差值越小，则回火后验越接近，因此从一个阶段过渡到下一个阶段就越容易。但是，如果步骤太小，我们将需要很多中间阶段，超过某些临界点时将浪费大量计算资源，而不会真正提高结果的准确性。

幸运的是，SMC 可以自动计算 β 的中间值。精确的冷却进度表将适应复杂的问题。较难采样的分布比较简单的分布需要更多的阶段。

SMC 如图 8.6 所示，第一个子图显示了特定阶段的 5 个样本点（橙色）。第二个子图显示了如何根据这些样本的回火后验密度曲线（蓝色）重新加权。第三个子图显示从第二个子图中重新加权的样本开始运行一定数量梅特罗波利斯 - 黑斯廷斯步骤的结果。注意，后验密度较小的两个样本（最右边和最左边的较小圆圈）是被丢弃的，而没有用来生成新的马尔可夫链的。

除了 β 的中间值外，还根据前一阶段的接受率动态计算了两个参数：每个马尔可夫链的步数和提议分布的宽度。

对于 SMC 方法的第（6）步，PyMC3 使用梅特罗波利斯 - 黑斯廷斯算法。这不一定是唯一的选择，但基于理论和实践这是一个非常合理的选择。值得注意的是，即使 SMC 方法使用梅特罗波利斯 - 黑斯廷斯，它也有以下几个优点。

- 它可以从多峰分布中采样。
- 它没有老化期（这要归功于重新加权步骤）。权重的计算方式使 S_w 不是近似于 $p(\theta|y)_{\beta_i}$ 而是近似于 $p(\theta|y)_{\beta_{i+1}}$，因此在每个阶段，MCMC 链都能大约从正确的回火后验分布开始。

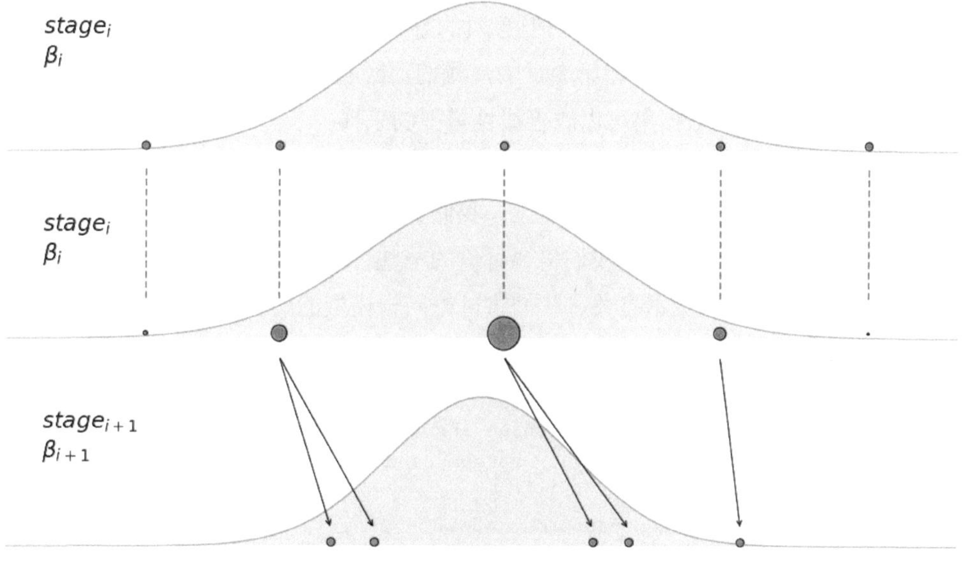

图 8.6

- 它能产生低自相关的样本。
- 它可以用来近似边缘似然（见第 5 章），这只是 SMC 方法的附带结果，几乎不需要额外的计算。

8.4　样本诊断

本节重点介绍梅特罗波利斯和 NUTS 的样本诊断。由于我们是用有限数量的样本来近似后验值，因此检查我们是否有有效的样本是很重要的，否则任何来自它的分析都将是完全错误的。我们可以进行几种测试，有些是视觉测试，有些是定量测试。这些测试旨在发现样本中存在的问题，但它们无法证明我们的分布是正确的。它们只能提供证据证明样本似乎是合理的。如果我们发现样本有问题，有很多解决方案可以尝试，示例如下。

- 增加样本数量。
- 从过程的开始处移除一些样本。这就是所谓的**老化**（burn-in）。PyMC3 调整阶段有助于减少使用老化的方案。
- 修改采样器参数，例如增加调整阶段的长度，或增加 NUTS 的 `target_accept` 参数。在某些情况下，PyMC3 将提供更改内容的建议。
- 重新参数化模型，即以不同但等效的方式表达模型。
- 转换数据。在第 4 章和第 5 章中，我们已经看到了一个这样的例子，我们演示了中心化数据集可以改善线性模型的采样。

为了使解释更具体，我们将使用一个极简分层模型，有两个参数：全局参数 `a` 和局部参数 `b`（每组参数）。仅此而已，我们甚至没有这个模型中的似然 / 数据！我省略了这里的数据，以强调我们将要讨论的一些性质（特别是在 8.5 节）与模型的结构有关，而不是与数据有关。我们将讨论同一模型的两种可选参数化。

```
with pm.Model() as centered_model:
    a = pm.HalfNormal('a', 10)
    b = pm.Normal('b', 0, a, shape=10)
    trace_cm = pm.sample(2000, random_seed=7)

with pm.Model() as non_centered_model:
    a = pm.HalfNormal('a', 10)

    b_shift = pm.Normal('b_offset', mu=0, sd=1, shape=10)
    b = pm.Deterministic('b', 0 + b_shift * a)
    trace_ncm = pm.sample(2000, random_seed=7)
```

中心化模型和**非中心化**模型的区别在于，前者直接拟合组级别参数，后者将组级别参数建模为一个平移和缩放的高斯模型。我们将使用几个图表和数字摘要来探讨这些差异。

8.4.1 收敛

MCMC 采样器，如 NUTS 或梅特罗波利斯，可能需要一段时间才能收敛。也就是说，它从正确的分布开始采样。如前所述，MCMC 方法在非常普遍的条件和无限数量的样本下具有收敛性的理论保证。不幸的是，在实践中，我们只能得到一个有限的样本，因此我们必须依赖于实证检验。这些检验充其量只能提供一些提示或警告，说明失败时可能会发生一些不好的事情，但不能保证失败时一切正常。

一种可视化检查收敛性的方法是运行 ArviZ 的 plot_trace 函数并检查结果。为了更好地理解在“检查”这些图时我们应该寻找什么，让我们比较两个先前定义的模型的结果（见图 8.7 和图 8.8）。

```
az.plot_trace(trace_cm, var_names=['a'], divergences='top')
```

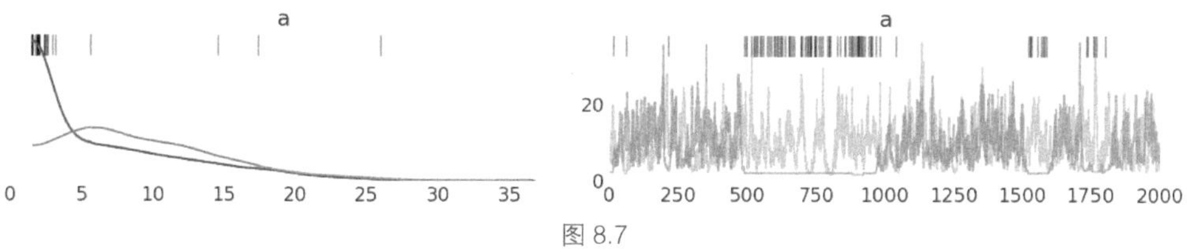

图 8.7

```
az.plot_trace(trace_ncm, var_names=['a'])
```

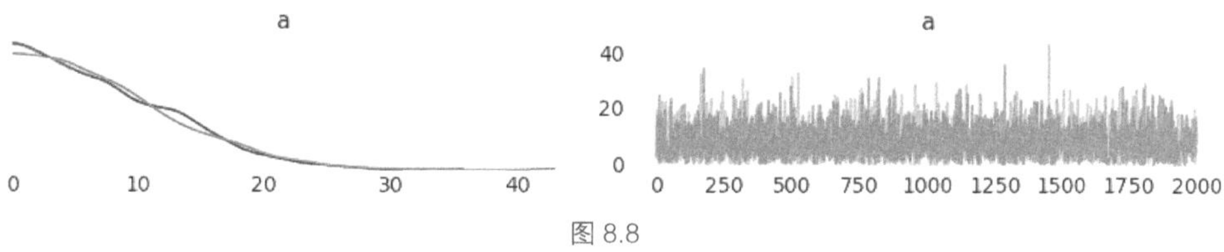

图 8.8

注意图 8.8 中的 KDE 比图 8.7 中的更平滑。平滑的 KDE 是一个好的迹象，而不均匀的 KDE 可能表示有问题，例如需要更多的样本或有更严重的问题。轨迹本身（右侧）应该看起来像白噪声[1]，这意味着我们不应该看到任何可识别的模式。我们想要一条自由蜿蜒的曲线，如图 8.8 中的轨迹。当这种情况发生时，说明**混合得很好**。相反，图 8.7 是一个反例。如果你仔细地将其与图 8.8 进行比较，你会发现图 8.8 中两条链的重叠大于图 8.7，并且你还会看到在图 8.7 中沿着轨迹的几个区域发生了一些可疑的事情。最清晰的是 500 ～ 1000 之间的区域：你会看到其中一条链（蓝色）卡住了（基本上是一条水平线）。

这真的很糟糕！除了那些非常接近的“邻居”，采样器拒绝所有新的提议。换句话说，它的采样速度非常慢，因此效率不高。对于无限样本，这不会有问题；但对于有限样本，这会在结果中引入偏差。一个简单的解决方法是获取更多的样本，但这只有在偏差很小的情况下才奏效，否则补偿偏差所需的样本数量将

① 所有频率具有相同能量密度的随机噪声称为白噪声。——译者注

增长得非常快，这会使这个解决方法毫无用处。

图 8.9 还有一些混合良好（右侧）和混合不良（左侧）的轨迹示例。如果存在多个区域，例如离散变量或多峰分布，我们希望轨迹不会在一个值或区域花费太多时间，然后移动到其他区域，而是很容易从一个区域跳到另一个区域。

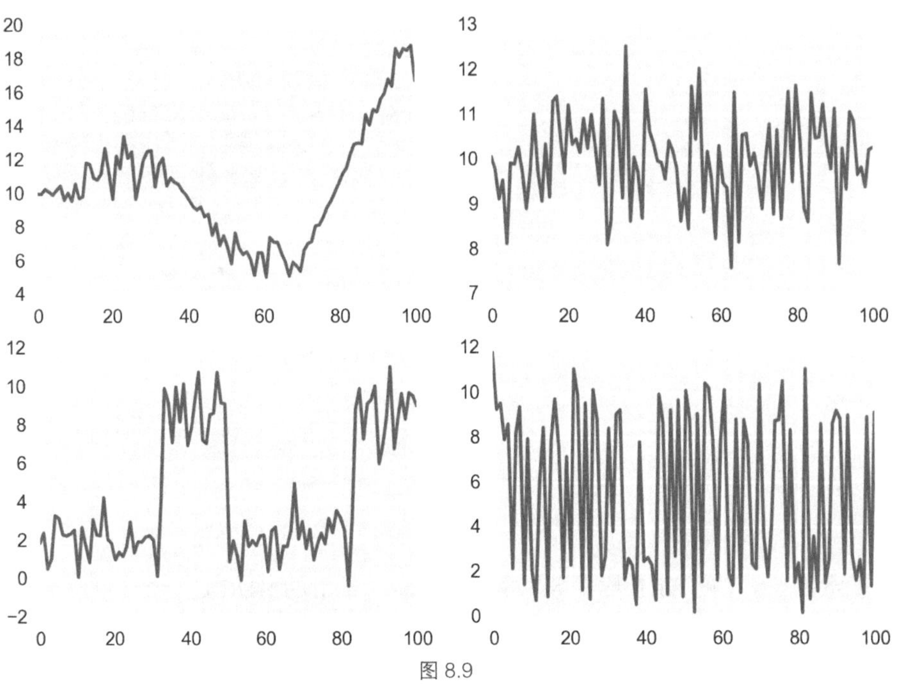

图 8.9

好的 MCMC 样本的另一个特征是轨迹自相似。例如，前 10% 左右的部分看起来应该与轨迹中的其他部分（如最后 50% 或 10%）相似。再强调一次，我们不希望出现模式；相反，我们期望得到一些噪声。轨迹自相似也可以通过 `az.plot_trace` 看到。如果轨迹的第一部分看起来与其他部分不同，则表明需要老化，或需要更多的样本。如果我们看到其他部分缺乏自相似性，或者我们看到了一个模式，这可能意味着我们需要更多的样本，但更多的时候，我们应该尝试不同的参数设置。对于复杂的模型，我们甚至可能要组合所有这些策略。

默认情况下，PyMC3 将并行运行每个独立的链（确切的数量取决于可用处理器的数量）。这是通过 `pm.sample` 函数中的 `chains` 参数指定的。我们可以使用 `plot_trace` 或 ArviZ 的 `plot_forest` 函数直观地检查并行链之间是否相似。然后我们可以将并行链组合成单条链进行推理，因此请注意，并行运行链不会浪费资源。

使用 Rhat 统计量可以定量比较不同的链。这个测试的思想是用链内方差计算链间方差。理想情况下，期望值为 1。经验是，如果值小于 1.1 就可以了；较大的值表示缺乏收敛性。我们可以用 az.r_hat 函数来计算它，只需要传递一个 PyMC3 轨迹对象。默认情况下，Rhat 诊断也使用 az.summary 函数和 az.plot_forest（使用 r_hat=True 参数）进行计算，如下面的示例所示（代码运行结果如图 8.10 所示）。

```
az.plot_forest(trace_cm, var_names=['a'], r_hat=True, eff_n=True)
```

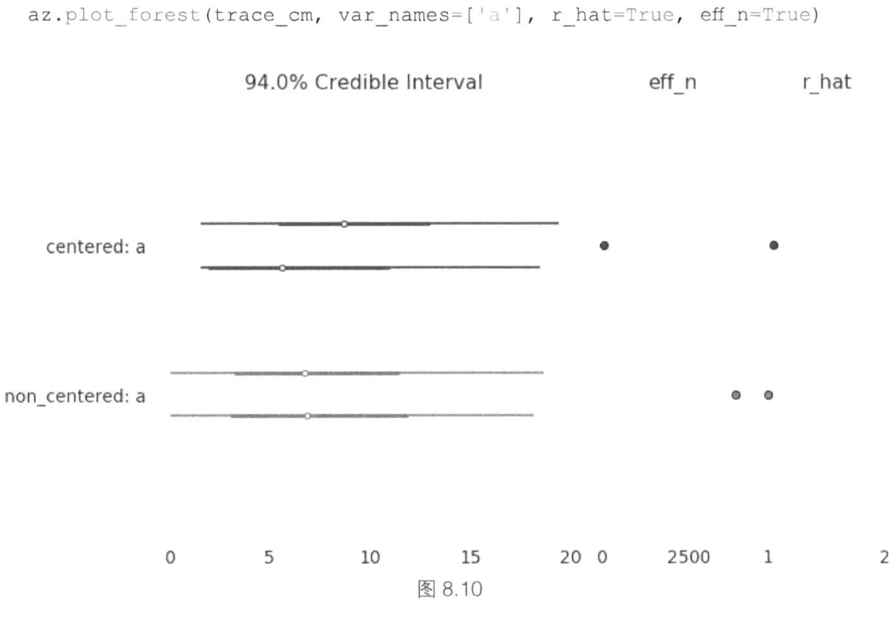

图 8.10

对于 az.summary，相关的数据如表 8.1 所示。

```
summaries = pd.concat([az.summary(trace_cm, var_names=['a']),
                       az.summary(trace_ncm, var_names=['a'])])
summaries.index = ['centered', 'non_centered']
summaries
```

表 8.1

	mean	sd	mc error	hpd 3%	hpd 97%	eff_n	r_hat
centered	8.53	5.84	0.58	1.53	18.87	49.0	1.04
non_centered	7.92	6.01	0.04	0.01	18.48	3817.0	1.00

8.4.2 蒙特卡洛误差

摘要返回的数量之一是 mc_error。这是对采样方法引入的误差估计。误差估计考虑到样本之间并非真正独立的。mc_{error} 是 n 个块的均值 x 的标准误差，每个块只是记录轨迹的一部分：

$$mc_{error} = \frac{\sigma(x)}{\sqrt{n}} \tag{8.14}$$

这个误差应该小于我们想要的结果的精度。

8.4.3 自相关

一个分布的理想样本，包括后验样本，其自相关系数应该等于 0（除非我们期望像时间序列中那样的相关性）。当给定迭代的值与其他迭代的采样值不独立时，样本是自相关的。在实践中，MCMC 方法产生的样本是自相关的，尤其是梅特罗波利斯 - 黑斯廷斯，NUTS 和 SMC 的自相关性更小一些。ArviZ 提供了一个方便的函数用于绘制自相关。

```
az.plot_autocorr(trace_cm, var_names=['a'])
```

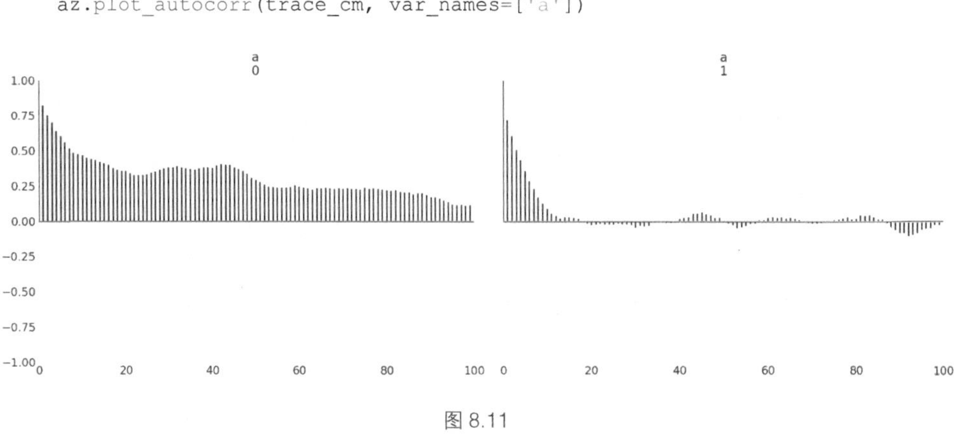

图 8.11

az.plot_autocorr 显示样本值与连续点（最多 100 个点）的平均相关性。理想情况下，我们应该看不到自相关。在实践中，我们希望样本自相关值迅速下降到很低。让我们也画出非中心化模型的自相关图。

通过比较图 8.11 和图 8.12，我们可以很容易地看到，来自非中心化模型的样本几乎没有自相关，而来自中心化模型的样本显示出更大的自相关值。

```
az.plot_autocorr(trace_ncm, var_names=['a'])
```

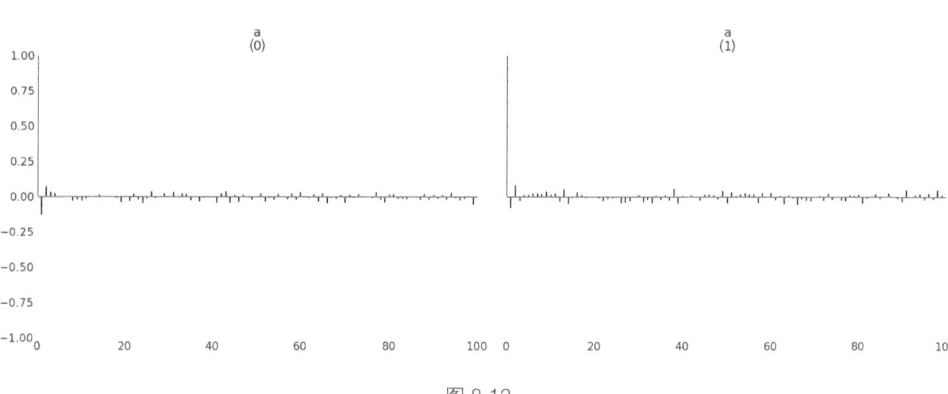

图 8.12

8.4.4 有效样本量

在样本大小相同的情况下，自相关的样本比非自相关样本具有更少的信息。事实上，我们可以用自相关来估计一个给定样本（具有等效信息而不自相关的样本）的大小，即**有效样本量**（Effective Sample Size）。参数的自相关程度越高，获得给定精度所需的样本数就越大。换句话说，自相关对减少有效样本数有不利影响。我们可以使用 `az.effective` 函数计算 ArviZ 的有效样本量。有效样本大小也可以通过 `az.summary` 和 `az.plot_forest`（使用 `r_hat=True` 参数）来计算（见图 8.10）。

理想情况下，有效样本量应接近实际样本量。NUTS 与梅特罗波利斯相比具有的一个优点是，NUTS 的有效样本量通常比梅特罗波利斯的多得多。因此一般来说，如果使用 NUTS，通常需要的样本比使用梅特罗波利斯时的少。

如果任何参数的有效样本量少于 200，PyMC3 就会警告我们。一般来说，100 个有效样本应该可以很好地估计分布的均值，但是如果样本更多，每次重新运行模型时得到的估计值更稳定，这也是有效样本大小使用 200 阈值的部分原因。对于大多数问题，1000 ～ 2000 个有效样本就足够了。如果我们想对分布尾部有依赖的量或非常罕见的事件进行高精度的估计，也可以调整这个阈值。

8.4.5 分歧

现在我们将探讨不包括 NUTS 的测试，因为它们是基于方法的内部工作原理，而不是生成的样本的属性。这些测试基于所谓的**分歧**（divergences），是一个强大而敏感的样本诊断方法。

虽然我试图设置本书中的模型以避免分歧，但是你可能已经看到 PyMC3 消息，这表明出现了分歧。分歧可能表明，NUTS 在后验遇到了无法正确探索的高曲率区域；它告诉我们，采样器可能会丢失参数空间的一个区域，因此我们的结果会有偏差。分歧通常比这里讨论的测试要敏感得多，因此，即使其他测试通过，分歧也可以发出问题信号。分歧的一个很好的特点是，它们往往出现在有问题的参数空间区域附近，因此我们可以使用它们来确定问题可能在哪里。一种可视化分歧的方法是使用 az.plot_ pair 函数（设置 divergences=True 参数）。

```
_, ax = plt.subplots(1, 2, sharey=True, figsize=(10, 5),
constrained_layout=True)

for idx, tr in enumerate([trace_cm, trace_ncm]):
    az.plot_pair(tr, var_names=['b', 'a'], coords={'b_dim_0':[0]},
kind='scatter',
                    divergences=True, contour=False,
divergences_kwargs= {'color':'C1'},
                         ax=ax[idx])
    ax[idx].set_title(['centered', 'non-centered'][idx])
```

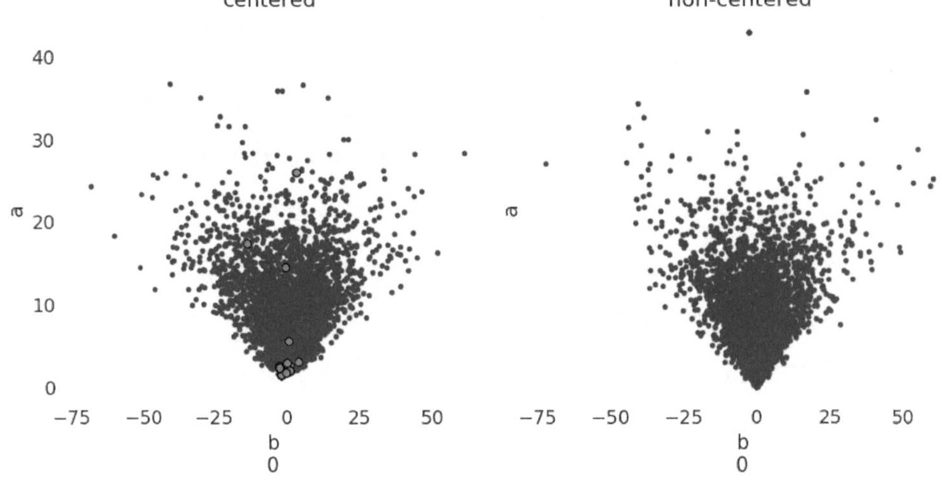

图 8.13

在图 8.13 中，小点（蓝色）是规则样本，大点（黑色和橙色）代表分歧。我们可以看到，中心化模型的分歧点主要集中在漏斗的尖端。我们还可以看到，非中心化模型没有分歧和尖锐的尖端。采样器通过分歧点告诉我们它很难从靠近漏斗尖端的区域采样。我们确实可以在图 8.13 中看到，中心模型在靠近发散点集中的尖端附近没有样本。多整洁啊！

ArviZ 的轨迹图中也使用黑色“|”表示分歧，见图 8.7。请注意分歧点是如何集中在轨迹的“病态”扁平部分周围的。

另外，还可以使用平行图可视化分歧。

```
az.plot_parallel(trace_cm)
```

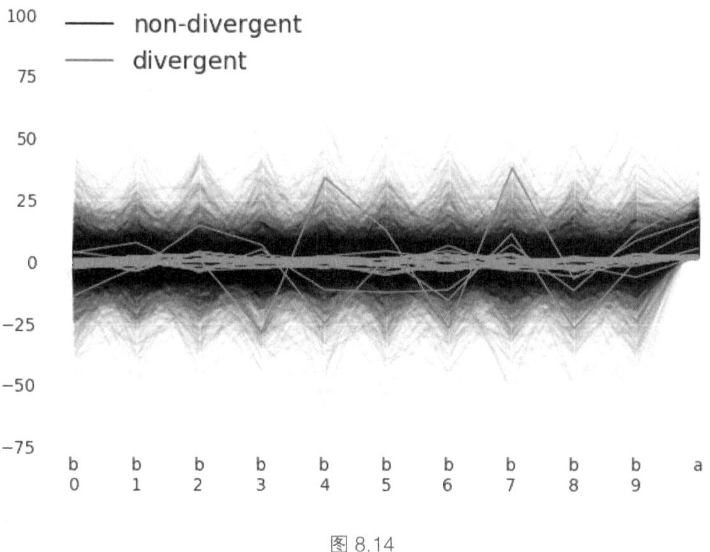

图 8.14

在这里，我们可以看到参数 a 和参数 b 的分歧集中在 0 附近。图 8.13 和图 8.14 中的曲线图非常重要，因为它们帮我们定位参数空间的哪一部分可能有问题，还可以辅助判断是否存在误报。我来解释一下最后一点。PyMC3 使用一个启发式来标记分歧，有时当我们没有分歧的时候这个启发式会报告我们有分歧。一般来说，如果分歧散落在参数空间中，则可能存在误报[①]；如果分歧集中，那

① 误报是指某（些）个负样本被模型预测为正，此种情况可以称作判断为真的错误情况。——译者注

么可能真的有问题。在获得分歧点时，有以下 3 种方法可以消除或者减少分歧点的数量。

- 增加调优步骤的数量，比如 `pm.sample(tuning=1000)`。
- 将 `target_accept` 参数的值从其默认值 0.8 增加。最大值为 1，因此可以尝试使用 0.85 或 0.9 等值。
- 重新参数化模型。正如我们刚才看到的，非中心化模型是中心化模型的重新参数化，这能得到更好的样本且避免出现分歧。

非中心参数化

我曾提出非中心模型是解决采样问题的魔术。让我们做一个动作来隐藏这个技巧并移除魔术。

从图 8.13 中，我们可以看到参数 a 和参数 b 是相关的。因为 ***b*** 是一个长度为 10 的向量，我们选择了 b(0)，但是 b 的任何其他元素都应该显示相同的模式，事实上这在图 8.14 中表现得非常清晰。这种相关性和这种特殊的漏斗形状是模型定义和模型部分池化数据能力的结果。随着 a 值的减小，各个 b 值变得更接近彼此，并且更接近全局均值。换句话说，收缩水平越来越高，因此数据越来越集中（直到完全集中）。相同的结构，允许部分池化的同时也引入了影响采样器方法性能的相关性。

在第 3 章中，我们看到线性模型也会导致相关性（性质不同）。对于这些模型，一个简单的解决方法是将数据中心化。我们也可以在这里做同样的尝试，但不幸的是，这无助于我们摆脱漏斗形状带来的采样问题。漏斗形状的棘手特征是相关性随参数空间中的位置而变化，因此数据中心化将不能减少这种相关性。如我们所见，MCMC 方法（如梅特罗波利斯 - 黑斯廷斯）在探索高度相关的空间时存在问题。这些方法找到的正确获取样本的唯一方法是在上一步附近增加一个新的步骤。因此，这种探索变得高度自相关，而且非常缓慢。仅仅增加样品的数量（提取）不是一个合理或可行的解决方案。NUTS 等采样器在这方面做得更好一些，因为它们基于参数空间的曲率采样，但是正如我们已经讨论过的，采样过程的效率高度依赖于调整阶段。对于后验的某些几何图形，例如由层次模型得到的几何图形，调整阶段会过度调整到链开始的局部区域，使得对其他区域的探索效率降低。

8.5 总结

在本章中，我们从概念上介绍了计算后验分布的一些常用方法，包括变分法和马尔可夫链蒙特卡洛方法。我们特别强调了通用推断引擎，即设计用于任何给定模型（或至少广泛的模型）的方法。这些方法是任何概率编程语言的核心，因为它们能自动推理，所以才能让用户专注于迭代模型设计和结果解释。我们还讨论了诊断样本的数值和视觉测试方法。如果没有对后验分布的良好近似，贝叶斯框架的所有优点和灵活性都将消失，因此评估推理过程的质量对于我们确信推理过程本身的质量至关重要。

8.6 练习

（1）与其他先验知识一起使用网格方法，例如，尝试使用`prior = (grid<= 0.5).astype(int)`或者`prior = abs(grid - 0.5)`，或者尝试定义自己的“疯狂”先验。尝试使用其他数据，例如增加数据总量或根据观察到的正面数量增加或减少数据总量。

（2）在我们用来估计 π 的代码中，保持 N 固定并重新运行代码几次。请注意，结果是不同的，因为我们使用的是随机数，但也要检查错误的顺序是否大致相同。尝试更改 N 的数目并重新运行代码。你能猜出 N 的数目和误差的关系吗？为了得到更好的估计，你可能需要修改代码将误差计算为 N 的函数。你还可以使用相同的 N 运行代码几次，并计算平均误差和误差的标准差。可以使用 Matplotlib 中的`plt.errorbar`函数绘制这些结果。尝试使用一组 N，例如 100、1000、1,0000，它们有一个数量级左右的差异。

（3）修改传递给梅特罗波利斯函数的 func 参数。试着使用第 1 章中的先验值，从概率的角度思考，并将此代码与网格方法进行比较。应该修改哪个部分才能使用它来解决贝叶斯推理问题？

（4）至少重温前几章中的一些模型，并运行我们在本章中看到的所有诊断工具。

（5）重温前面所有章节的代码，找出有分歧的代码，并尽量减少它们的数量。

第 9 章 拓展学习

我写本书是为了向那些已经熟悉 Python 和 Python 数据栈，但对统计分析不太熟悉的人介绍贝叶斯统计的主要概念和实践。在阅读了前面的 8 章之后，你应该对贝叶斯统计的很多主要主题有了一个合理的实际理解。尽管你不会是一个“专家、贝叶斯、忍者、黑客”（无论是什么），但你应该能够创建概率模型来解决自己的数据分析问题。如果你真的对贝叶斯统计很感兴趣，那么这本书是不够的——可能没有一本书是足够的。为了更熟练地掌握贝叶斯统计，你需要练习、时间、耐心、热情和更多的实践，也需要从不同的角度重新审视思想观念。

在本书配套源码中，你会发现一些示例补充了本书中讨论的示例。这些例子不适合本书，可能是由于空间或时间关系的影响。实际上，在写本书的时候，GitHubê 库中还没有额外的例子，但我会时不时地在那里添加例子。要收集额外的资料，还是要查看 PyMC3 官方文档。尤其是“示例”部分，其中包含本书中涉及的很多模型示例以及其他很多未涉及的模型示例。正如你已经知道的，ArviZ 是一个非常新的库，但是我们已经在编写一些关于贝叶斯模型探索性分析的教程。我们希望这将是一个有用的参考，特别是对于贝叶斯建模的新手。

下面列出了一些确实影响了我的“贝叶斯思维方式”的材料。这个列表绝不是完备的。我相信你会发现，至少有一部分材料非常有用和鼓舞人心。

如果你想继续学习一般的贝叶斯统计，请查看以下资料。

- 我强烈建议你阅读 Richard McElreath 的 *Statistical Rethinking*。这是一本关于贝叶斯分析的极好的入门书，但这本书有一个问题：这些例子是用 R/Stan 表示的。因此，有些志愿者将这本书中的示例移植到 Python/PyMC3 中。读者可以搜索 GitHub 仓库以获取更多信息。
- 由 John K. Kruschke 撰写的 *Doing Bayesian Data Analysis*（也被称为“小

狗书”）是一本关于贝叶斯分析的好书。这本书第 1 版中的大多数示例都已移植到 GitHub 仓库的 Python/PyMC3 中。与 *Statistical Rethinking* 不同，“小狗书”更侧重于如何进行很多常见的频率学统计分析的贝叶斯模拟。根据你想要什么，可以自由选择是否使用这本书。

- Allen B. Downey 也有很多好书，*Think Bayes* 就是其中之一。在这本书中，你会发现几个有趣的例子和场景，有点儿挑战性，但可以帮助你掌握解决问题的贝叶斯方法。这本书没有使用 PyMC3，而是围绕 *Think Bayes* 一书的内容构建了 Python 库。
- Cameron Davidson-Pilon 和几个贡献者写 *Probabilistic Programming and Bayesian Methods for Hackers* 一书（Notebook 资源）最初使用 PyMC2 编写，现在已移植到 PyMC3。
- 由 Andrew Gelman 等人撰写的 *Bayesian Data Analysis* 绝对是一本好书，虽然它不是一本真正的入门书，可能作为参考书更好。如果你不熟悉统计学（贝叶斯或其他主题），我建议你首先选择 Richard McElreath 的 *Statistical Rethinking*，然后尝试 *Bayesian Data Analysis*。你可能还想查看 Andrew Gelman 和 Jennifer Hill 合写的 *Data Analysis Using Regression and Multilevel/Hierarchical Models* 一书。

如果你想继续学习高斯过程，请参阅以下图书。

- *Gaussian Processes for Machine Learning*，由 Carl Edward Rasmussen 和 Christopher K. I. Williams 编写。它获得了 2009 年国际贝叶斯分析学会的 DeGroot 奖，唯一的缺点是我们都想要一个新版本！

下面几本是带有贝叶斯内容的机器学习图书。

- 由 Kevin P. Murphy 撰写的 *Machine Learning: A Probabilistic Perspective* 是一本“伟大”的书，它试图解释有多少方法和模型是通过使用概率方法工作的。你可能会觉得这本书有点儿枯燥，或者太过简明扼要，这取决于你的数学倾向。不管怎样，这本书充满了例子，写得非常实际。Kevin P. Murphy 从很多资料中汲取了示例和想法，因此这本书是对这些资源的一个很好的总结。我第一次听说深度学习是从这本书开始的，远远早于深度学习开始流行的时候。
- Christopher Bishop 的 *Pattern Recognition and Machine Learning* 是机器学习

领域的一本经典著作，它与 *Machine Learning: A Probabilistic Perspective* 有相当大的“重叠”，尽管它可能更多的是贝叶斯视角。作为一本教科书，它可能比 Murphy 的书更容易阅读，Murphy 的书更像一本参考书。